全国机电类专业高职单考单招系列丛书

机 械 加 工 基 础

主　编　杨宗斌

副主编　张　瑛　沈　军

参　编　王善讨　郑志富　徐琴琴　黄富阳　姜　剑

　　　　徐星灵　余新华　祝齐祁　高　鸽董　静

　　　　夏仁伟　张　丽

主　审　于淼庭

机 械 工 业 出 版 社

本书是全国机电类专业高职单考单招系列丛书之一，内容分9个单元，每个单元根据大纲中教学内容的不同设置不同章节，每个章节内容都按知识构架、学习目标、学习内容、考点分析和习题练习五大部分编排。

本书可作为中等职业学校机械类专业学生基础练习、能力训练、考试复习和高考强化的教学用书，也可作为参加相关岗位培训的人员、自学人员和专业爱好者的学习与参考书，更是任教"机械加工基础"、"金属加工基础"、"金属工艺学"课程教师的必备书籍。

图书在版编目（CIP）数据

机械加工基础/杨宗斌主编. —北京：机械工业出版社，2013.11
（全国机电类专业高职单考单招系列丛书）
ISBN 978-7-111-44429-9

Ⅰ.①机…　Ⅱ.①杨…　Ⅲ.①金属切削－高等职业教育－教材
Ⅳ.①TG506

中国版本图书馆 CIP 数据核字（2013）第 246516 号

机械工业出版社（北京市百万庄大街22号　邮政编码100037）
策划编辑：汪光灿　责任编辑：汪光灿　黎　艳
版式设计：霍永明　责任校对：张　征
封面设计：张　静　责任印制：李　洋
北京瑞德印刷有限公司印刷（三河市胜利装订厂装订）
2014 年 1 月第 1 版第 1 次印刷
184mm×260mm · 12.5 印张 · 290 千字
0001—3000 册
标准书号：ISBN 978-7-111-44429-9
定价：29.00 元

前　言

　　中等职业学校学生对口升学考试是国家高等职业学校招生考试制度的组成部分，也是我国职业教育人才培养构建中高职"人才培养立交桥"的重要措施。近几年来，各省教育部门都在积极探索中等职业学校学生的发展方向，把对口升学考试作为一项重要的工作来进行。为了帮助广大中职学生全面掌握相关机电类专业的基础知识，做好考前复习，机械工业出版社组织编写了全国机电类专业高职单考单招系列丛书。

　　本书内容分9个单元，分别是金属材料及热处理基础、铸造与锻压基础、焊接基础、金属切削加工基础、车削加工基础、铣削加工基础、刨削与磨削加工、特种加工与先进的加工技术、零件生产过程的基础知识，以使学生能正确选用常用金属材料，熟悉一般机械加工的工艺路线与热处理工序，掌握车工、铣工、焊工等金属加工的基础知识和操作技能。

　　全书用知识构架将各单元的核心知识以框架的形式归纳，在章节中设置了学习目标、学习内容、考点分析和习题练习。其中，学习目标主要是结合教学大纲以及考试大纲要求，明确本章节所要达到的学习目标；学习内容则紧扣教学大纲，与考试大纲结合紧密，且有一定的灵活性，除考试内容之外，还加入了就业岗位所需知识；考点分析是结合考试大纲对一些重要的、必需的知识进行重点与难点分析、提示；习题练习主要用于本章节的知识巩固和提高。

　　本书由杨宗斌老师担任主编，张瑛、沈军任副主编，王善讨、郑志富、徐琴琴、黄富阳、姜剑、徐星灵、余新华、祝齐祁、高鸽、董静、夏仁伟、张丽等参与部分内容的编写，于淼庭担任主审。在编写过程中，浙江省工业职业技术学院孟爱英副教授给予了支持与关心，并提出了许多宝贵的意见，在此深表感谢！

　　由于编者水平有限，书中错误之处在所难免，肯请广大读者批评指正。

编　者

目　录

▶第一单元

金属材料及热处理基础

【知识构架】

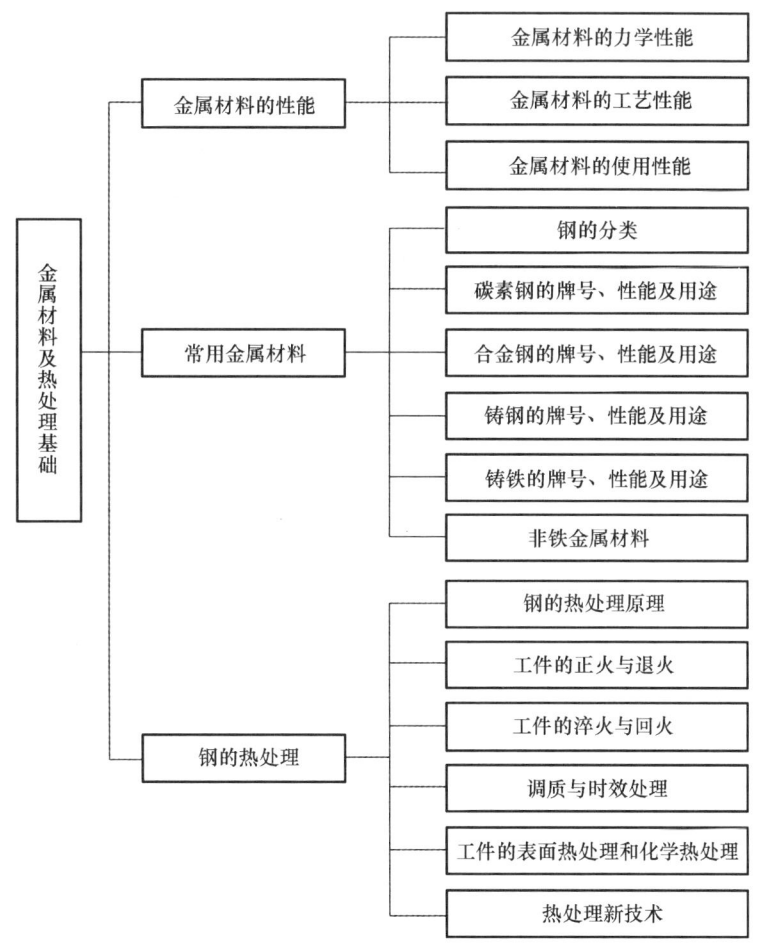

第一节　金属材料的性能

【学习目标】

1. 了解和掌握常用金属材料的性能（如力学性能、工艺性能和使用性能）。

2. 了解力学性能主要指标（强度、塑性、硬度、韧性、疲劳强度等）的测定方法，掌握其内涵，并了解其表示符号、标注方法以及主要用途。

3. 了解和掌握布氏硬度、洛氏硬度、维氏硬度试验的正确操作方法及其应用场合。

【学习内容】

金属材料的性能一般分为力学性能、工艺性能和使用性能三大类。

一、金属材料的力学性能

金属材料的力学性能是指金属材料抵抗各种外加载荷而不被破坏的能力，主要包括强度、塑性、硬度、冲击韧性、断裂韧度及疲劳强度等。它们是衡量材料性能的极其重要的指标，也是零件设计和选材时的主要依据。

1. 变形的种类

（1）变形　变形指材料受到外力作用时，内部原子的相对位置发生改变，宏观表现为形状和尺寸的变化。

（2）变形的分类　变形分为弹性变形和塑性变形。

弹性变形：在外力作用下发生变形，当外力去除后，变形随之消失的变形。

塑性变形：在外力作用下发生变形，当外力去除后，材料将产生不能自行恢复的、卸除外力之后被保留下来的永久变形。

（3）拉伸试验过程　包含四个变形阶段（弹性变形、屈服变形、强化变形和缩颈），如图1-1所示。

2. 强度与塑性

（1）强度指标　强度是指金属材料在静载荷作用下抵抗破坏（过量塑性变形或断裂）的性能。由于载荷的作用方式有拉伸、压缩、弯曲和剪切等形式，所以强度也分为抗拉强度、抗压强度、抗弯强度和抗剪强度等。各种强度间常有一定的联系，使用中一般较多以抗拉强度作为最基本的强度指标。抗拉强度 R_m 的计算公式为

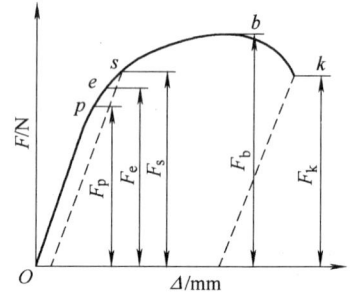

图1-1　拉伸力-伸长曲线

$$R_m = F_b / S_0$$

式中　F_b——试样拉断过程中所能承受的最大拉力（N）；

S_0——试样的原始横截面积（mm^2）。

（2）塑性指标　塑性是指金属材料在载荷作用下产生塑性变形（永久变形）而不被破坏的能力。常用的塑性指标是断后伸长率 A 和断面收缩率 Z，一般通过拉伸实验测定。

1）断后伸长率用符号 A 表示，即

$$A = \frac{L_1 - L_0}{L_0} \times 100\%$$

式中　L_0——试样原标距长度（mm）；

L_1——试样拉断后对接的标距长度（mm）。

2）断面收缩率用符号 Z 表示，即

$$Z = \frac{S_0 - S_1}{S_0} \times 100\%$$

式中　S_0——试样原标距断面积（mm^2）；

　　　S_1——试样拉断后的断面积（mm^2）。

3. 硬度与冲击韧性

（1）硬度　硬度是指材料抵抗局部变形，特别是塑性变形、压痕或划痕的能力，是衡量材料软硬程度的重要指标。工业上应用广泛的是压入法硬度试验，即在规定的试验力下将压头压入被测材料或零件表面，用压痕深度或压痕表面面积来评定硬度，常用的主要有布氏硬度试验、洛氏硬度试验和维氏硬度试验等。

1）布氏硬度：布氏硬度数值通过布氏硬度试验测定。布氏硬度试验是指用一定直径的硬质合金球体以相应的试验力压入被测材料或零件表面，经规定保持一段时间后卸除试验力，通过测量表面压痕直径来计算硬度的一种压痕硬度试验方法，如图 1-2 所示。布氏硬度值是试验力除以压痕球形表面积所得的商，其符号为 HBW，计算公式为

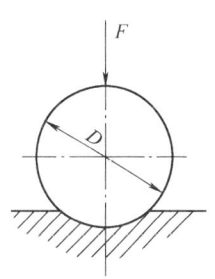

$$HBW = 0.102 \times \frac{F}{S} = 0.102 \times \frac{F}{\pi Dh}$$

$$= 0.102 \times \frac{2F}{\pi D \left(D - \sqrt{D^2 - d^2} \right)}$$

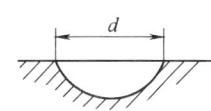

式中　F——试验力（N）；

　　　D——球体直径（mm）；

　　　d——压痕平均直径（mm）。

图 1-2　布氏硬度试验

由布氏硬度值计算公式可看出，在测定布氏硬度时，只要先测得压痕直径 d，即可根据 d 值查有关表格得出布氏硬度值。

布氏硬度标注时习惯上只写出硬度值而不必注明单位，其标注方法是，符号 HBW 之前为硬度值，符号后面按以下顺序用数值表示试验条件：球体直径、试验力、试验力保持时间（10～15s 不标注）。如 120HBW10/1000/30 表示直径 10mm 硬质合金球在 9.80kN 试验力作用下保持 30s 测得的布氏硬度值为 120。

布氏硬度试验常用于测量退火、正火、调质处理后的零件以及灰铸铁、结构钢、非铁金属及非金属材料等毛坯或半成品零件的硬度。但因其测量费时，压痕较大，不适宜测量成品零件或薄件。

2）洛氏硬度：洛氏硬度试验是在初始试验力 F_0 及总试验力 F 的先后作用下，将压头（金刚石圆锥或钢球）压入被测材料或零件表面，经规定保持时间后，卸除主试验力 F_1，用测量的残余压痕深度增量 $h_1(h_1 = h - h_0)$ 计算硬度值的一种压痕硬度试验方法。三种常用的洛氏硬度（HRA、HRB、HRC）中，以 HRC 应用最多，一般经过淬火处理的零件和工具都用它测试硬度，如图 1-3 所示。表面洛氏硬度试验是初始试验力为 29N，总实验力为 147N、249N 或 441N 的洛氏硬度试验。表面洛氏硬度用符号 HR 表示，HR 前面为硬度数

值，HR 后面为使用的标尺。如 70HR30N 表示用 30N 标尺（总试验力为 249N）测定的表面洛氏硬度值为 70。

洛氏硬度测定简单，方便快捷，可直接从表盘上读出硬度数值，压痕小，多用来测较硬材料的硬度或成品零件的硬度。其测试范围大，能测较薄零件的硬度。但由于其压痕小，测定结果波动较大，稳定性较差，故需测试三点，取其算术平均值，一般不适宜测试组织不均匀的材料。

3）维氏硬度：维氏硬度值由维氏硬度试验测定。维氏硬度是将相对面夹角为 136° 的正四棱锥体金刚石压头以选定的试验力（49.03 ~ 980.7N）压入被测材料或零件表面，经保持规定时间后卸除试验力，用测量的压痕对角线长度计算硬度的一种压痕硬度试验，如图 1-4 所示。

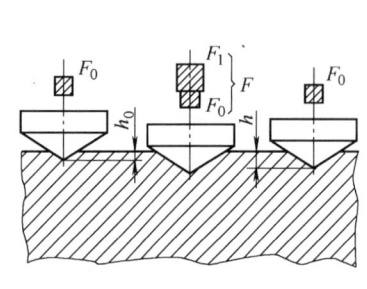

图 1-3　洛氏硬度试验

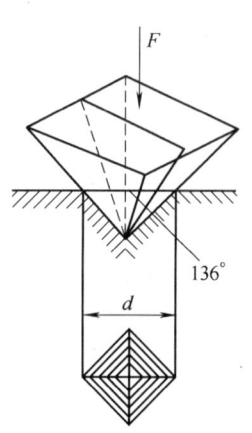

图 1-4　维氏硬度试验

维氏硬度的表示符号为 HV，测量范围是 5 ~ 1000HV，其标注方法与布氏硬度相同。

维氏硬度的适用范围宽，从极软到极硬的材料都可以测量，弥补了布氏硬度因压头变形而不能测高硬度材料、洛氏硬度由于试验力与压头直径比的约束而使硬度值不能相互换算的不足；维氏硬度试验的压痕轮廓清晰，采用对角线长度计量，精确可靠、误差小，能够更好地测量极薄零件的硬度，尤其是化学热处理的渗层硬度等。

（2）冲击韧度的概念　强度、塑性和硬度都是在静载荷作用下测量的力学性能指标，而实际生产中不少零件经常是在复杂的变化的动载荷作用下产生断裂而破坏的，因此还必须考虑金属材料在冲击载荷作用下抵抗破坏的能力即冲击韧性。衡量材料冲击韧性的指标有两个，即冲击吸收变形能量 KU（J）和冲击韧性 α_k（J/cm^2）。

4. 疲劳极限

（1）材料的疲劳极限　材料在循环应力作用下经受无数次循环而不断裂的最大应力称为材料的疲劳极限。材料的疲劳极限的测量通常在旋转对称弯曲疲劳试验机上进行。通常把材料承受的循环应力 σ 与断裂循环次数 N 之间的关系用 $\sigma - N$ 曲线来描述。从曲线上可以看出，应力值 σ 越低，则断裂前的循环次数越多。当应力降低到某一定值后，$\sigma - N$ 曲线与横坐标轴平行，这表示当应力低于此值时，材料可经受无数次应力循环而不断裂，此时的应力值即为疲劳极限。

（2）提高材料疲劳极限的措施　影响疲劳极限的因素很多，除设计时在结构上注意减小零件的应力集中外，改善零件表面质量和进行表面热处理（如高频感应淬火、表面形变强化、化学热处理以及各种表面复合强化），也是改变零件表层残余应力状态、提高疲劳极限的良好方法。

二、金属材料的工艺性能

工艺性能是指在加工制造过程中，金属材料在所给定的冷、热加工条件下表现出来的性能。金属材料工艺性能的好坏决定了它在制造过程中加工成形的适应能力。加工条件不同，要求金属材料的工艺性能也就不同。

金属对各种加工工艺方法所表现出来的适应性称为工艺性能，主要包括以下四个方面。

（1）可加工性　反映用切削工具对金属材料进行切削加工（例如车削、铣削、刨削、磨削等）的难易程度。

（2）可锻性　反映金属材料在锻造加工过程中成形的难易程度，例如将材料加热到一定温度时其塑性的高低（表现为塑性变形抗力的大小），允许热压力加工的温度范围大小，热胀冷缩特性以及与显微组织、力学性能有关的临界变形的界限、热变形时金属的流动性和导热性等。

（3）铸造性　反映金属材料熔化浇注成为铸件的难易程度，表现为熔化状态时的流动性、吸气性、氧化性和熔点，铸件显微组织的均匀性、致密性以及冷缩率等。

（4）焊接性　反映金属材料在局部快速加热，使结合部位迅速熔化或半熔化（需加压），从而使结合部位牢固地结合在一起而成为整体的难易程度，表现为熔点、熔化时的吸气性、氧化性、导热性、热胀冷缩特性、塑性以及与接缝部位和附近用材显微组织的相关性、对力学性能的影响等。

三、金属材料的使用性能

使用性能是指在使用条件下金属材料表现出来的性能，包括物理性能和化学性能等。金属材料使用性能的好坏决定了它的使用范围与使用寿命。

（1）物理性能　包括密度、外观、导热性、光学性能、磁性、导电性、超导性和形状记忆性能等。如电镀金利用的是金的外观，飞机使用铝合金制作利用的是铝合金的低密度，电热器用铜制作利用的是铜的高导热性和导电性，永磁材料利用的是金属的磁性等。

（2）化学性能　包括耐热性、耐蚀性、耐晒性、催化特性和感光特性等。如不锈钢利用的是它的耐蚀性，高温合金利用的是它的耐热性等。

【考点分析】

本节的考点一般在拉伸力-伸长曲线，须掌握性能指标，如强度、塑性、硬度、韧性和疲劳强度。

【例1】金属材料的性能一般分为_____、_____和_____。

【解题指导】理解和熟记金属材料的几种性能。

【答案】力学性能、工艺性能、使用性能。

【点评】主要考核对常见金属材料相关性能的认识和理解程度。

【例2】有一钢试样的横截面积为 $78mm^2$，已知钢试样的 $R_{eL} = 460MPa$，$R_m = 520MPa$。拉伸试验时，当受到拉力为＿＿＿＿＿＿ N 时，试样出现屈服现象；当受到拉力为＿＿＿＿＿＿ N 时，试样出现缩颈现象。

【解题指导】理解和熟记低碳钢拉伸试验的原理、拉伸过程中四个变形阶段的含义及相关计算方法。

【答案】35 880、40 560。

【点评】主要考核低碳钢拉伸试验原理及屈服强度 $R_{eL} = F_s/S_0$、抗拉强度 $R_m = F_b/S_0$ 等相关计算公式的理解和应用。

【例3】用压痕的深度来确定材料硬度值的是（   ）试验。

A. 布氏硬度　　　　　　　B. 洛氏硬度　　　　　　　C. 维氏硬度

【解题指导】理解和熟记三种硬度试验的原理及其应用场合。

【答案】B

【点评】主要考核三种硬度试验的原理，学习时还应该延伸掌握三种硬度值的表示方法及其含义。

【习题练习】

一、填空题

1. 变形一般分为＿＿＿＿＿变形和＿＿＿＿＿变形两种，不能随载荷去除而消失的变形称为＿＿＿＿＿变形。

2. 常用的衡量强度的指标有抗拉强度和屈服强度，分别用符号＿＿＿＿＿和＿＿＿＿＿表示。

3. 布氏硬度值是试验力除以压痕球形表面积所得的商。使用硬质合金球压头时其符号为＿＿＿＿＿。

4. 金属材料的力学性能主要有强度、塑性、硬度、韧性和疲劳强度等，其中塑性的指标用＿＿＿＿＿和＿＿＿＿＿来表示；冲击韧性的指标用＿＿＿＿＿和＿＿＿＿＿表示，其单位为＿＿＿＿＿和＿＿＿＿＿。

二、判断题

1. 所有金属材料在拉伸试验时都会出现显著的屈服现象。　　　　　　　　（　　）

2. 铸铁的可锻性比钢好，常用来铸造形状复杂的工件。　　　　　　　　　（　　）

三、选择题

1. 金属材料的变形随外力消除而消失为（   ）。

A. 弹性变形　　　　　　　B. 屈服现象　　　　　　　C. 断裂

2. 用拉伸试验可测定材料的（   ）性能指标。

A. 强度　　　　　　　　　B. 硬度　　　　　　　　　C. 韧性

3. 大小不变或变化很慢的载荷称为（   ）。

A. 静载荷　　　　　　　　B. 冲击载荷　　　　　　　　C. 交变载荷

4. 拉伸试验时，试样拉断前所能承受的最大拉应力称为材料的（　　）。

A. 屈服强度　　　　　　　B. 抗拉强度　　　　　　　　C. 弹性极限

5. 材料硬度值的正确表示方法为（　　）。

A. HRC55kg/mm^2　　　　B. 55HRC　　　　　　　　　C. 55RC

6. 材料 HT200 中数字 200 表示（　　）。

A. 抗压强度值　　　　　　B. 抗弯强度值　　　　　　　C. 抗拉强度值

7. T12 钢较之 T8 钢（　　）。

A. 硬度高，塑性低　　　　B. 硬度、塑性均高　　　　　C. 硬度、塑性均低

8. 45 钢的碳的质量分数为（　　）。

A. 4.5%　　　　　　　　　B. 0.45%　　　　　　　　　C. 0.045%

四、简答、计算题

1. 画出低碳钢拉伸力-伸长曲线，并简述低碳钢拉伸变形包括哪几个阶段，在各阶段中测得哪些力学指标，写出它们的符号和单位。

2. 有一批 45 钢，取样制成直径为 10mm，原标距长为 50mm 的短试样进行拉伸试验，测得 $F_s = 25\ 000$N、$F_b = 42\ 000$N，拉断后试样的标距长度为 56mm，缩颈处直径为 6.0mm。试求：R_{eL}、R_m、A 和 Z。

3. 在某工程零件图样上出现了 500HBW5/750 的硬度标注，试问这属于何种硬度技术条件？请写出其表示的含义。

4. 有一紧固螺栓使用后发现有伸长变形，试分析材料的哪些性能指标达不到要求。

第二节　常用金属材料

【学习目标】

1. 了解常用金属材料的物理性质及其主要用途。
2. 了解钢的分类，并初步了解金属材料的某些特殊用途。
3. 掌握常见金属材料的牌号、性能及其用途。

【学习内容】

金属材料是指纯金属以及它们的合金。其特点是具有金属光泽，有良好的导电、导热性能和一定力学性能，主要包括钢铁材料和非铁金属材料两大类。如钢、铁、铝、铜等纯金属及其合金。

工业上将碳的质量分数小于 2.11% 的铁碳合金称为钢。钢具有良好的使用性能和工艺性能，因此获得了广泛的应用。

一、钢的分类

钢的分类方法很多，常用的有以下几种。

（1）按化学成分分类 碳素钢可以分为低碳钢（碳的质量分数 <0.25%）、中碳钢（碳的质量分数为 0.25% ~0.6%）、高碳钢（碳的质量分数 >0.6%）；合金钢可以分为低合金钢（合金元素的质量分数 <5%）、中合金钢（合金元素的质量分数为 5% ~10%）、高合金钢（合金元素的质量分数 >10%）。

（2）按用途分类 分为结构钢（主要用于制造各种机械零件和工程构件）、工具钢（主要用于制造各种刀具、量具和模具等）和特殊性能钢（具有特殊的物理、化学性能的钢，可分为不锈钢、耐热钢、耐磨钢等）。

（3）按品质分类 分为普通碳素钢（P 的质量分数 ≤0.045%、S 的质量分数 ≤0.05%）、优质碳素钢（P 的质量分数 ≤0.035%、S 的质量分数 ≤0.035%）和高级优质碳素钢（P 的质量分数 ≤0.025%、S 的质量分数 ≤0.025%）。

二、碳素钢的牌号、性能及用途

常见碳素结构钢的牌号用"Q+数字"表示，其中"Q"为屈服强度的"屈"字的汉语拼音字首，数字表示屈服强度的数值。若牌号后标注字母，则表示钢材的质量等级不同，见表 1-1。

表 1-1　常见碳素结构钢的牌号、力学性能及其用途

类别	常用牌号	力学性能			用　途
		下屈服强度 R_{eL}/MPa	抗拉强度 R_m/MPa	断后伸长率 A（%）	
碳素结构钢	Q195	195	315 ~390	33	塑性较好，有一定的强度，通常轧制成钢筋、钢板和钢管等，可作为桥梁、建筑物等的构件，也可用做螺钉、螺母和铆钉等
	Q215	215	335 ~410	31	
	Q235A	235	375 ~460	26	
	Q235B				
	Q235C				可用于重要的焊接件
	Q235D				强度较高，可轧制成型钢和钢板，做构件使用
	Q255	255	410 ~510	24	
	Q275	275	490 ~610	20	
优质碳素结构钢	08F	175	295	35	塑性好，可制造冲压零件
	10	205	335	31	冲压性与焊接性良好，可用作冲压件及焊接件，经过热处理也可以制造轴和销等零件
	20	245	410	25	
	35	315	530	20	经调质处理后，可获得良好的综合力学性能，用来制造齿轮、轴类和套筒等零件
	40	335	570	19	
	45	355	600	16	
	50	375	630	14	
	60	400	675	12	主要用来制造弹簧
	65	410	695	10	

优质碳素结构钢的牌号用两位数字表示钢中平均碳的质量分数的万分数。例如，20 钢的平均碳的质量分数为 0.2%。

三、合金钢的牌号、性能及用途

为了提高钢的性能，在碳素钢基础上特意加入合金元素所获得的钢种称为合金钢。

低合金高强度结构钢的牌号由代表下屈服强度的汉语拼音首位字母、下屈服强度数值、质量等级符号（A、B、C、D、E）、脱氧方法符号（F、b、Z 和 TZ，其中 Z 和 TZ 可省略）等四个部分按顺序组成。例如 Q390A 表示下屈服强度 $R_{eL} \geqslant 390MPa$，质量为 A 级的低合金高强度结构钢。

合金结构钢的牌号用"两位数字（平均碳的质量分数的万分数）＋元素符号＋数字（该合金元素的质量分数：小于 1.5% 不标出；1.5% ~2.5% 标 2；2.5% ~3.5% 标 3，依次类推）"表示，见表 1-2。

合金工具钢的牌号：当碳的质量分数小于 1% 时，用"一位数（表示碳的质量分数的千分数）＋元素符号＋数字"表示；当碳的质量分数大于 1% 时，用"元素符号＋数字"表示（高速钢碳的质量分数小于 1%，其碳的质量分数也不标出）。

表 1-2　常见合金钢的牌号、力学性能及其用途

类别	常用牌号	力学性能			用　途
		下屈服强度 R_{eL}/MPa	抗拉强度 R_m/MPa	断后伸长率 A（%）	
低合金高强度结构钢	Q295	≥295	390 ~570	23	具有高强度、高韧性、良好的焊接性和冷成型性，主要用于制造桥梁、船舶、车辆、锅炉、高压容器、输油输气管道和大型钢结构等
	Q345	≥345	470 ~630	21 ~22	
	Q390	≥390	490 ~650	19 ~20	
	Q420	≥420	520 ~680	18 ~19	
	Q460	≥460	550 ~720	17	
合金渗碳钢	20Cr	540	835	10	主要用于制造汽车、拖拉机中的变速齿轮、内燃机上的凸轮轴和活塞销等机器零件
	20CrMnTi	835	1080	10	
	20Cr2Ni4	1080	1175	10	
合金调质钢	40Cr	785	980	9	主要用于制造汽车和机床上的轴和齿轮等
	30CrMnTi	—	1470	9	
	38CrMoAl	835	980	14	

四、铸钢的牌号、性能及用途

铸钢主要用于制造形状复杂，具有一定强度、塑性和韧性的零件。碳是影响铸钢性能的主要元素，随着碳质量分数的增加，铸钢的屈服强度和抗拉强度均增加，而且抗拉强度比屈服强度增加得更快。但当碳的质量分数大于 0.45% 时，屈服强度增加得很少，而塑性、韧性却显著下降。所以，在生产中使用最多的是 ZG230-450、ZG270-500 和 ZG310-570。

常见铸钢的成分、力学性能及其用途见表 1-3。

表 1-3　常见铸钢的成分、力学性能及其用途

钢号	化学成分			力学性能					应 用 举 例
	C	Mn	Si	R_{eL}	R_m	A	Z	α_k	
ZG200 – 400	0.20	0.80	0.50	200	400	25	40	600	机座、变速箱壳
ZG230 – 450	0.30	0.90	0.50	230	450	22	32	450	机座、锤轮、箱体
ZG270 – 500	0.40	0.90	0.50	270	500	18	25	350	飞轮、机架、蒸汽锤、水压机、工作缸、横梁
ZG310 – 570	0.50	0.90	0.60	310	570	15	21	300	联轴器、汽缸、齿轮、齿轮圈
ZG340 – 640	0.60	0.90	0.60	340	640	10	18	200	起重运输机中齿轮、联轴器等

五、铸铁的牌号、性能及用途

铸铁是碳的质量分数大于 2.11% 并含有较多的 Si、Mn、S、P 等元素的铁碳合金。铸铁的生产工艺和生产设备简单，价格便宜，具有优良的使用性能和工艺性能，所以应用非常广泛，是工程上最常用的金属材料之一。

铸铁按照断口颜色可以分为白口铸铁、灰口铸铁和麻口铸铁；按生产方法和组织性能可以分为灰铸铁、可锻铸铁、球墨铸铁和蠕墨铸铁等。常见灰铸铁的牌号及其用途见表 1-4。

表 1-4　常见灰铸铁的牌号及其用途

牌号	铸件壁厚	力学性能		用 途 举 例
		R_m/MPa	HBW	
HT100	2.5 ~ 10	130	110 ~ 166	适用于载荷小、对摩擦和磨损无特殊要求的不重要的零件，如防护罩、盖、油盘、手轮、支架、底板和重锤等
	10 ~ 20	100	93 ~ 140	
	20 ~ 30	90	87 ~ 131	
HT150	2.5 ~ 10	175	137 ~ 205	适用于承受中等载荷的零件，如机座、支架、箱体、刀架、床身、轴承座、工作台、带轮、阀体、飞轮和电动机座等
	10 ~ 20	145	119 ~ 179	
	20 ~ 30	130	110 ~ 166	
HT200	2.5 ~ 10	220	157 ~ 236	适用于承受较大载荷和一定气密性或耐蚀性要求等的较重要的零件，如气缸、齿轮、机座、飞轮、床身、气缸体、活塞、齿轮箱、联轴器盘、中等压力阀体、泵体、液压缸和阀门等
	10 ~ 20	195	148 ~ 222	
	20 ~ 30	170	134 ~ 200	
HT250	4.0 ~ 10	270	175 ~ 262	
	10 ~ 20	240	164 ~ 247	
	20 ~ 30	220	157 ~ 236	
HT300	10 ~ 20	290	182 ~ 272	适用于承受高载荷、耐磨和高气密性的重要零件，如重型机床、剪床、压力机、自动机床的床身、机座、机架、高压液压件、活塞环、齿轮、凸轮、车床卡盘、衬套、大型发动机的气缸体、缸套和气缸盖等
	20 ~ 30	250	168 ~ 251	
	30 ~ 50	230	161 ~ 241	
HT350	10 ~ 20	340	199 ~ 298	
	20 ~ 30	290	182 ~ 272	
	30 ~ 50	260	171 ~ 257	

六、非铁金属材料

除钢铁材料以外的其他金属及其合金统称为非铁金属材料。

非铁金属材料具有许多与钢铁不同的特性，例如高的导电性和导热性（银、铜、铝等）、优异的化学稳定性（铅、钛等）、高的导磁性（铁镍合金等）、高的强度（铝合金、钛合金等）和很高的熔点（钨、铌、钽、锆等）。所以，在现代工业中，除大量使用钢铁材料外，还广泛使用非铁金属材料。常用的非铁金属材料主要有铝及铝合金、铜及铜合金两类。

铸造青铜的牌号表示法与铸造黄铜类似。如 ZCuSn5Pb5Zn5 表示锡的质量分数为 5%，铅的质量分数为 5%，锌的质量分数为 5% 的铸造锡青铜。

【考点分析】

【例 1】中碳钢的碳的质量分数为（　　　）。

A．碳的质量分数 <0.25%　　　　　　B．碳的质量分数为 0.25%~0.6%

C．碳的质量分数 >0.6%　　　　　　　D．碳的质量分数 >2.11%

【解题指导】理解和熟记钢的几种不同分类方法。

【答案】B

【点评】主要考核对常见金属材料分类方法的掌握程度。

【例 2】普通钢、优质钢和高级优质钢的分类依据是（　　　）。

A．质量　　　　　B．性能　　　　　C．用途　　　　　D．前三者综合考虑

【解题指导】理解和熟记钢的几种不同分类方法。

【答案】A

【点评】主要考核钢的分类方法。

【例 3】写出牌号 HT100 表示的意义。

【解题指导】理解和熟记常见金属材料的牌号表示方法、性能及其用途。

【答案】表示最低抗拉强度为 100MPa 的灰铸铁。

【点评】主要考核常见金属材料的牌号表示方法及其表示的意义。

【习题练习】

一、填空题

1．Q235BF 表示＿＿＿＿＿＿钢。

2．T12A 钢按用途分类属于＿＿＿＿＿钢，按碳的质量分数分类属于＿＿＿＿＿钢，按质量分类属于＿＿＿＿＿，按脱氧程度分类属于＿＿＿＿＿。

3．钢是以＿＿＿＿＿为主要元素，碳的质量分数在＿＿＿＿＿以下，并含有其他元素的材料。

4．碳素结构钢根据质量可分为＿＿＿＿＿碳素结构钢和＿＿＿＿＿碳素结构钢。

5．铜合金根据主加元素不同可分为＿＿＿＿＿、＿＿＿＿＿和白铜。

二、选择题

1. 日常生活中下列物质的主要成分不属于金属的是（　　）。

A. 锅　　　　　B. 碗　　　　　C. 钥匙　　　　　D. 防盗门

2. 下列不是金属元素的是（　　）。

A. Al　　　　　B. Fe　　　　　C. Cu　　　　　D. S

3. 物质的性质决定其用途，下列金属材料的用途和性质一致的是（　　）。

A. 铜导电性好用做导线　　　　　B. 铝密度小用做飞机材料

C. 金延展性好做成金箔　　　　　D. 银导热性好用做装饰品

4. 08F 钢中的平均碳的质量分数为（　　）。

A. 0.08%　　　　B. 0.8%　　　　C. 8%　　　　D. 0.008%

5. 下列牌号中属于工具钢的是（　　）。

A. 20　　　　　B. T10A　　　　C. 65Mn　　　　D. 45

6. （　　）主要用来制造切削刀具，如车刀、铣刀和钻头。

A. GrWMn　　　B. T12　　　　C. 60SiMn　　　D. W18Gr4V

7. 手工锯条一般用（　　）制造。

A. 45 钢　　　　B. T7 钢　　　　C. T10 钢　　　　D. T12A 钢

8. GCr15 钢中的铬的质量分数为（　　）。

A. 1.5%　　　　B. 15%　　　　C. 0.15%　　　　D. 0.015%

9. 制作麻花钻材料应选用（　　）。

A. 45　　　　　B. 60Si2Mn　　　C. W18Cr4V　　　D. 16Mn

10. 机床上用的扳手、低压阀门和自来水管接头宜采用（　　）。

A. HT150　　　　B. QT800 - 2　　　C. KTH350 - 10　　D. ZG270 - 500

11. 一般情况下，轴的材料主要选用（　　）。

A. 碳素钢和铝合金　　　　　B. 碳素钢和铜合金

C. 铝合金和铜合金　　　　　D. 碳素钢和合金钢

12. 下列钢号中，（　　）的塑性和焊接性最好。

A. T10 钢　　　　B. 20 钢　　　　C. 45 钢　　　　D. 65 钢

13. 制作千分尺的材料一般选用（　　）。

A. 45 钢　　　　B. GCr15　　　　C. 16Mn　　　　D. 14MnMoV

14. HT150 牌号中的 150 是指（　　）。

A. 抗弯强度　　　B. 最低抗拉强度　　C. 最高抗拉强度　　D. 抗剪强度

三、判断题

1. 碳素工具钢和合金工具钢用于制造中、低速成形刀具。　　　　　　　（　　）

2. 铸铁的可锻性比钢好，常用来铸造形状复杂的工件。　　　　　　　　（　　）

3. 钢和铁是含有铁和碳两种元素的钢铁材料。　　　　　　　　　　　　（　　）

4. 除含碳和铁以外，还含有其他元素的钢就是合金钢。　　　　　　　　（　　）

5. 生产中常用中碳钢来制造轴类和齿轮类机械零件。　　　　　　　　　（　　）

6. 纯铜具有好的导电性和导热性及优良的塑性，但强度不高。　　　（　　）

7. 碳素钢的硬度越高，强度就越好。　　　　　　　　　　　　　（　　）

四、简答题

1. 写出下列牌号中数字及文字的含意，Q235F、KTZ450-06、T10、12Cr18Ni9。

例如：HT100 表示灰铸铁，其最低抗拉强度为 100MPa。

2. 随着碳的质量分数的增加，钢的力学性能有何变化？为什么？

第三节　钢的热处理

【学习目标】

1. 掌握钢的热处理的概念。
2. 了解并掌握钢的热处理工艺及其主要目的。
3. 熟悉热处理工艺的制订方法。

【学习内容】

一、钢的热处理原理

钢的热处理是工业生产中最常用、最方便而且非常经济有效的改性方法。它是采用适当的方式对钢材或工件进行加热、保温和冷却，以获得预期的组织结构与性能的工艺。

钢的热处理的目的如下。

1）消除毛坯缺陷，改善工艺性能，以利于进行冷、热加工。

2）充分发挥材料潜力，显著提高力学性能，进而提高产品质量，延长使用寿命。

二、工件的正火与退火

正火与退火是应用非常广泛的热处理方法。在机械零件或工、模具等的制造过程中，正火与退火经常作为预备热处理被安排在铸、锻、焊之后，切削（粗）加工之前，用以消除前一道工序所带来的某些缺陷，并为随后的工序做好准备。

正火是将工件加热到适当温度使其奥氏体化后，在空气中进行冷却的热处理方法。

退火是将工件加热到适当温度，保持一定时间，然后随炉缓慢冷却的热处理方法。

一般低碳钢和中碳钢多采用正火作为预备热处理工艺，以提高硬度而有利于切削加工；而高碳钢和工具钢则采用退火作为预备热处理工艺，以降低硬度而有利于切削加工。

退火和正火的加热范围及热处理工艺曲线如图 1-5 所示。

三、工件的淬火与回火

淬火与回火是强化工件、获得所需性能，提高产品质量与寿命的最经济、有效的常用手段之一。

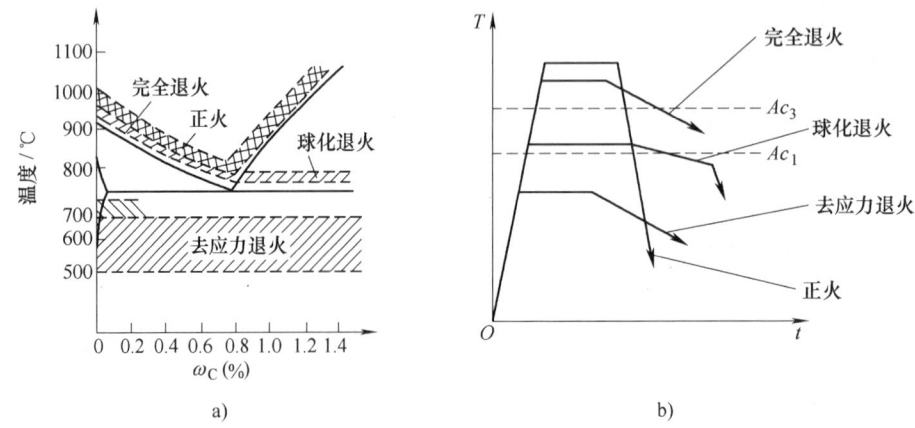

图 1-5　退火和正火的加热范围及热处理工艺曲线
a）加热温度范围　b）热处理工艺曲线

工件奥氏体化后，以适当方式冷却获得马氏体或（和）贝氏体组织的热处理方法称为淬火。

回火是将工件淬硬后加热到 Ac1 以下的某一温度，保温一定时间，然后冷却到室温的热处理方法。淬火后的工件应及时回火。

四、调质与时效处理

淬火后高温回火的热处理方法称为调质处理。高温回火是指在 500～650℃ 进行回火。调质可以使钢的性能和材质得到很大程度的调整，其强度、塑性和韧性都较好，具有良好的综合力学性能。调质处理后得到回火索氏体。回火索氏体是马氏体回火时形成的，在光学金相显微镜下放大 500～600 倍以上才能分辨出来，为铁素体基体内分布着碳化物（包括渗碳体）球粒的复合组织，回火索氏体也是马氏体的一种回火组织，是铁素体与粒状碳化物的混合物。此时的铁素体已基本无碳的过饱和度，碳化物也为稳定型碳化物，常温下是一种平衡组织。

为了避免量具、模具及零件在长期使用过程中尺寸和形状的变化，常在低温回火后（低温回火温度 150～250℃）、精加工前，把工件重新加热到 100～150℃，并保持 5～20h 的处理称为时效处理。对在低温或动载荷条件下的钢材构件进行时效处理，可以消除残余应力，对稳定钢材组织和尺寸尤为重要。

五、工件的表面热处理和化学热处理

1. 表面淬火

表面淬火是指把工件表面迅速加热到淬火温度而进行的淬火。工件经表面淬火后，表层可以得到马氏体组织，具有高的硬度和耐磨性，而心部仍为淬火前经调质或退火后的珠光体组织，具有足够的强度和韧性。

2. 化学热处理

化学热处理是将钢件置于一定温度的活性介质中保温，使一种或几种元素渗入其表面，改变其化学成分和组织，达到改进表面性能、满足技术要求的热处理方法。常用的化学热处理方法有渗碳、渗氮（俗称氮化）和碳氮共渗（俗称软氮化）等，还有渗硫、渗硼、渗铝、渗钒和渗铬等。化学热处理包括分解、吸收和扩散三个基本过程。发蓝、磷化可以归为表面热处理，但不属于化学热处理。

六、热处理新技术

1. 形变热处理

形变热处理是将塑性变形和热处理有机结合以提高材料力学性能的热处理方法，是提高钢强韧性的重要手段。

2. 真空热处理与可控气氛热处理

为了防止氧化和脱碳现象的产生，生产中采用了真空热处理与可控气氛热处理。

3. 激光热处理与电子束表面淬火

激光热处理是利用专门的激光器发出能量密度极高的激光，以极快的速度加热工件表面，经自冷淬火后使工件表面强化的热处理方法。

【考点分析】

【例1】 零件渗碳后，一般需经过（   ）才能达到表面硬度高而且耐磨的目的。

A. 淬火 + 低温回火   B. 正火   C. 调质   D. 淬火 + 高温回火

【解题指导】 理解和熟记钢的几种不同热处理方法的概念及其用途。

【答案】 A

【点评】 主要考核淬火 + 低温回火的目的及其应用。

【例2】 下列热处理中，（   ）不属于化学热处理。

A. 调质   B. 渗碳   C. 渗氮   D. 碳氮共渗

【解题指导】 理解和熟记钢的几种不同化学热处理方法的概念及其用途。

【答案】 A

【点评】 主要考核化学热处理的概念。

【例3】 常用的钢的热处理方法一般分为_____、_____、_____和回火四种。

【解题指导】 理解和熟记钢的几种热处理方法的概念及其用途。

【答案】 退火   正火   淬火

【点评】 主要考核热处理的概念。

【习题练习】

一、填空题

1. 钢的热处理是将钢在固态下以适当的方式进行_____、_____、_____和_____，以获得所需_____和_____的方法。

2. 常用的淬火方法有_____、_____和_____三种。

3. 根据回火的温度不同，回火可分为_____、_____和_____三类，回火得到的组织分别为_____、_____和_____。

4. 根据热处理的目的和工序位置的不同，可将热处理工艺分为_____和_____。

二、选择题

1. 用 15 钢制造的齿轮，要求齿轮表面硬度高，而心部具有良好的韧性，应采用（   ）热处理方法，若改用 45 钢制造该齿轮，则采用（   ）热处理方法。

A. 淬火低温回火   B. 表面淬火＋低温回火

C. 渗碳＋淬火＋低温回火   D. 调质处理

2. 钢经表面淬火后将获得（   ）。

A. 一定深度的马氏体   B. 全部马氏体

C. 下贝氏体   D. 上贝氏体

三、判断题

1. 淬火后的钢，回火温度越高，回火后的强度和硬度也越高。 （   ）

2. 淬透性好的钢，淬火硬度一定很高。 （   ）

3. 热处理是一种不改变零件形状和尺寸，却能改变其组织和性能的工艺方法。（   ）

4. 冷却速度应根据钢的种类和热处理目的确定。 （   ）

5. 要求表面硬、心部韧的零件，应采用正火处理。 （   ）

6. 要求降低硬度、细化晶粒、均匀组织和消除应力时，应采用退火处理。 （   ）

7. 淬火是强化金属材料的重要手段之一。 （   ）

四、简答题

1. 正火和退火的主要区别是什么？生产中应如何选择？

2. 什么是淬火？淬火的目的是什么？

3. 什么是回火？淬火钢为什么一定要回火？

4. 用 20CrMnTi 制造汽车变速器齿轮，要求齿面硬度 58～60HRC，中心硬度 30～45HRC，试写出热处理工艺路线，并说明各步热处理的作用和目的。

铸造与锻压基础

【知识构架】

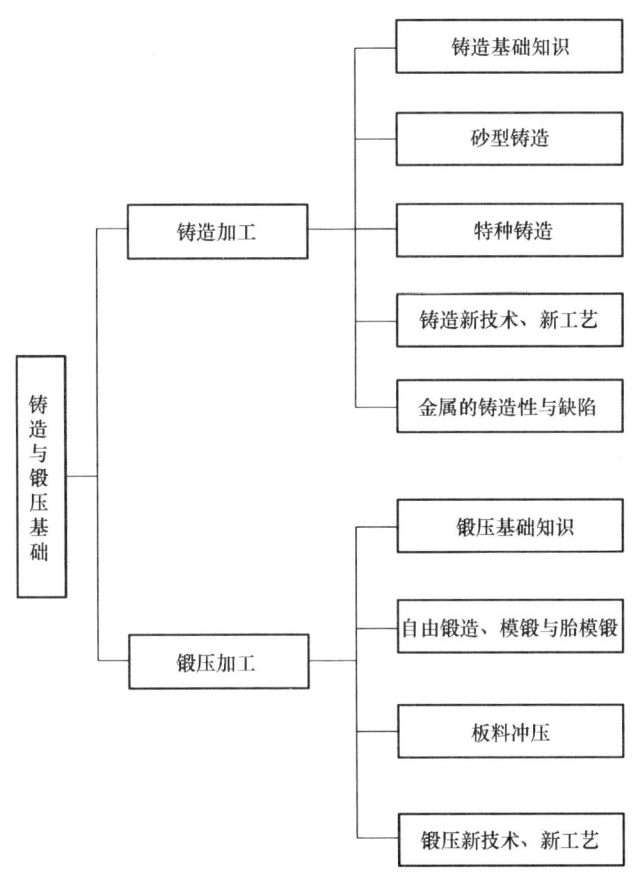

第一节 铸 造 加 工

【学习目标】

1. 了解和掌握铸造的特点、分类及应用。

2. 了解砂型铸造工艺。

3. 了解特种铸造和铸造的新工艺及其发展方向。

【学习内容】

一、铸造基础知识

熔炼金属，制造铸型，并将熔融金属浇入铸型，凝固后获得一定形状、尺寸和性能的毛坯或零件的成形方法称为铸造。采取铸造方法获得的金属零件或毛坯称为铸件。铸造是毛坯成形的主要方法之一，在机械制造中占有重要地位。

1. 铸造的特点

（1）成形方便且适应性广　铸造可制造形状复杂且不受工件尺寸、质量和生产批量限制的铸件。工业生产中常用的金属材料如碳素钢、低合金钢和非铁金属等，都可用于铸造。

（2）具有良好的经济性　铸造不需要昂贵的设备，而且由于铸件的形状和尺寸接近于零件，因此能够节省金属材料和切削加工的工时；铸造用金属材料来源广泛，可以利用废旧机件等进行回炉熔炼。

（3）铸件的力学性能较差　由于铸造的生产工序较多，而且部分工艺过程难以控制，因此铸件质量不够稳定，废品率较高，而且铸件内部偏析较重，铸件的铸态组织晶粒较大，所以铸件的力学性能较差。

2. 铸造的分类

（1）砂型铸造　在砂型中生产铸件的铸造方法。

（2）特种铸造　与砂型铸造不同的其他铸造方法。

二、砂型铸造

砂型铸造是指在砂型中生产铸件的铸造方法，是最基本的和应用最广泛的铸造方法。砂型铸造的工艺过程如图 2-1 和图 2-2 所示。

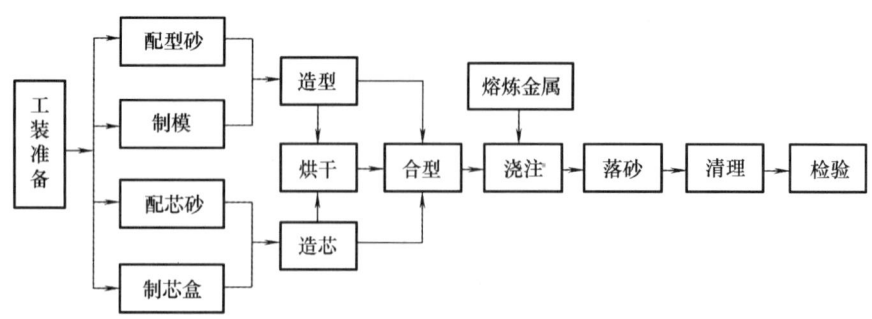

图 2-1　砂型铸造的工艺过程简图

1. 造型

用型砂及模样等工艺装备制造砂型的过程称为造型。造型时用模样形成铸型的型腔，在

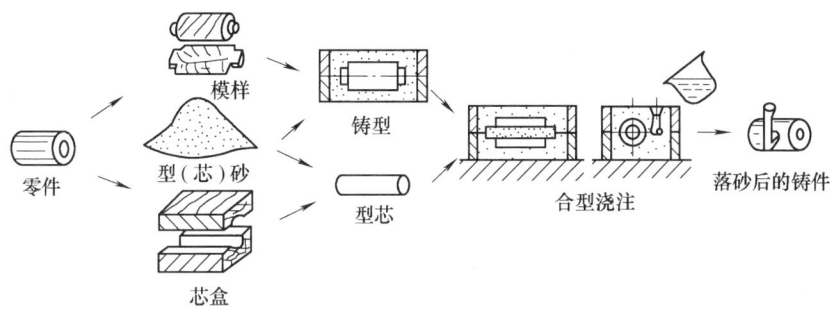

图 2-2　砂型铸造的工艺过程模拟图

浇注后形成铸件的外部轮廓。造型过程中造型材料的好坏，对于铸件的质量起着决定性的作用。

2. 造芯

制造型芯的过程称为造芯。型芯的主要作用是用来获得铸件的内腔，但有时也可作为铸件难以起模部分的局部铸型。浇注时，由于型芯受金属液的冲击、包围和烘烤，因此与砂型相比，型芯必须具有较高的强度、耐火性、透气性、退让性和溃散性。这主要是靠合理配置芯砂和通过使用正确的造芯方法来保证的。

3. 浇注系统

为了填充型腔和冒口而开设在铸型中的一系列通道称为浇注系统。通常浇注系统由浇口杯、直浇道、横浇道和内浇道组成。浇注系统的主要作用是保证液态金属均匀、平稳地流入并充满型腔，以避免冲坏型腔；防止熔渣、砂粒和其他杂质进入型腔；调节铸件的凝固顺序或补给铸件冷凝收缩时所需的液态金属。若浇注系统设计得不合理，铸件易产生冲砂、砂眼、夹渣、浇不足、气孔和缩孔等缺陷。

4. 熔炼

金属熔炼质量的好坏对能否获得优质的铸件有着重要的影响。如果金属液的化学成分不合格，会降低铸件的力学性能和物理性能。金属液的温度过低，会使铸件产生冷隔、烧不足、气孔和夹渣等缺陷；金属液的温度过高，会导致铸件总收缩量增加，吸收气体过多，出现粘砂严重等缺陷。

5. 合型、浇注、落砂、清理和检验

将铸型的各个单元如上型、下型、型芯和浇口杯等组合成一个完整铸型的操作过程称为合型。将熔融金属从浇包注入铸型的操作称为浇注。用手工或机械使铸件和型砂（芯砂）、砂箱分开的操作过程称为落砂。落砂后从铸件上清除表面粘砂、型砂（芯砂）和多余金属（包括浇、冒口，飞翅和氧化皮）等过程的总和称为清理。铸件清理后应进行质量检验。

三、特种铸造

砂型铸造以外的其他铸造方法统称为特种铸造。特种铸造一般分为金属型铸造、压力铸造、离心铸造和熔模铸造。

1. 金属型铸造

金属型铸造是指在重力作用下将熔融金属浇入金属型获得铸件的方法。如图2-3所示为采用垂直分型方式的金属型。

2. 压力铸造

压力铸造是使熔融金属在高压下高速充填金属型腔，并在压力下凝固的铸造方法。

3. 离心铸造

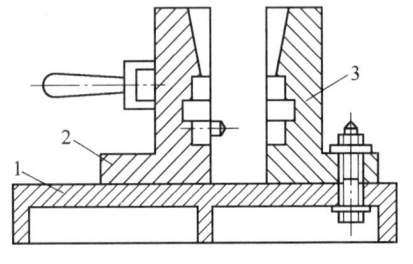

图 2-3 垂直分型式金属型
1—底座 2—动型 3—定型

离心铸造是将液态金属浇入绕水平或倾斜主轴旋转着的铸型中，并在离心力的作用下凝固成铸件的铸造方法。常见的离心铸造过程如图2-4所示。

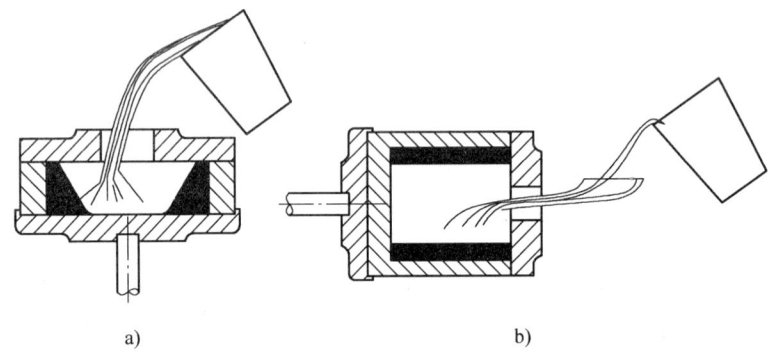

a)   b)

图 2-4 离心铸造过程
a) 立式离心铸造 b) 卧式离心铸造

4. 熔模铸造

熔模铸造是用易熔材料（如蜡料）制成模样，在模样上包覆若干层耐火涂料制成型壳，熔出模样后经高温焙烧再浇注的铸造方法。

四、铸造新技术、新工艺

目前，铸造技术正朝着优质、高效、节能、低耗、自动化和污染小的方向发展，而且一些新的科技成果正逐步走出实验室，与传统工艺结合创造出了新的铸造方法。

1. 造型技术的新发展

1）气体冲压造型。

2）静压造型。

3）真空密封造型（V法造型）。

2. 快速成形技术（RPT）

快速成形技术集成了现代数控技术、CAD/CAM技术、激光技术和新型的材料成果于一体，突破了传统的加工模式，大大提高了产品的生产率。目前应用最多的快速成形技术有以下几种。

1）激光立体光刻成形技术（SLA）。

2）激光粉末选区烧结成形技术（SLS）。

3）熔丝沉积成形工艺（FDM）。

五、金属的铸造性与缺陷

1. 金属的铸造性

1）金属的流动性。

2）金属的收缩性。

2. 金属的铸造缺陷

1）气孔。

2）缩孔和缩松。

3）砂眼和渣眼。

4）热裂和冷裂。

5）粒砂和夹砂。

6）浇不到和冷隔。

7）错型和偏芯。

【考点分析】

【例1】型砂中的粘土的作用是＿＿＿＿＿＿＿＿＿＿。

【解题指导】理解和熟记铸造工艺中型砂的概念及其制作过程和应用特点。

【答案】起到粘结剂的作用

【点评】主要考核对型砂基本结构的认识。

【例2】铸钢与铸铁相比较，具有较好的流动性、较小的收缩性和较差的焊接性。（　　）

【解题指导】理解和熟记金属的铸造性与缺陷

【答案】×

【点评】主要考核对金属材料的工艺性能及铸造性的理解和认识。

【例3】特种铸造分为＿＿＿＿＿＿、＿＿＿＿＿＿、＿＿＿＿＿＿和＿＿＿＿＿＿。

【解题指导】理解和熟记特种铸造的分类。

【答案】金属型铸造　压力铸造　离心铸造　熔模铸造

【点评】主要考核特种铸造的分类。

【习题练习】

一、填空题

1. 缩孔的形成主要由＿＿＿＿＿＿＿＿＿＿和＿＿＿＿＿＿＿＿＿＿造成。

2. 在铸件铸造成形后采取＿＿＿＿＿＿＿＿＿＿方式消除应力。

3. 常用的铸造合金中，＿＿＿＿＿＿＿＿＿的收缩最大，＿＿＿＿＿＿＿＿＿的收缩最小。

4. 根据产生机理的不同，铸件裂纹分为_____和_____两种。

5. 型芯的主要作用是_____。大批量生产槽轮铸造时，可用外型芯来获得铸件的局部外形，即可将三箱造型变为_____造型。

6. 冒口设置在_____，主要作用是_____，还有可以_____和_____。

7. 型砂的主体是_____，作用是_____；常用的粘结剂有_____土和_____土，作用是和水混合后具有_____；附加物有_____、_____还有_____，作用是_____。

8. 典型浇注系统的组成及作用分别是：①_____，作用是_____；②_____，作用是_____；③_____，作用是_____；④_____，作用是_____。

二、判断题

1. 对中、小型铸件，通常只设一个直浇道，而大型或薄壁复杂的铸件，常设几个直浇道，同时进行浇注。（   ）

2. 浇注温度的高低及浇注速度的快慢是影响铸件质量的重要因素。（   ）

3. 铸型浇注后应尽快进行落砂，以缩短生产周期。（   ）

4. 芯砂比型砂应具有更好的强度、耐火性、透气性和退让性。（   ）

5. 设计起模斜度的目的是方便铸件从铸型（或芯型）中取出。（   ）

6. 固态收缩是铸造应力、变形和裂纹等缺陷产生的基本原因。（   ）

三、选择题

1. （   ）一般只用于单件及小批量生产。

A. 木模　　　　　　　　　　　B. 金属型

C. 塑料模　　　　　　　　　　D. 泡沫塑料气化模

2. 铸件在凝固过程中，由于补缩不良而产生的孔洞为（   ）缺陷。

A. 气孔类　　　B. 缩孔类　　　C. 线缺类　　　D. 夹杂类

3. 射线探伤主要用来检查铸件的（   ）。

A. 表面缺陷　　　　　　　　　B. 内部缺陷

C. 致密性　　　　　　　　　　D. 力学性能

4. 构成铸型的一部分，容纳和支持砂型的刚性框为（   ）。

A. 砂箱　　　B. 芯盒　　　C. 模样　　　D. 模板

5. 铸件应力的产生主要是因为铸件各部分冷却不一致以及（   ）的结果。

A. 壁厚差太大　　　　　　　　B. 型芯阻碍收缩

C. 铸件温度不足　　　　　　　D. 浇速快

四、简答题

1. 铸造生产有哪些特点？

2. 铸件有哪些常见缺陷（列举不少于 8 种）？

3. 为什么熔模铸造特别适用于生产难以切削加工的、形状复杂的铸件？

第二节　锻压加工

【学习目标】

1. 了解金属锻压加工的特点、分类及应用。
2. 了解锻压加工的一些基本概念及常用锻压工艺。
3. 初步掌握自由锻和板料冲压的基本工序、特点及应用。
4. 了解锻压新技术、新工艺的发展。

【学习内容】

一、锻压基础知识

锻压是利用外力使金属坯料产生塑性变形，获得所需尺寸、形状及性能的毛坯或零件的加工方法，是锻造和冲压的总称。

1. 按加工方法分类

锻压是机械制造中毛坯和零件生产的主要方法之一，常分为自由锻、模锻、板料冲压、挤压、拉拔和轧制等。

2. 主要特点

锻压加工与其他加工方法相比，具有以下特点。

（1）改善金属的组织，提高其力学性能　金属材料经锻压加工后，其组织和性能都能得到改善和提高。锻压加工能消除金属铸锭内部的气孔、缩孔和树枝状晶等缺陷，并由于金属的塑性变形和再结晶，可使粗大晶粒细化，得到致密的金属组织，从而提高金属的力学性能。

（2）材料的利用率高　金属塑性成形主要是靠金属的形体组织相对位置重新排列，而不需要切除金属。

（3）较高的生产率　锻压加工一般是利用压力和模具进行成形加工的。例如，利用多工位冷镦工艺加工内六角螺钉，比用棒料切削加工效率提高约 400 倍以上。

（4）毛坯或零件的精度较高　应用先进的技术和设备，可实现少切削或无切削加工。例如，精密锻造的锥齿轮轮齿部分可不经切削加工直接使用，复杂曲面形状的叶片经精密锻造后只需磨削便可达到所需精度。

（5）锻压所用的金属材料应具有良好的塑性，以便在外力作用下能产生塑性变形而不破裂。常用的金属材料中，铸铁属脆性材料，塑性差，不能用于锻压。钢和非铁金属中的铜、铝及其合金等可以在冷态或热态下进行压力加工。

（6）不适合成形形状较复杂的零件　锻压加工是在固态下成形的，与铸造相比，金属的流动受到限制，一般需要采取加热等工艺措施才能实现，因此锻造形状复杂，特别是具有复杂内腔的零件或毛坯较困难。

二、自由锻造

自由锻造是只用简单的通用性工具，或在锻造设备的上、下砧间直接使坯料变形而获得所需的几何形状及内部质量的锻件加工方法。采用自由锻造方法生产的锻件称为自由锻件。

自由锻造是通过局部锻打逐步成形的，其基本工序包括镦粗、拔长、冲孔、切割、弯曲、扭转、错移和锻接等。

（1）镦粗　镦粗是使毛坯高度减小、横截面积增大的锻造工序，常用于锻造圆饼类锻件。镦粗时，由于坯料两端面与上、下砧间会产生摩擦力，阻碍了金属的流动，因此圆柱形坯料经镦粗后呈鼓形，在后面的工序中应进行修整。对坯料上某一部分进行的镦粗称为局部镦粗。

（2）拔长　拔长是使毛坯横截面积减小、长度增加的锻造工序，常用于锻造杆类与轴类锻件。

（3）冲孔　冲孔是在坯料上冲出透孔或不透孔的锻造工序，常用于锻造齿轮坯、环套类等空心锻件。

（4）切割　切割是将坯料分成几部分或部分地割开，或从坯料的外部割掉一部分，或从内部割出一部分的锻造工序。

（5）弯曲　弯曲是采用一定的工、模具将坯料弯成所规定的外形的锻造工序，常用于锻造直角尺、弯板和吊钩等轴线弯曲的零件。

（6）锻接　锻接是将坯料在炉内加热至高温后，用锤快击，使两块坯料在固态结合的锻造工序。锻接的方法有搭接、对接和咬接等。锻接后的接缝强度可达到被连接材料强度的70% ~80% 。

（7）错移　错移是将坯料的一部分相对另一部分平行错开一段距离，但仍保持轴心平行的锻造工序，常用于锻造曲轴零件。错移时，先对坯料进行局部切割，然后在切口两侧分别施加大小相等、方法相反且垂直于轴线的冲击力或压力，使坯料实现错移。

（8）扭转　扭转是将坯料的一部分相对于另一部分绕其轴线旋转一定角度的锻造工序。该工序多用于锻造多拐曲轴和找正某些锻件。小型坯料扭转角度不大时，可用锤击方法。

自由锻造是历史最悠久的一种锻造方法，具有工艺灵活、所用设备及工具通用性强和成本低的特点。由于自由锻造是逐步成形，所需变形力较小，所以是生产大型锻件（300t以上）的唯一方法。但这种方法生产率较低，锻件精度低，劳动强度大，故多用于单件、小批量生产形状比较简单、精度要求不高的锻件。

三、模锻

模锻是利用模具使毛坯变形而获得锻件的锻造方法。用模锻方法生产的锻件称为模锻件。由于坯料在锻模内整体锻打成形，因此模锻所需的变形力较大。

根据所用设备不同，模锻分为锤上模锻、曲柄压力机模锻、平锻机模锻和摩擦压力机模锻等。锤上模锻所用的设备为模锻锤，通常为空气模锻锤。对形状复杂的锻件，应先在制坯模膛内初步成形，然后在锻模膛内进行锻造。

模锻与自由锻造相比有很多优点：模锻生产率高，有时可比自由锻造高几十倍；锻件尺寸比较精确；切削加工余量少，故可节省金属材料，减少切削加工工时；能锻制形状比较复杂的锻件。但锻模受到设备吨位的限制，模锻件质量一般在150kg以下，且制造锻模的成本较高。因此，模锻主要用于大批量生产形状比较复杂、精度要求较高的中、小型锻件。

四、胎模锻

胎模锻是在自由锻设备上使用可移动的模具（称为胎模）生产模锻件的方法。

胎模的结构简单且形式较多，由上、下模块组成，模块间的空腔称为模膛，模块上的导销和销孔可使上、下模膛对准，手柄供搬动模块用。常用的胎膜结构有扣模、合模、套筒模、摔子和弯模等。

胎模锻同时具有自由锻和模锻的某些特点。与模锻相比，胎模锻不需昂贵的模锻设备，模具制造简单且成本较低，但不如模锻精度高，且劳动强度大、胎膜寿命低、生产率低；与自由锻相比，胎模锻坯料最终是在胎膜的模膛内成形，可以获得形状较复杂、锻造质量和生产率较高的锻件。正由于胎膜锻所用的设备和模具比较简单、工艺灵活多变，故在中、小型工厂得到了广泛应用，适合小型锻件的中、小批生产。

五、板料冲压

板料冲压通常是在室温条件下，使板料经分离或成形而得到制件的方法。板料冲压与锻造一样都属于塑性加工，因此其板材必须具有优良的塑性，其加工对象主要是塑性较好的低碳钢、塑性高的合金钢、铜和铝合金等的薄板料和条带料。

板料冲压工序分为两大类。一大类是分离工序，即使坯料的一部分与另一部分相互分离的工序，主要包括冲裁、剪切和修整等。另一大类是变形工序，即使坯料的一部分相对于另一部分产生位移而不破裂的工序，主要包括弯曲、拉深、翻边和成形等。

六、锻压新技术、新工艺

锻压新技术、新工艺的发展是指优质、高效、低消耗地进行生产。近年来，在锻压加工生产方面出现了许多先进的工艺方法，并得到了迅速的发展。下面介绍部分成熟的锻压新技术。例如精密模锻、径向锻造、多向模锻、摆动辗压、挤压、超塑性加工成形、高速高能成形以及液态锻模等。

1. 超塑性加工成形技术

超塑性是指金属在特定的组织、温度条件和变形速度下变形时，塑性比常态提高几倍到几百倍，而变形抗力降低到常态的几分之一甚至几十分之一的异乎寻常的性质。

利用金属材料在特定条件下所具有的超塑性来进行塑性加工的方法称为超塑性加工成

形。超塑性成形主要是由晶粒边界的滑动和转动所引起的，与一般金属的变形方式不同。

2. 高速高能成形技术

高速高能成形技术有多种加工形式，其共同的特点是在很短的时间内，将化学能、电能、电磁能和机械能传递给被加工的金属材料，使其迅速成形。高速高能成形技术分为爆炸成形、电液成形、电磁成形和高速锻造等。它具有成形速度高、加工精度高，可加工难于加工的金属材料和设备投资小的优点。

3. 液态锻模

液态锻模是指对定量浇入铸型型腔中的液态金属施加较大的机械压力，使其成形、结晶、凝固而获得铸件的一种加工方法。它是一种介于铸造和锻造之间的新工艺，也称为"挤压铸造"，具有两种加工方法的优点。

4. 摆动碾压

摆动碾压是指上模的轴线与被碾压工件（放在下模）的轴线倾斜一个角度，模具一面绕轴心旋转，一面对坯料进行压缩（每一瞬间仅压缩坯料横截面的一部分）的加工方法。

5. 计算机在锻压技术中的应用

计算机在锻压技术中的应用主要体现在模锻方面，利用计算机辅助设计（CAD）和计算机辅助制造（CAM）程序，通过人机对话，借助有关资料，对模具、坯料和工艺安排等内容进行优化设计，可以获得最佳的模锻工艺设计方案，从而减少设计周期，提高模具精度和使用寿命，提高锻件质量，降低生产成本。

【考点分析】

【例1】对坯料施加外力，使其产生＿＿＿＿＿＿变形，改变＿＿＿＿＿＿、＿＿＿＿＿＿及改善＿＿＿＿＿＿，用以制造机械零件或毛坯的成形加工方法称为锻压。

【解题指导】理解和熟记锻压的概念及其应用特点。

【答案】塑性　几何尺寸　形状　质量

【点评】主要考核对锻压基本概念的理解。

【例2】（　　）是指只用简单的通用性工具，或在锻造设备的上、下砧间直接使坯料变形而获得所需的几何形状及内部质量的锻件的加工方法。

A. 自由锻　　　　　B. 模锻　　　　　C. 板料冲压　　　　D. 挤压

【解题指导】理解和熟记自由锻造的概念。

【答案】A

【点评】主要考核自由锻造的概念。

【例3】（　　）是利用模具使毛坯变形而获得锻件的锻造方法。

A. 自由锻　　　　　B. 模锻　　　　　C. 板料冲压　　　　D. 挤压

【解题指导】理解和熟记模锻的概念。

【答案】B

【点评】主要考核模锻的概念。

【习题练习】

一、填空题

1. 根据成形方式不同，锻造可分为_____和_____两大类。

2. 自由锻常用的设备有_____和_____。

3. 自由锻的基本工序有_____、_____、_____、_____和_____。

4. 镦粗是使_____的锻造工序。

5. 板料冲压的基本工序可分为_____和_____两大类，使板料的一部分和另一部分分开的工序称为_____，包括_____和_____。

二、选择题

1. （　　）是锻造生产中坯料装出炉的一种机械装置，它的使用可以缩短大量辅助时间，减轻繁重的体力劳动，提高劳动生产率。

A. 锻造行车　　　B. 翻料机　　　C. 锻造操作机　　D. 装出料机

2. （　　）产生的缺陷有歪斜、翘曲、金属纤维切断、夹层、末端凹陷、轴向裂纹和径向裂纹等。

A. 拔长时　　　　B. 切割时　　　C. 镦粗时　　　　D. 扭转时

3. （　　）是由自由锻向模锻过渡的一种成形方法，所用的基本工序和工步兼有两种锻造的特点。

A. 模锻　　　　　B. 手工锻　　　C. 自由锻　　　　D. 胎模锻

4. 将坯料的一部分相对另一部分错开，并保持这两部分相互平行的操作工序称为（　　）。

A. 弯曲　　　　　B. 切割　　　　C. 扭转　　　　　D. 错移

5. （　　）是使锻件长度增长、横截面积减小的操作工序。

A. 镦粗　　　　　B. 拔长　　　　C. 扭转　　　　　D. 错移

6. （　　）工作时打击性质近似锻锤，而其工作特性又近似于压力机。

A. 水压机　　　　B. 空气锤　　　C. 摩擦压力机　　D. 平锻机

7. （　　）是以无冲击性的静压力作用在金属坯料上，使金属坯料产生变形。

A. 自由锻锤　　　B. 水压机　　　C. 电液锤　　　　D. 空气锤

三、判断题

1. 为了提高可锻性，必须在锻造温度范围内加热毛坯，而且时间越长越好。（　　）

2. 锻造加热温度越高，锻件所产生的氧化皮就越多。（　　）

3. 过烧、过热是无法挽救的锻造缺陷。（　　）

4. 冲通孔时一般采用单面冲孔法。（　　）

5. 拔长是使坯料的横断面增加、坯料长度减少的工序。（　　）

6. 锻件中碳的质量分数越高，则冷却速度应越大。（　　）

7. 压力机和剪板机是常用的板料冲压设备。（　　）

8. 冲孔和落料都属于变形基本工序。 （　　）

四、简答题

1. 什么是锻造加工？

2. 锻造流线是怎么形成的？它如何影响金属的力学性能？零件结构设计应如何利用流线？

3. 为什么胎模锻可以锻造出形状较为复杂的模锻件？

4. 板料冲压生产主要有哪些特点？应用范围如何？

▶ 第三单元

焊接基础

【知识构架】

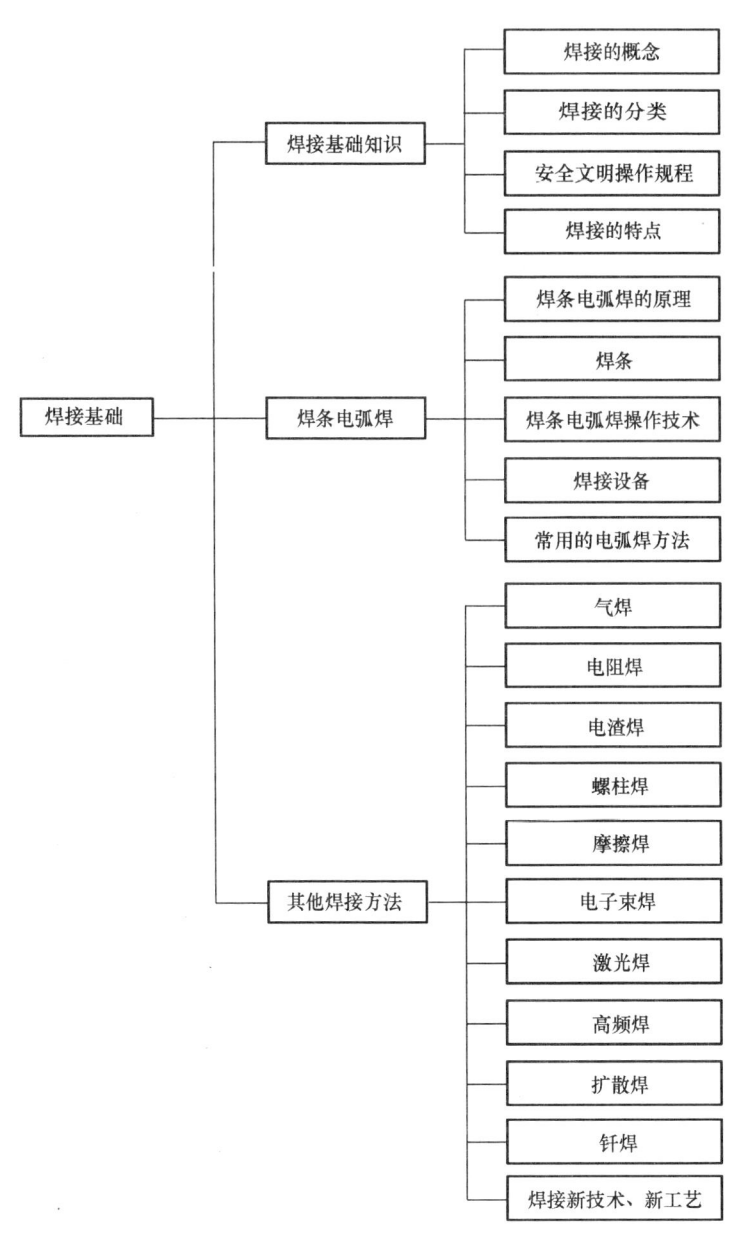

第一节　焊接基础知识

【学习目标】

1. 了解焊接的概念和分类。
2. 掌握焊接安全文明操作规程。
3. 了解焊接的主要特点。

【学习内容】

一、焊接的概念

焊接是指通过适当的物理化学过程，如加热、加压或两者并用等方法，使两个或两个以上分离的物体产生原子（分子）间的结合力而连接成一体的连接方法。焊接是金属加工的一种重要方法，被广泛应用于机械制造、造船业、石油化工、汽车制造、桥梁、锅炉、航空航天、原子能、电子电力和建筑等领域。

二、焊接的分类

焊接的方法种类很多，通常分为熔焊、压焊和钎焊三大类。

1）熔焊是将需连接的两构件接合面加热熔化成液体，然后冷却结晶连成一体的焊接方法。熔焊主要有电弧焊、气焊、气体保护焊、电渣焊、等离子弧焊和激光焊等。

2）压焊是在焊接过程中对焊件施加一定的压力，同时采取加热或不加热的方式完成零件连接的焊接方法。压焊主要有电阻焊、摩擦焊、超声波焊、冷压焊和锻接等。

3）钎焊是利用熔点低于被焊金属的钎料，将零件和钎料加热到钎料熔化，利用钎料润湿母材，填充接头间隙并与母材相互溶解和扩散而实现连接的方法。钎焊主要有烙铁钎焊、火焰钎焊、高频钎焊、炉中钎焊、盐浴钎焊和真空钎焊等。

三、安全文明操作规程

1）电焊工必须经岗前培训且合格后方可上岗，有高血压、心脏病等疾病的人员，严禁进入施工现场。

2）上岗前必须进行安全技术交底，并履行安全合同交底签字手续。

3）所有交、直流电焊机的金属外壳都必须采取保护接地措施，接地、接零电阻值应小于10Ω。

4）焊接的金属设备和容器本身有接地、接零保护时，电焊机的二次绕组禁止设有接地或接零保护。

5）多台电焊机的接地、接零线不得串接入接地体，每台电焊机应设独立的接地、接零线，其接点应用螺钉压紧。

6）每台电焊机须设专用断路开关，并有与电焊机相匹配的电流保护装置。一次线与电源接点不宜用插销连接，其长度不得大于 3.5m，且需双层绝缘。

7）电焊机二次侧接地线需接长使用时，应保证搭接面积，接点处用绝缘胶带包裹好，接点不宜超过两处，严禁长距离使用管道、轨道及建筑物的金属结构或其他金属物体串接起来作为导线使用。

8）电焊机的一次、二次接线端应有防护罩，且一次线端须用绝缘带包裹严密，二次线端应使用线卡子压接牢固。

9）加强自身安全防护措施，戴好焊接护目镜和面罩，穿戴防护工作服、防护手套和绝缘鞋。

10）电焊机应放置在干燥和通风的位置（水冷式除外），露天使用时其下方应防潮且高于周围地面，上方应防雨雪或搭设防雨棚。

11）焊接带压力、带电及盛装有易燃、易爆、有毒物质的容器或管道，以及施焊点周围有易燃、易爆危险物质时，应采取必需的安全措施后方可施焊。

12）焊接贮存过易燃、易爆、有毒物质的容器和管道时，必须经过严格的置换、清洗和吹扫，必要时要进行检测和施焊过程中的随时监测，确认无危险时方可施焊；并注意通风换气，严禁向容器和管道内直接输氧气。

13）遇有雨、雪、雾或六级以上强风，影响施工安全时，应停止室外焊接作业。雨、雪过后应先清除操作地点的积水、积雪后方可施焊。

14）焊接操作地点与易燃、易爆物品应有不小于 10m 的距离，必要时应设围挡。

15）在狭小空间、船舱、容器和管道内工作时，为防止触电，必须穿绝缘鞋，脚下垫有橡胶板和其他绝缘衬垫；最好两人轮换工作，以便互相照看。否则须有一位监护人员随时注意操作人员的安全情况，一旦遇有危险情况，立即切断电源进行抢救。

16）因身体出汗而衣服潮湿时，切勿靠在带电的钢板或工件上，以防触电。

17）工作地点潮湿时，地面应铺有橡胶板或其他绝缘材料。

18）更换焊条一定要戴皮手套，不要赤手操作。

19）在带电情况下，为确保安全，不得将焊钳夹在腋下去搬被焊工件或将焊接电缆挂在脖颈上。

20）推拉闸刀开关时，脸部不允许直对电闸，以防止短路造成的火花烧伤面部。

21）下列操作必须在切断电源后才能进行。

① 改变焊机插头时。

② 更换焊件需要改接二次回路时。

③ 更换保险装置时。

④ 焊机发生故障需进行检修时。

⑤ 转移工作地点搬动焊机时。

⑥ 工作完毕或临时离开工作现场时。

四、焊接的特点

1）可减轻结构质量，节约金属材料。焊接与传统的连接方法——铆接相比，一般可以节省 15% ~20% 的金属材料。由于节约了材料，金属结构的自重也得以减轻。

2）可以制造双金属结构。用焊接的方法可以对不同材料的零件进行对焊和摩擦焊等，还可以制造复合层容器，以满足高温、高压设备和化工设备等特殊的性能要求。

3）能化大为小、以小拼大。在制造形状复杂的结构件时，常常先把材料加工成较小的部分，然后用逐步装配焊接的方法以小拼大。对于大型结构，如轮船体等，其制造方式都是以小拼大。

4）结构强度高，产品质量好。在多数情况下，焊接接头能达到与母材等强度，甚至接头强度高于母材的强度，因此焊接结构的产品质量比铆接要好。目前，焊接已基本上取代了铆接。

5）生产率较高，易于实现机械化与自动化。

6）焊接是一个不均匀的加热过程，所以焊接后会产生焊接应力与焊接变形。一般在焊接过程中采取一定的合理措施后，可以消除或减轻焊接应力与变形。

由于上述特点，焊接在桥梁、容器、舰船、锅炉、起重机械、电视塔等结构的制造过程中应用十分广泛，并且随着焊接技术的发展，焊接质量及生产率不断提高，焊接在国民经济建设中的应用也将更加广泛。

【考点分析】

【例1】焊接是使两个分离的物体通过_____，或两者并用，在用或不用填充材料的条件下，借助于原子间或分子间的结合力与质点的扩散作用形成一个整体的加工方法。

【解题指导】熟记焊接原理。

【答案】加热或加压

【点评】主要考核焊接概念。

【例2】E5015 是常用的碳钢焊条型号，其中的数字 50 代表（ 　 ）。

A. 熔敷金属中铬的质量分数为 50%

B. 熔敷金属抗拉强度的最小值（50MPa）

C. 熔敷金属抗拉强度的最小值（500MPa）

D. 熔敷金属中碳的质量分数为 50%

【解题指导】掌握焊条型号中各个字母与数字的含义。

【答案】C

【点评】主要考核焊条型号的识读。

【例3】钎焊是利用熔点_____被焊金属的钎料，将零件和钎料加热到钎料熔化，利用钎料润湿母材，填充接头间隙并与母材相互_____和_____而实现连接的方法。

【解题指导】掌握和熟记钎焊的概念。

【答案】低于　溶解　扩散

【点评】主要考核钎焊的定义。

【习题练习】

一、填空题

1. 焊接是使两个分离的物体通过_____，或两者并用，在用或不用_____的条件下，借助于_____的结合力与质点的扩散作用形成一个整体的加工方法。

2. 按照焊接过程中金属所处的状态不同，可以把焊接方法分为_____、_____和_____三类。

3. 熔化焊是利用_____使连接处的金属熔化，再加入（或不加入）填充金属，依靠熔化金属的冷却凝固而把焊件连接起来的方法。

4. 压力焊是对被焊接金属区域施加一定的压力，使其产生足够的_____形，而不管加热与否，将焊件牢固结合在一起的方法。

二、判断题

1. 焊接可用于金属或非金属。 （   ）

2. 钨极氩弧焊属于熔化极电弧焊。 （   ）

3. 金属焊接接头的材质不会发生任何变化。 （   ）

三、选择题

1. 在 E1 –23 –13 M02 –15 焊条型号中，表示碳的质量分数的代号是（   ）。

A. 23 B. M02 C. 1 D. 15

2. 焊接是一种不可拆卸的连接，与铆接相比，焊接结构省工省料，接头致密性好，焊接过程易于实现机械化和自动化，从而提高了（   ）。

A. 生产率 B. 金属材料用量 C. 结构质量 D. 生产周期

3. 利用电弧作为热源熔化焊条和母材而形成焊缝的焊接方法是（   ）。

A. 焊条电弧焊 B. 氩弧焊 C. 等离子弧焊 D. 电渣焊

4. 一般将焊机的空载电压限制在（   ）V 以下。

A. 60 B. 70 C. 80 D. 90

四、简答题

1. 焊接的主要特点是什么？

2. 按照焊接过程中金属所处的状态不同，可以把焊接方法分为哪几类？

3. 简述焊接技术的特点。

第二节 焊条电弧焊

【学习目标】

1. 理解焊条电弧焊的原理。

2. 掌握焊条的分类。

3. 掌握焊条电弧焊操作技术。

4. 熟悉常用焊接设备及焊接方法。

【学习内容】

电弧焊是利用电弧热源加热零件实现熔化焊接的方法。焊接过程中电弧把电能转化成热能和机械能，加热零件，使焊丝或焊条熔化并过渡到焊缝熔池中，熔池冷却后形成一个完整的焊接接头。电弧焊应用广泛，可以焊接板厚从 0.1mm 以下到数百毫米的金属结构件，在焊接领域中占有十分重要的地位。

焊条电弧焊是用手工操纵焊条进行焊接的一种焊接方法，应用非常普遍。

一、焊条电弧焊的原理

焊条电弧焊方法如图 3-1 所示，焊机电源两输出端通过电缆、焊钳和地线夹头分别与焊条和被焊零件相连。焊接过程中，产生在焊条和零件之间的电弧将焊条和零件局部熔化，受电弧力作用，焊条端部熔化后的熔滴过渡到母材，和熔化的母材融合在一起形成熔池，随着焊工操纵电弧向前移动，熔池金属液逐渐冷却结晶形成焊缝。

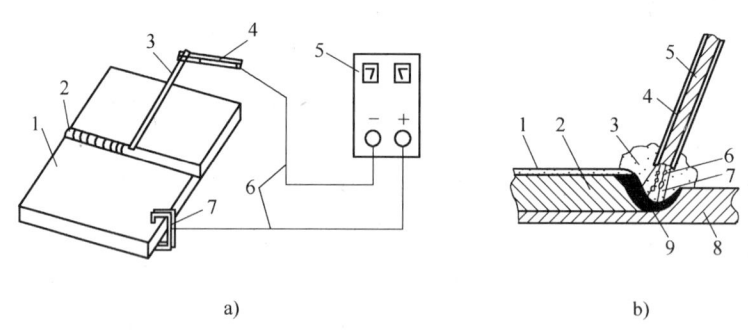

a) b)

图 3-1　焊条电弧焊
a）焊接连线
1—零件　2—焊缝　3—焊条　4—焊钳　5—焊接电源　6—电缆　7—地线夹头
b）焊接过程
1—熔渣　2—焊缝　3—保护气体　4—药皮　5—焊芯　6—熔滴　7—电弧　8—母材　9—熔池

焊条电弧焊使用的设备简单，适应性强，可用于焊接板厚 1.5mm 以上的各种焊接结构件，并能灵活应用于空间位置不规则焊缝的焊接，适用于碳素钢、低合金钢、不锈钢、铜及铜合金等金属材料的焊接。由于焊条电弧焊是手工操作，所以也存在缺点，如生产率低，产品质量一定程度上取决于焊工的操作技术，焊工劳动强度大等，现在多用于焊接单件、小批量产品和难以实现自动化加工的焊缝。

二、焊条

焊条电弧焊所用的焊接材料是焊条。焊条主要由焊芯和药皮两部分组成，如图 3-2所示。

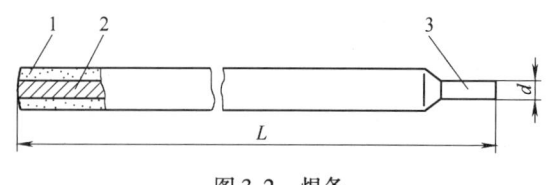

图 3-2　焊条
1—药皮　2—焊芯　3—焊条夹持部分

焊芯一般是具有一定长度和直径的金

属丝。焊接时，焊芯有两个功能：一是传导焊接电流，产生电弧；二是焊芯本身熔化作为填充金属，与熔化的母材熔合形成焊缝。我国生产的焊条基本上以碳、硫、磷含量较低的专用钢丝（如H08A）做焊芯制成。焊条规格用焊芯直径表示，根据焊条的种类和规格，焊条长度有多种尺寸，见表3-1。

表3-1 焊条规格

焊条直径 d/mm	焊条长度 L/mm		
2.0	250	300	
2.5	250	300	
3.2	350	400	450
4.0	350	400	450
5.0	400	450	700
5.8	400	450	700

焊条药皮又称涂料，在焊接过程中起着极为重要的作用。首先，它可以起到积极的保护作用，利用药皮熔化放出的气体和形成的熔渣起机械隔离空气的作用，防止有害气体侵入熔化的金属；其次可以通过熔渣与熔化金属冶金反应，去除有害杂质，添加有益的合金元素，起到冶金处理作用，使焊缝获得合乎要求的力学性能；最后，还可以改善焊接工艺性能，使电弧稳定、飞溅小、焊缝成形好、易脱渣和熔敷效率高等。

焊条药皮主要由稳弧剂、造气剂、造渣剂、脱氧剂、合金剂、粘结剂和增塑剂等组成，其主要成分有矿物类、铁合金、有机物和化工产品。

焊条分为结构钢焊条、耐热钢焊条、不锈钢焊条和铸铁焊条等十大类，根据其药皮组成又分为酸性焊条和碱性焊条。酸性焊条电弧稳定，焊缝成形美观，焊条的工艺性能好，可用交流或直流电源施焊，但焊接接头的冲击韧性较低，可用于普通碳素钢和低合金钢的焊接；碱性焊条多为低氢型焊条，所得焊缝冲击韧性高，力学性能好，但电弧稳定性比酸性焊条差，要采用直流电源施焊，并采用反极性接法，多用于重要的结构钢和合金钢的焊接。

三、焊条电弧焊操作技术

1. 引弧

焊接电弧的建立称为引弧。焊条电弧焊有两种引弧方式：划擦法和直击法。划擦法操作是在焊机电源开启后，将焊条末端对准焊缝，并保持两者的距离在15mm以内，依靠手腕的转动，使焊条在零件表面轻划一下，并立即提起2～4mm，使电弧引燃，然后开始正常焊接。直击法是在焊机开启后，先将焊条末端对准焊缝，然后稍点一下手腕，使焊条轻轻撞击零件，随即提起2～4mm，就能使电弧引燃，开始焊接。

2. 运条

焊条电弧焊是依靠焊工手工操作焊条使其运动从而实现焊接的，此种操作也称运条。运条包括控制焊条角度、焊条送进、焊条摆动和焊条前移。运条技术的具体运用根据零件材质、接头形式、焊接位置、焊件厚度等因素确定。直线形运条法适用于板厚3～5mm的不开坡口对接平焊；锯齿形运条法多用于厚板的焊接；月牙形运条法对熔池加热时间长，容易使熔池中的气体和熔渣浮出，有利于得到高质量的焊缝；正三角形运条法适合于不开坡口的对接接头和T字接头的立焊；正圆圈形运条法适合于焊接较厚零件的平焊缝。

3. 焊缝的起头和收尾

焊缝的起头是指焊缝起焊时的操作。由于此时零件温度低，电弧稳定性差，焊缝容易出现气孔、未焊透等缺陷。为避免此现象，应该在引弧后将电弧稍微拉长，对零件起焊部位进行适当预热，并且多次往复运条，达到所需要的熔深和熔宽后再调到正常的弧长进行焊接。

焊缝的收尾是指焊缝结束时的操作。焊条电弧焊一般熄弧时都会留下弧坑。过深的弧坑会导致焊缝收尾处缩孔，产生弧坑应力裂纹。进行焊缝的收尾操作时，应保持正常的熔池温度，作无直线运动的横摆定位焊动作，逐渐填满熔池后再将电弧拉向一侧熄灭。此外还有三种焊缝收尾的操作方法，即划圈收尾法、反复断弧收尾法和回焊收尾法，在实践中也常用。

4. 焊条电弧焊工艺

选择合适的焊接参数是获得优良焊缝的前提，并直接影响劳动生产率。焊条电弧焊工艺是根据焊接接头形式、零件材料、板材厚度和焊缝焊接位置等具体情况制订的，包括焊条牌号、焊条直径、电源种类和极性、焊接电流、焊接电压、焊接速度、焊接坡口形式和焊接层数等内容。

焊条型号应主要根据零件材质选择，并参考焊接位置情况确定。电源种类和极性又由焊条型号而定。焊接电压决定于电弧长度，它与焊接速度对焊缝成形有重要的影响作用，一般由焊工根据具体情况灵活掌握。

（1）焊接位置　在实际生产中，由于受焊接结构和零件移动的限制，焊缝在空间的位置除平焊外，还有立焊、横焊和仰焊，如图3-3所示。平焊操作方便，焊缝成形条件好，容易获得优质焊缝并具有高的生产率，是最合适的位置。其他三种焊接位置又称空间位置焊，其操作较平焊困难，受熔池液态金属重力的影响，需要对焊接进行规范控制并采取一定的操作方法才能保证焊缝成形。就焊接条件而言，仰焊位置最差，立焊、横焊次之。

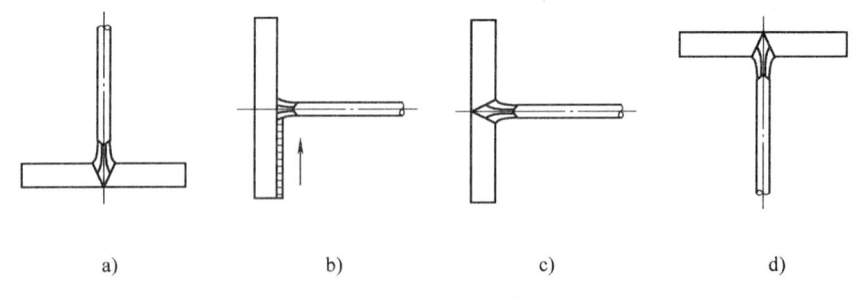

图3-3　焊缝的空间位置
a）平焊　b）立焊　c）横焊　d）仰焊

（2）焊接接头形式和焊接坡口形式　焊接接头是指用焊接的方法连接的接头，由焊缝、熔合区、热影响区及其邻近的母材组成。根据接头的构造形式不同，可分为对接接头、T形接头、搭接接头、角接接头和卷边接头5种类型。前4类接头如图3-4所示，卷边接头用于薄板焊接。

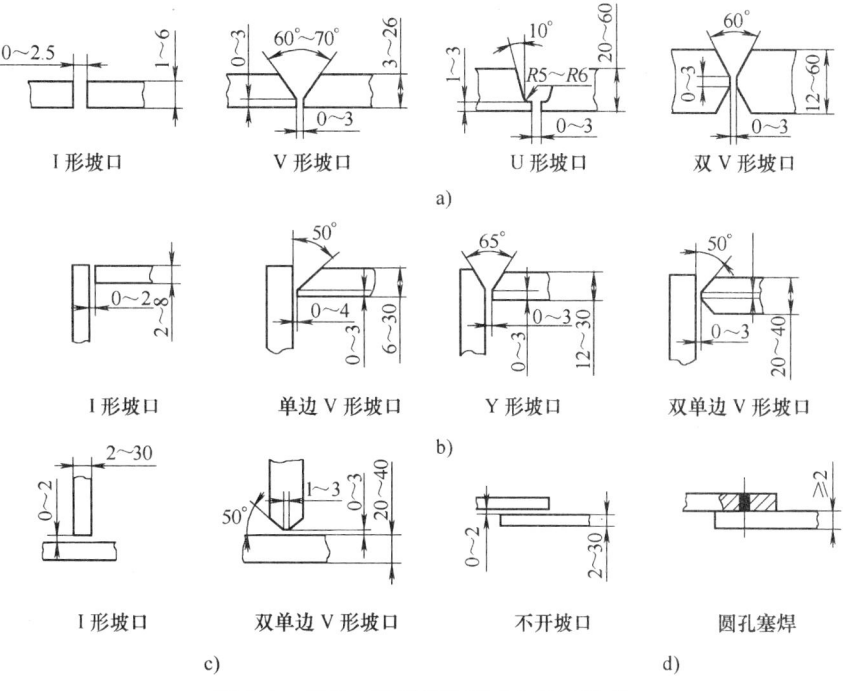

图 3-4　焊条电弧焊接头形式和坡口形式
a）对接接头　b）角接接头　c）T形接头　d）搭接接头

　　熔焊接头焊前加工坡口，其目的在于使焊接容易进行，电弧能沿板厚熔敷一定的深度，保证接头根部焊透，并获得良好的焊缝成形。焊接坡口形式有 I 形坡口、V 形坡口、U 形坡口、双 V 形坡口和 J 形坡口等多种。常见焊条电弧焊接头的坡口形状和尺寸如图 3-4 所示。对焊件厚度小于 6mm 的焊缝，可以不开坡口或开 I 形坡口；中厚度和大厚度板对接焊，为保证熔透，必须开坡口。V 形坡口便于加工，但零件焊后易发生变形；X 形坡口可以避免 V 形坡口的一些缺点，同时可减少填充材料；U 形及双 U 形坡口，其焊缝填充金属量更小，焊后变形也小，但坡口加工困难，一般用于重要焊接结构。

　　（3）焊条直径和焊接电流　一般焊件的厚度越大，选用的焊条直径 d 应越大，同时可选择较大的焊接电流，以提高工作效率。板厚在 3mm 以下时，焊条直径 d 取值小于或等于板厚；板厚在 4～8mm 时，焊条直径 d 取 3.2～4mm；板厚在 8～12mm 时，焊条直径 d 取 4～5mm。此外，在中厚板零件的焊接过程中，焊缝往往采用多层焊或多层多道焊完成。低碳钢平焊时，焊条直径 d 和焊接电流 I 的对应关系有经验公式作参考，即

$$I = kd$$

式中　k——经验系数，取值范围为 30～50。

　　当然，焊接电流值的选择还应综合考虑各种具体因素。空间位置焊为保证焊缝成形，应选择较细直径的焊条，焊接电流比平焊位置时小。在使用碱性焊条时，为减少飞溅，可适当降低焊接电流值。

四、焊接设备

　　焊接设备包括熔焊、压焊和钎焊所使用的焊机和专用设备，这里主要介绍电弧焊用设

备，即电弧焊机。

1. 电弧焊机的分类

电弧焊机按焊接方法可分为焊条电弧焊机、埋弧焊机、CO_2 气体保护焊机、钨极氩弧焊机、熔化极氩弧焊机和等离子弧焊机；按焊接自动化程度可分为手工电弧焊机、半自动电弧焊机和自动电弧焊机。

2. 电弧焊机的组成及功能

根据焊接方法和生产自动化水平，电弧焊机可以由以下一个或数个部分组成。

（1）弧焊电源　弧焊电源是对焊接电弧提供电能的一种装置，为电弧焊机的主要组成部分，能够直接用于焊条电弧焊。

弧焊电源根据输出电流可分为交流弧焊电源和直流弧焊电源。交流弧焊电源的主要种类是弧焊变压器。直流弧焊电源有弧焊发电机和弧焊整流器两大类。由于用材多、耗能大，弧焊发电机现已很少生产和使用。弧焊整流器的主要品种有硅整流式、晶闸管整流式和逆变电源式。其中逆变电源式弧焊整流器具有体积小、质量轻、高效节能和工艺优良等优点，目前发展最快。

（2）送丝系统　送丝系统是在熔化极自动焊和半自动焊中提供焊丝自动送进的装置。为满足大范围的均匀调速和送丝速度的快速响应，送丝系统一般采用直流伺服电动机驱动。送丝系统有推丝式和拉丝式两种送丝方式，如图3-5所示。

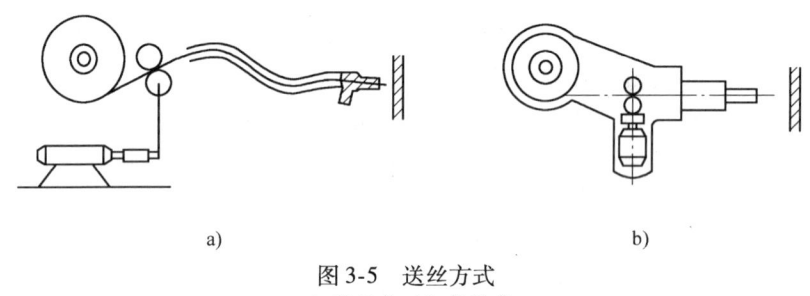

a)　　　　　　　　　　　　b)

图3-5　送丝方式
a）推丝式　b）拉丝式

（3）行走机构　行走机构是使焊接机头和零件之间产生一定速度的相对运动，以完成自动焊接过程的机械装置。若行走机构是为焊接某些特定的焊缝或结构件而设计，则其焊机称为专用焊接机，如埋弧堆焊机、管—板专用钨极氩弧焊机等。通用的自动焊机可广泛用于各种结构的对接、角接、环焊缝和圆筒纵缝的焊接，在埋弧焊方法中最为常见，其行走机构有小车式、门架式和悬臂式三种，如图3-6所示。

（4）控制系统　控制系统是实现熔化极自动电弧焊焊接参数自动调节和焊接程序自动控制的电气装置。

焊接程序自动控制是指以合理的次序使自动弧焊机的各个工作部件进入特定的工作状态。其工作内容主要是在焊接引弧和熄弧的过程中，对控制对象包括弧焊电源、送丝机构、行走机构、电磁气阀、引弧器、焊接工装夹具的状态和参数进行控制。

（5）送气系统　送气系统在气体保护焊中使用，一般包括储气瓶、减压表、流量计、电磁气阀和软管。气体保护焊的常用气体为氩气和CO_2。氩气瓶内装高压氩气，满瓶压力为

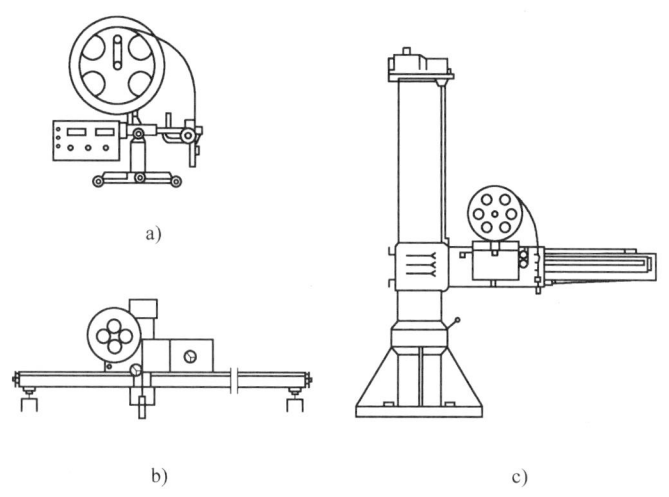

图 3-6 行走机构
a）小车式 b）门架式 c）悬臂式

15.2MPa；CO_2 气瓶灌入的是液态 CO_2，在室温下，瓶内剩余空间被汽化的 CO_2 充满，饱和压力可达到 5MPa 以上。

五、常用的电弧焊方法

除焊条电弧焊外，常用的电弧焊方法还有 CO_2 气体保护焊、钨极氩弧焊和熔化极氩弧焊、埋弧焊和等离子弧焊。

1. CO_2 气体保护焊

CO_2 气体保护焊是一种用 CO_2 气体作为保护气的熔化极气体电弧焊方法，其工作原理如图 3-7 所示，弧焊电源采用直流电源，电极的一端与零件相连，另一端通过导电嘴将电馈送给焊丝，在焊丝端部与零件熔池之间建立电弧，焊丝在送丝机滚轮的驱动下不断送进，零件和焊丝在电弧热作用下熔化并形成焊缝。CO_2 气体保护焊主要用于焊接低碳钢及低合金高强钢。

2. 氩弧焊

以惰性气体氩气作为保护气的电弧焊方法有钨极氩弧焊和熔化极氩弧焊两种。

（1）钨极氩弧焊 它是以钨棒作为电弧一极的电弧焊方法，而且钨棒在电弧焊中是不熔化的，故又称不熔化极氩弧焊，简称 TIG 焊。其焊接过程中可以用从旁送丝的方式为焊缝填充金属，也可以不加填丝；可以手工焊也可以进行自动焊；可以使用直流、交流或脉冲电流进行焊接，工作原理如图 3-8 所示。钨极氩弧焊可用于焊接易氧化的非铁金属材料，如铝、镁及其合金，也可用于不锈钢、铜合金以及其他难熔金属的焊接。因其电弧非常稳定，还可以用于焊接薄板及全位置焊缝。

（2）熔化极氩弧焊 熔化极氩弧焊又称 MIG 焊，用焊丝本身作电极，相比钨极氩弧焊而言，其电流及电流密度大大提高，因而母材熔深大，焊丝熔敷速度快，提高了生产率，特别适用于中等和厚板铝及铝合金、铜及铜合金、不锈钢以及钛合金的焊接，脉冲熔化极氩弧

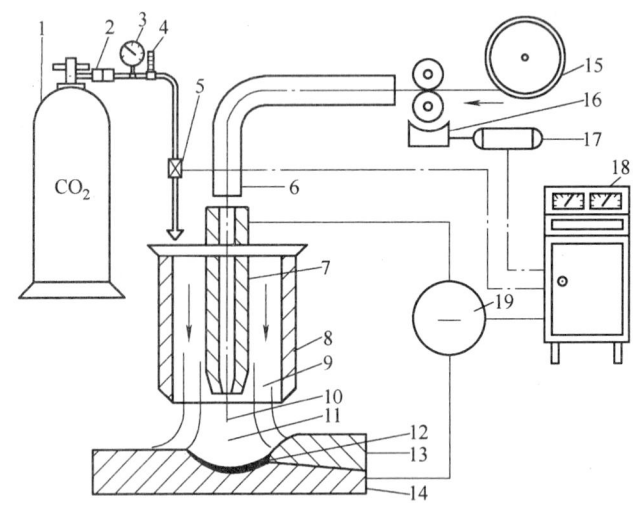

图 3-7 CO₂ 气体保护焊的工作原理示意图

1—CO₂ 气瓶 2—干燥预热器 3—压力表 4—流量计 5—电磁气阀 6—软管 7—导电嘴
8—喷嘴 9—CO₂ 保护气体 10—焊丝 11—电弧 12—熔池 13—焊缝 14—零件
15—焊丝盘 16—送丝机构 17—送丝电动机 18—控制箱 19—直流电源

焊可用于碳素钢的全位置焊接。

3. 埋弧焊

埋弧焊电弧产生于堆敷了一层焊剂的焊丝与零件之间，被熔化的焊剂——熔渣以及金属蒸气形成的气泡壁所包围。气泡壁是一层液体熔渣薄膜，外层有未熔化的焊剂，使电弧区得到了良好的保护，电弧光也散发不出去，故被称为埋弧焊，如图 3-9 所示。

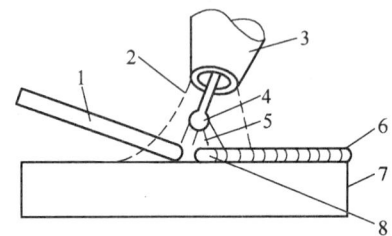

图 3-8 钨极氩弧焊工作原理示意图
1—填充焊丝 2—保护气体 3—喷嘴 4—钨极
5—电弧 6—焊缝 7—零件 8—熔池

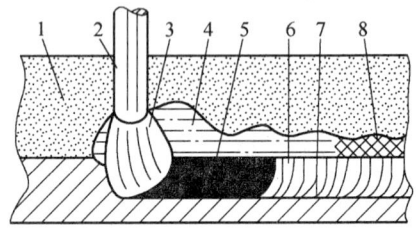

图 3-9 埋弧焊示意图
1—焊剂 2—焊丝 3—电弧 4—熔渣
5—熔池 6—焊缝 7—零件 8—渣壳

相比焊条电弧焊，埋弧焊有以下三个主要优点。

1）焊接电流和电流密度大，生产率高，是焊条电弧焊生产率的 5 ~ 10 倍。

2）焊缝氮、氧等杂质含量低，成分稳定，质量高。

3）自动化水平高，没有弧光辐射，工人劳动条件较好。

埋弧焊的局限在于受焊剂敷设限制，不能用在空间位置焊缝的焊接。由于埋弧焊焊剂的成分主要是 MnO 和 SiO₂ 等金属及非金属氧化物，不适合焊接铝、钛等易氧化的金属及其合金。另外，薄板、短及不规则的焊缝一般也不采用埋弧焊。

可用埋弧焊方法焊接的材料有碳素结构钢、低合金钢、不锈钢、耐热钢、镍基合金和铜合金等。埋弧焊在中、厚板对接、角接接头中有广泛应用，14mm 以下板材对接可以不开坡口，也可用于合金材料的堆焊。

4. 等离子弧焊

等离子弧是一种压缩电弧，通过焊枪的特殊设计将钨电极缩入焊枪喷嘴内部，在喷嘴中通以等离子气，强迫电弧通过喷嘴的孔道，借助水冷喷嘴的外部拘束条件，利用机械压缩作用、热收缩作用和电磁收缩作用，使电弧的弧柱横截面受到限制，产生温度达 24 000 ~ 50 000K，⊖能量密度达 $10 W/cm^2$ 的高温、高能量密度的压缩电弧。

等离子弧按电源供电方式不同分为三种形式，分别是非转移型等离子弧、转移型等离子弧和联合型（又称混合型）等离子弧，如图 3-10 所示。

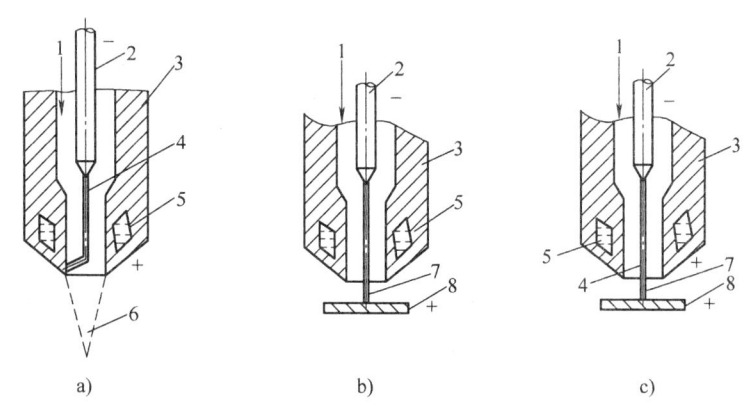

图 3-10　等离子弧的形式
a）非转移型　b）转移型　c）联合型
1—离子气　2—钨极　3—喷嘴　4—非转移弧　5—冷却水　6—弧焰　7—转移弧　8—零件

【考点分析】

【例 1】钢板的厚度为 5mm，焊接时选用焊条的直径为_____。

【解题指导】一般焊件的厚度越大，选用的焊条直径 d 应越大，同时可选择较大的焊接电流，以提高工作效率。板厚在 3mm 以下时，焊条直径 d 取值小于或等于板厚；板厚在 4~8mm 时，焊条直径 d 取 3.2~4 mm；板厚在 8~12mm 时，焊条直径 d 取 4~5mm。

【答案】3.2~4mm

【点评】主要考核焊条的选用原则。

【例 2】焊条电弧焊焊接不开坡口的对接接头时，运条方式宜采用（　　）。

A. 锯齿形　　　　　B. 直线往复形　　　C. 正三角形　　　D. 月牙形

【解题指导】直线形运条法适用于板厚 3~5mm 的不开坡口对接平焊；锯齿形运条法多用于厚板的焊接；月牙形运条法对熔池加热时间长，容易使熔池中的气体和熔渣浮出，有利于得到高质量焊缝；正三角形运条法适合于不开坡口的对接接头和 T 字接头的立焊；正圆圈形运条法适合于焊接较厚零件的平焊缝。

⊖　热力学温度。

【答案】C

【点评】主要考核焊接时运条技术的具体运用。

【例3】焊条由_____和_____两部分组成，其质量的优劣直接影响到焊缝金属的力学性能。

【解题指导】掌握和熟记焊条的组成部分。

【答案】焊芯、药皮

【点评】主要考核焊条的组成。

【习题练习】

一、填空题

1. 焊条电弧焊是利用_____来加热焊条和母材连续部分至_____状态，电弧焊是利用_____通过焊件接触产生的_____来加热焊接母材使焊缝至_____状态；火焰钎焊是利用_____来加热_____和_____，此时_____熔化而_____不被熔化。

2. 焊条电弧焊的焊接过程是焊接电弧经过_____、_____和_____形成鱼鳞状焊缝。

3. 引弧的方法有_____法和_____法两种。

4. 型号为BX3-330-2的焊机是_____弧焊机，其额定焊接电流是_____A。

5. 型号为AX-320-1的焊机是_____弧焊机，焊接电流为_____A可调，焊机的外壳必须_____。

6. 直流弧焊机的反接法是将焊条接在焊机的_____，焊件接在焊机的_____，适于焊接_____和使用_____焊条时采用。

7. 焊条焊芯的作用是_____，产生电弧和熔化后_____与熔化母材形成焊缝。药皮由_____和_____等原料按比例取制而成，主要作用有_____、_____和_____。

8. 焊接过程中焊条的运动有_____、_____和_____，运条方法中焊薄件宜用_____。

9. 焊接构件的接头形式有_____、_____、_____和_____四种，用得最多的是_____。

二、判断题

1. 焊接电弧短则焊接电流小。（　　）

2. 焊接电弧长则电弧电压高。（　　）

3. 焊接电弧过长时燃烧不稳定，熔深减小并且容易产生缺陷，一般要求电弧长度不超过焊条直径。（　　）

4. 低碳钢和低合金钢的焊接性好，常用作焊接结构材料。（　　）

5. 碱性焊条只能用于直流焊机。（　　）

6. 焊接薄板时或者使用碱性焊条时均采用直流正接。 （　　）

7. 焊接过程中焊接速度越快，则生产率越高，而且焊接质量越好。 （　　）

8. 手弧焊中依据接头的类型来选择焊接电流。 （　　）

9. 在焊件厚度相等的情况下，横焊用的焊条直径比平焊小，横焊用的电流也比平焊小，而且应使用短弧。 （　　）

三、选择题

1. 下列焊机中属于交流焊机的是（　　）。

A. AX1-500　　　　　　 B. ZXG-300　　　　　　 C. BX1-330

2. 焊条 E4303 的焊缝抗拉强度最小值是（　　）。

A. 430MPa　　　　　　 B. 303MPa　　　　　　 C. 420MPa

3. 用焊条电弧焊对接头焊接 5mm 的工件时，坡口形式是（　　）。

A. Y 形坡口　　　　　 B. 工形坡口（不开）　 C. 双 Y 形坡口

4. 直径为 4mm 的焊条，选择的焊接电流数值是（　　）。

A. 40～80A　　　　　　 B. 120～220A　　　　　 C. 250～300A

5. 焊条电弧焊的正常焊接电弧长度应该（　　）焊条直径。

A. 小于　　　　　　　 B. 等于　　　　　　　 C. 大于

6. 操作中最理想的焊接位置是（　　）。

A. 立焊　　　　　　　 B. 横焊　　　　　　　 C. 平焊

7. 属于熔化焊的焊装方法是（　　）。

A. 定位焊　　　　　　 B. 气焊　　　　　　　 C. 烙铁钎焊

四、简答题

1. 简述焊条电弧焊的原理。

2. 简述焊接坡口形式有哪几种。

3. 什么是埋弧焊？

4. 试述 CO_2 气体保护焊的特点。

5. 有一铸铁件需要焊补，焊后还需要进行切削加工，采用哪种焊接方法合适？请说明理由。

第三节　其他焊接方法

【学习目标】

1. 掌握气焊、电阻焊、螺栓焊的焊接方法及特点。

2. 了解其他焊接的方法及主要特点。

【学习内容】

除了电弧焊以外，气焊、电阻焊、电渣焊及钎焊等焊接方法在金属材料连接作业中也有着重要的应用。

一、气焊

气焊是利用气体火焰加热并熔化母体材料和焊丝的焊接方法。与电弧焊相比，气焊有如下优点。

1）气焊不需要电源，设备简单。

2）气体火焰温度比较低，熔池容易控制，易实现单面焊双面成形，并可以焊接很薄的零件。

3）在焊接铸铁、铝及铝合金、铜及铜合金时焊缝质量好。

气焊也存在热量分散，接头变形大，不易自动化，生产率低，焊缝组织粗大，性能较差等缺陷。

气焊常用于薄板的低碳钢、低合金钢及不锈钢的对接和端接，在熔点较低的铜、铝及其合金的焊接中仍有应用，焊接需要预热和缓冷的工具钢和铸铁也比较合适。

气焊主要采用氧乙炔火焰，它由焰心、内焰和外焰三部分组成。

二、电阻焊

电阻焊是将零件组合后通过电极施加压力，利用电流通过零件的接触面及临近区域产生的电阻热将其加热到熔化或塑性状态，使之形成金属结合的方法。根据接头形式不同，电阻焊可分成定位焊、缝焊、凸焊和对焊 4 种，如图 3-11 所示。

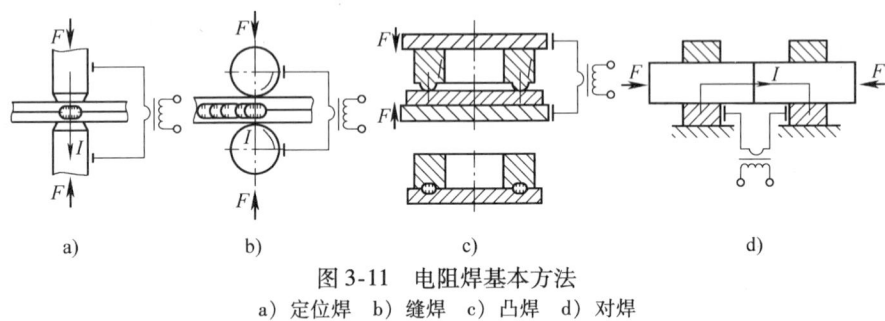

图 3-11　电阻焊基本方法
a）定位焊　b）缝焊　c）凸焊　d）对焊

与其他焊接方法相比，电阻焊具有如下一些优点。

1）不需要填充金属，冶金过程简单，焊接应力及应变小，接头质量高。

2）操作简单，易实现机械化和自动化，生产率高。

电阻焊的缺点是接头质量难以用无损检测方法检验，焊接设备较复杂，一次性投资较高。电阻定位焊低碳钢、普通低合金钢、不锈钢和钛及其合金材料时可以获得优良的焊接接头。电阻焊目前广泛应用于汽车、拖拉机、航空航天、电子技术、家用电器和轻工业等。

1. 定位焊

定位焊方法如图 3-11a 所示，将零件装配成搭接形式，用电极将零件夹紧并通以电流，在电阻热的作用下，电极之间零件接触处被加热熔化形成焊点。零件的连接可以由多个焊点实现。定位焊大量应用于厚度小于 3mm、不要求气密的薄板冲压件和轧制件接头上，如汽车车身焊装和电器箱板组焊。定位焊过程主要由预压→焊接→维持→休止 4 个阶段组成。

2. 缝焊

缝焊的工作原理与定位焊相同，但用滚轮电极代替了定位焊的圆柱状电极。滚轮电极施压于零件并旋转，使零件相对运动，在连续或断续通电情况下，形成一个个熔核相互重叠的密封焊缝，如图 3-11b 所示。

3. 凸焊

电加热后突起点被压塌，形成焊接点的电阻焊方法称为凸焊，如图 3-11c 所示。突起点可以是凸点、凸环或环形锐边等形式。凸焊焊接循环与定位焊相同。凸焊主要应用于低碳钢、低合金钢冲压件的焊接，另外螺母与板焊接、线材交叉焊也多采用凸焊的方法。

4. 对焊

对焊方法主要用于断面小于 250mm 的丝材、棒材、板条和厚壁管材的连接，其工作原理如图 3-11d 所示，将两零件端部相对放置，加压使其端面紧密接触，通电后利用电阻热加热零件接触面至塑性状态，然后迅速施加大的顶锻力完成焊接。对焊的特点是在焊接后期施加了比预压大的顶锻力。

三、电渣焊

电渣焊是一种利用电流通过液体熔渣所产生的电阻热加热熔化填充金属和母材，以实现金属焊接的熔化焊接方法。如图 3-12 所示，被焊两零件垂直放置，中间留有 20~40mm 的间隙，电流流过焊丝与零件之间熔化的焊剂形成的渣池，其电阻热又加热熔化焊丝和零件边缘，在渣池下部形成金属熔池。在焊接过程中，焊丝以一定的速度熔化，金属熔池和渣池逐渐上升，远离热源的底部液体金属则渐渐冷却凝固结晶形成焊缝，同时渣池保护金属熔池不被空气污染，水冷成形滑块与零件端面构成空腔挡住熔池和渣池，保证熔池金属凝固成形。

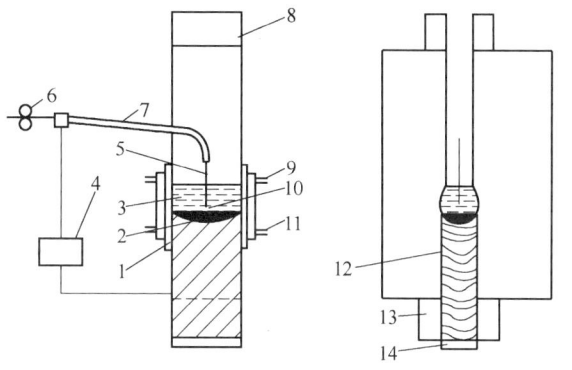

图 3-12 电渣焊过程示意图
1—水冷成形滑块 2—金属熔池 3—渣池
4—焊接电源 5—焊丝 6—送丝轮 7—导电杆
8—引出板 9—出水管 10—金属熔滴 11—进水管
12—焊缝 13—起焊槽 14—引弧板

与其他熔化焊接方法相比，电渣焊有以下特点。

1）适用于垂直或接近垂直的位置焊接，此时不易产生气孔和夹渣，焊缝成形条件最好。

2）厚大焊件能一次焊接完成，生产率高，与开坡口的电弧焊相比，节省了焊接材料。

3）由于渣池对零件有预热作用，焊接含碳量高的金属时冷裂倾向小，但焊缝组织晶粒粗大，易使接头韧性变差，一般焊后应进行正火和回火热处理。

电渣焊适用于厚板、大断面和曲面结构的焊接，如火力发电站数百吨的汽轮机转子和锅炉大厚壁高压汽包等。

四、螺柱焊

将螺柱的一端与板件（或管件）表面接触，通电引弧，待接触面融化后，给螺柱一定压力完成焊接的方法称为螺柱焊。它可以焊接低碳钢、低合金钢、不锈钢、非铁金属材料以及带镀（涂）层的金属等，广泛应用于汽车、仪表、造船、机车、航空、机械、锅炉、化工设备、变压器及大型建筑结构等。

螺柱焊有如下特点。

1）与普通的电弧焊相比，螺柱焊焊接时间短（通常小于1s）、对母材热输入小，因此焊缝和热影响区小，焊接变形小，成长率高。

2）熔深浅，焊接过程不会对焊件背面造成损害，焊后无须清理。

3）与螺纹拧入的螺柱相比，所需母材厚度小，因而节省材料，还可减少部件所需的机械加工工序，成本低。

4）易于将螺柱与薄件相连接，且焊接带涂（镀）层的焊件时易于保证质量。

5）与其他焊接方法相比，可使紧固件之间的间距达到最小，对于须防渗漏的螺柱联接，可保证密封性要求。

6）与焊条电弧焊相比，所用设备轻便且便于操作，焊接过程简单。

7）易于全位置焊接。

8）对于易淬硬金属，容易在焊缝和热影响区形成淬硬组织，接头延性较差。

五、摩擦焊

摩擦焊是在压力作用下，通过待焊界面的摩擦使界面及其附近温度升高，材料的变形抗力下降、塑性提高，界面的氧化膜破碎，伴随着材料产生塑性变形与流动，通过界面上的扩散及再结晶而实现连接的固态焊接方法。目前，摩擦焊已在各种工具、轴瓦、阀门、石油钻杆、电动机与电力设备、工程机械、交通运输工具以及航空、航天设备制造等各方面获得了越来越广泛的应用。

摩擦焊的原理：在压力作用下，待焊界面通过相对运动进行摩擦，机械能转变为热能。对于给定的材料，在足够的摩擦压力和足够的相对运动速度条件下，被焊材料的温度不断上升。随着摩擦过程的进行，焊件产生一定的塑性变形量，在适当时刻停止焊件间的相对运动，同时施加较大的顶锻力并维持一定的时间，即可实现材料间的固相连接。

摩擦焊有如下特点。

1）接头质量高且延性好。

2）适合异种材料的连接。一般来说，凡是可以进行锻造的金属材料都可以进行摩擦焊接。摩擦焊还可以焊接非金属材料，甚至曾通过卧式车床成功地对木材进行焊接。

3）生产率高、质量稳定。例如曾经产生过用摩擦焊焊接200万件汽车后桥而无一废品的记录。

4）对非圆形截面焊接较困难，设备复杂；对盘状薄零件和薄壁管件，由于不易夹持固定，施焊也很困难。

5）焊机的一次性投资较大，大批量生产时才能降低生产成本。

六、电子束焊

电子束焊是以会聚的高速电子束轰击零件接缝处产生热能进行焊接的方法。采用电子束焊时，电子的产生、加速和会聚成束是由电子枪完成的。电子束焊接如图 3-13 所示，阴极在加热后发射电子，在强电场的作用下电子加速从阴极向阳极运动，通常在发射极到阳极之间加上 30～150kV 的高电压，电子以很高的速度穿过阳极孔，并在磁偏转线圈的会聚作用下聚焦于零件，电子束动能转换成热能后，使零件熔化焊接。为了减小电子束流的散射及能量损失，电子枪内要保持 10Pa 以上的真空度。

电子束焊按被焊零件所处环境的真空度可分成三种，即高真空电子束焊、低真空电子束焊和非真空电子束焊（不设真空室）。

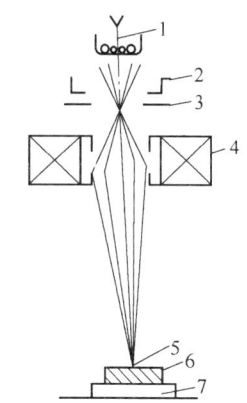

图 3-13　电子束焊接示意图
1—阴极　2—控制栅极（－）
3—加速阳极（＋）　4—聚焦系统
5—集束斑点　6—工件　7—移动台

与电弧焊相比，电子束焊的主要特点如下：

1）功率密度大，可达 $10^9 W/cm^2$。焊缝熔深大、熔宽小，既可以进行很薄材料（0.1mm）的精密焊接，又可用于（最高厚度达 300mm）构件的焊接。

2）焊缝金属纯度高，所有用其他焊接方法能进行熔化焊的金属及合金，都可以用电子束焊接，还能用于异种金属、易氧化金属及难熔金属的焊接。

3）设备较为昂贵，零件接头加工和装配要求高。另外，电子束焊接时应对操作人员加以保护，避免受到 X 射线的伤害。

电子束焊接已经广泛应用于众多领域，如汽车制造中的齿轮组合体、核能工业的反应堆壳体和航空航天部门的飞机起落架等。

七、激光焊

激光焊是利用大功率相干单色光子流聚集而成的激光束为热源进行焊接的方法。激光的产生利用了原子受激光辐射的原理，当粒子（原子、分子等）吸收外来能量时，从低能级跃升至高能级，此时若受到外来一定频率的光子的激励，又跃迁到相应的低能级，同时发出一个和外来光子完全相同的光子。如果利用装置（激光器）用这种受激光辐射产生的光子去激励其他粒子，将导致光放大作用，产生更多的光子，在聚光器的作用下，最终形成一束单色的、方向一致的、亮度极高的激光输出，再通过光学聚焦系统，可以使焦点上的激光能量密度达到 $10^5～10^6 W/cm^2$，然后以此激光用于焊接。激光焊接装置如图 3-14 所示。

激光焊和电子束焊同属高能密束焊范畴，与一般焊接方法相比有以下优点。

1）激光功率密度高，加热范围小（<1mm），焊接速度高，焊接应力和变形小。

2）可以焊接一般焊接方法难以焊接的材料，实现异种金属的焊接，甚至用于一些非金属材料的焊接。

3）激光通过光学系统在空间传播相当长距离而衰减很小，能进行远距离施焊或对难接近部位进行焊接。

4）相对电子束焊而言，激光焊不需要真空室，激光不受电磁场的影响。

激光焊的缺点是焊机价格较贵，激光的电光转换效率低，焊前零件加工和装配要求高，焊接厚度比电子束焊低。

激光焊应用在很多机械加工作业中，如电子器件的壳体和管线的焊接、仪器仪表零件的连接、金属薄板的对接和集成电路中的金属箔焊接等。

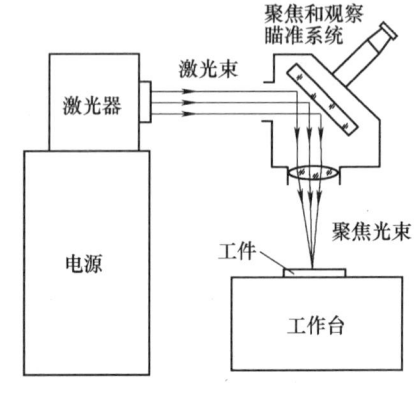

图 3-14　激光焊接示意图

八、高频焊

高频焊是利用流经焊件连接面的高频电流所产生的电阻热作为热源，使焊件待焊区表层被加热到熔化或塑性状态，同时通过施加（或不加）顶锻力使焊件达到金属间结合的一种焊接方法。

高频焊是一种固相电阻焊方法（除高频熔焊外）。它是一种专业化较强的焊接方法，主要在管材制造方面获得了广泛的应用，除能制造各种材料的有缝管、导型管、散热片管、螺旋散热片管和电缆套管等管材外，还能生产各种断面的型材或双金属和一些机械产品，如汽车轮圈、汽车车厢板、工具钢与碳钢组成的双金属锯条等。

九、扩散焊

扩散焊是借助温度、压力、时间及真空等条件实现金属间结合，其过程首先是界面局部接触塑性变形，促使氧化膜破碎分解，当达到净面接触时，为原子间扩散创造了条件，同时界面上的氧化物被溶解吸收，继而再结晶组织生长，晶界移动，有时出现联生结晶及金属间化合物，构成牢固一体的焊接接头。

扩散焊分为真空和非真空两大类，非真空扩散焊需用熔剂或气体保护，应用较广和效果较好的是真空扩散焊。

真空扩散焊有如下特点。

1）不需填充材料和溶剂（对于某些难于互熔的材料有时加中间过渡层）。

2）接头中无重熔的铸态组织，很少改变原材料的物理化学特性。

3）能焊非金属和异种金属材料，可制造多层复合材料。

4）可进行结构复杂的面与面、多点多线、很薄和大厚度结构的焊接。

5）焊件只有界面微观变形，残余应力小，焊后不需加工、整形和清理，是精密件理想的焊接方法。

6）可自动化焊接，劳动条件好。

7）表面制备要求高，焊接和辅助时间长。

扩散焊目前已实现560多组异种材料的焊接。机械制造、拖拉机、工具、电子学、航空工业、仪表、造船、食品机械制造以及其他部门已应用这一新方法来制造电真空器件、工具、制动器、水力机械的部件、双金属的各种零件、甚至家用复合平底锅（焊接后无需表面处理）等。

经检验后证明：真空扩散焊的焊接接头的机械强度、热稳定性、密封性、耐腐蚀性和弹性都能满足重要构件的技术要求。尤为突出的是扩散焊接的工件的尺寸可以从几微米到几米。因此真空扩散焊接具有良好的经济效果。

十、钎焊

钎焊是利用比被焊材料熔点低的金属做钎料，经过加热使钎料熔化，靠毛细管作用将钎料吸入到接头接触面的间隙内，润湿被焊金属表面，使液相与固相之间相互扩散而形成钎焊接头的焊接方法。

钎焊材料包括钎料和钎剂。钎料是钎焊用的填充材料，在钎焊温度下具有良好的湿润性，能充分填充接头间隙，能与焊件材料发生一定的溶解和扩散作用，保证和焊件形成牢固地结合。在钎料的液相线温度高于450℃时，接头强度高，称为硬钎焊；钎料的液相线温度低于450℃时，接头强度低，称为软钎焊。钎料按化学成分可分为锡基钎料、铅基钎料、锌基钎料、银基钎料、铜基钎料、镍基钎料、铝基钎料和镓基钎料等多种。

钎剂的主要作用是去除钎焊零件和液态钎料表面的氧化膜，保护母材和钎料在钎焊过程中不被进一步氧化，并改善钎料对焊件表面的湿润性。钎剂种类很多，软钎剂有氯化锌溶液、氯化锌氯化铵溶液、盐酸和松香等，硬钎剂有硼砂、硼酸和氯化物等。

根据热源和加热方法的不同，钎焊也可分为火焰钎焊、感应钎焊、炉中钎焊、浸渍钎焊和电阻钎焊等。

钎焊具有以下优点。

1）钎焊时由于加热温度低，对零件材料的性能影响较小，焊接的应力变形比较小。

2）可以用于焊接碳素钢、不锈钢、高合金钢、铝、铜等金属材料，也可以用于连接异种金属、金属与非金属。

3）可以一次完成多个零件的钎焊，生产率高。

钎焊的缺点是接头的强度一般比较低，耐热能力较差，适于焊接承受载荷不大和常温下工作的接头。另外，钎焊之前对焊件表面的清理和装配要求比较高。

十一、焊接新技术、新工艺

虽然现在的焊接技术已经进入了成熟阶段，但随着科学技术的不断发展以及新产品、新材料的不断涌现，焊接技术仍在不断地完善和发展，出现了许多类型的数控焊接设备。新材料的应用，不但提高了焊接生产率，还使得焊接过程更加稳定，飞溅更小，焊缝质量更好。

计算机在焊接技术中的应用已取得了很多成果，并获得了较好的经济效益，例如电弧焊的跟踪自动控制就是一种利用计算机以焊枪、电弧或熔池中心相对接缝或坡口中心位置的偏差作为检测量，以焊枪位移量为操作量组成的调节控制系统。利用此系统可以提高焊接质量和效率,通过采用焊接计算机控制系统和模糊化控制方式,实现焊接过程的机械化和自动化。焊接机器人在我国已经进入实用阶段,广泛应用于生产当中,尤其是汽车工业。不久的将来,它将逐渐取代人工的焊接作业。

【考点分析】

【例1】根据接头形式,电阻焊可分成_____、_____、_____和_____四种。

【解题指导】掌握电阻焊的焊接方法。

【答案】点焊 缝焊 凸焊 对焊

【点评】主要考核电阻焊的分类。

【例2】下列关于电渣焊说法不正确的是(　　　)。

A. 适用于垂直或接近垂直的位置焊接,此时不易产生气孔和夹渣

B. 对厚大焊件能一次焊接完成,生产率高

C. 一般焊后应进行正火和回火热处理

D. 焊接含碳量高的金属时冷裂倾向大,使焊缝组织晶粒变小,易使接头韧性增大

【解题指导】电渣焊是一种利用电流通过液体熔渣所产生的电阻热加热熔化填充金属和母材,以实现金属焊接的熔化焊接方法。

【答案】D

【点评】主要考核电渣焊的特点。

【例3】高频焊是利用流经焊件连接面的_____所产生的电阻热作为热源,使焊件待焊区表层被加热到_____状态,同时通过施加(或不加)顶锻力使焊件达到金属间结合的一种焊接方法。它是一种_____电阻焊方法(除高频熔焊外)。

【解题指导】掌握高频焊的概念,了解它与电阻焊的区别。

【答案】高频电流 熔化或塑性 固相

【点评】主要考核高频焊的方法。

【习题练习】

一、填空题

1. 气焊适用于厚度_____的_____、_____及_____和_____材料,焊丝上没有_____。其熔池和焊缝依靠火焰产生的_____和_____来保护。

2. 气焊的三种火焰中温度最高的是_____,温度达_____℃,它只能焊接_____材料。

3. 气焊和气割的根本区别是气焊是_____,而气割是_____在_____中燃烧。

4. 气焊中氧气是_____气体,乙炔是_____气体,气焊比焊条电弧焊的焊接变形更大的原因是_____低_____长。

5. 气焊设备由_____、_____、_____、_____和_____五大部分组成。

6. 火焰钎焊刀具时采用_____做钎料，_____做钎剂。

7. 钎料熔化后借助于_____作用被吸入固态焊件内并起_____的作用。钎剂的作用是增加钎料的_____，除去被焊金属和钎料的_____。

8. 电阻焊有_____、_____和_____三种。

二、判断题

1. 氧化焰氧气较多，温度高，焊接效率高，适于焊接各种钢、合金钢及纯铜和铝合金。（　　）

2. 气焊比电弧焊的火焰温度低，热量分散大，所以适于焊接薄板和非铁金属材料。（　　）

3. 气焊时，焊件越薄、变形越大。（　　）

4. 气割要求一定的条件，所以高碳钢、铸铁、高合金钢及铜、铝等非铁金属材料才是最适于用氧气切割的。（　　）

5. 钎焊时的加热温度应高于钎料熔点，低于焊件母材的熔点。（　　）

三、选择题

1. 气焊中性焰的氧气与乙炔气之体积比值为（　　）。
A. = 1～1.2　　　　　　　B. < 1　　　　　　　C. > 1

2. 减少焊接熔池中氧和氢含量的目的是防止产生（　　）缺陷。
A. 夹渣　　　　　　　　　B. 气孔　　　　　　　C. 烧穿

3. 不能用氧气切割的材料是（　　）。
A. 纯铁　　　　　　　　　B. 中碳钢　　　　　　C. 不锈钢

4. 金属气割的原理是（　　）。
A. 金属在纯氧中燃烧　　　B. 金属被加热熔化　　C. 两者兼有

5. 属于熔化焊的焊装方法是（　　）。
A. 定位焊　　　　　　　　B. 气焊　　　　　　　C. 烙铁钎焊

四、简答题

1. 气焊与电弧焊相比，有哪些特点？操作时应注意些什么？

2. 简述摩擦焊的应用场所和特点。

3. 什么是激光焊？与一般焊接方法相比，激光焊有哪些优点？

4. 根据热源和加热方法的不同，钎焊可分为哪几类？各有何特点？

金属切削加工基础

【知识构架】

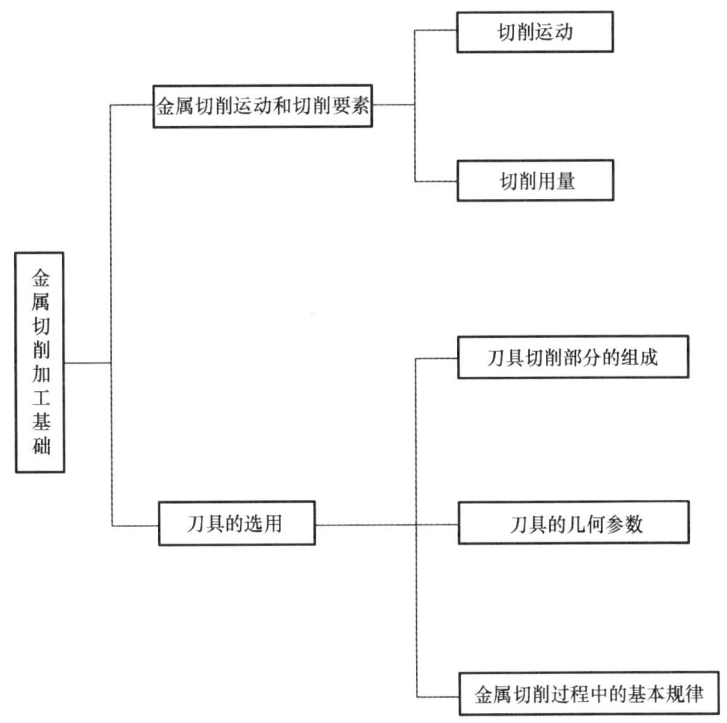

第一节 金属切削运动和切削要素

【学习目标】

1. 了解和掌握金属切削运动的基础知识。
2. 了解和掌握金属切削要素的概念。

【学习内容】

金属切削基础一般包括金属切削运动与切削要素。

一、切削运动

金属切削时，刀具与工件间的相对运动称为切削运动。如图 4-1 所示为外圆车削加工，其切削运动是工件的旋转运动和车刀的连续纵向进给运动。切削运动分为主运动和进给运动。

1. 主运动

主运动是切下切屑所需的最基本运动。在切削运动中，主运动只有一个，其速度最高、消耗的功率最大。图 4-1 中工件的旋转运动为主运动，图 4-2a 所示的铣削和图 4-2b 所示的磨削加工，刀具或砂轮的旋转运动为主运动，而刨削加工（图 4-2c）中，刀具的往复直线运动是主运动。

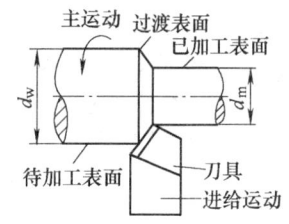

图 4-1　外圆车削加工

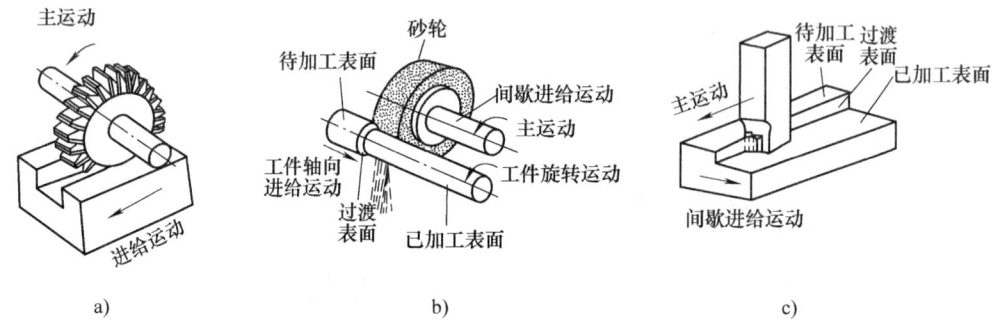

图 4-2　各种切削加工和加工表面

2. 进给运动

进给运动是使多余材料不断投入切削，从而加工出完整表面所需的运动。进给运动可以有一个或几个，也可能没有。如图 4-2b 所示磨削外圆时，工件的旋转运动和工作台带动工件的轴向移动以及砂轮的间歇运动都属于进给运动。

3. 工件表面

在切削过程中，工件上存在 3 个变化着的表面，如图 4-1 所示。

（1）待加工表面　工件上即将被切除的表面。随着切削的进行，待加工表面将逐渐减小，直至完全消失。

（2）已加工表面　工件上多余金属被切除后形成的新表面。在切削过程中，已加工表面随着切削的进行逐渐扩大。

（3）过渡表面　在工件切削过程中，连接待加工表面与已加工表面的表面，或切削刃正在切削着的表面。

二、切削用量

切削用量是切削时各运动参数的总称，包括切削速度、进给量和背吃刀量（切削深度）三要素，它们是调整机床运动的依据。

1. 切削速度 v_c

切削速度指在单位时间内，工件或刀具沿主运动方向的相对位移，单位为 m/min。若主运动为旋转运动，则其计算公式为

$$v_c = \pi dn/1000 \tag{4-1}$$

式中　　v_c——切削速度（m/min）；

　　　　d——完成主运动的工件（或刀具）的最大直径（mm）；

　　　　n——主运动转速（r/min）。

若主运动为往复直线运动（如刨削），则常用其平均速度作为切削速度，即

$$v_c = 2Ln/1000 \tag{4-2}$$

式中　　L——往复直线运动的行程长度（mm）；

　　　　n——主运动每分钟的往复次数（次/min）。

2. 进给量 f

进给量指在主运动每转一周或每一行程后，刀具与工件之间沿进给运动方向的相对位移，单位是 mm/r（用于车削、镗削等）或 mm/行程（用于刨削、磨削等）。进给运动还可以用进给速度 v_f 或每齿进给量 f_z 来表示。

进给速度 v_f 是指在单位时间内，刀具相对于工件在进给方向上的位移量，单位是 mm/min。

当刀具齿数 $z > 1$（如铣刀、铰刀等多齿刀具）时，每个刀齿相对于工件在进给方向上的位移量，即每齿进给量，以 f_z 表示，单位为 mm/z。

f_z 与 v_f 有如下关系

$$v_f = f_z nz \tag{4-3}$$

3. 背吃刀量（即切削深度）a_p

背吃刀量是指待加工表面与已加工表面之间的垂直距离，单位是 mm。车削外圆时

$$a_p = (d_w - d_m)/2 \tag{4-4}$$

式中　　d_w——工件待加工表面的直径（mm）；

　　　　d_m——工件已加工表面的直径（mm）。

【考点分析】

【例1】 切削用量包括_____、_____和_____。

【解题指导】 切削用量是切削时各运动参数的总称，包括切削速度、进给量和背吃刀量（切削深度）三要素。

【答案】 切削速度　进给量　背吃刀量（切削深度）

【点评】 主要考核切削用量的概念。

【例2】 切削运动中，具有间歇运动特点的机床有（　　　）。

A. 车床　　　　　B. 刨床　　　　　C. 磨床　　　　　D. 镗削

【解题指导】 普通牛头刨床由滑枕带着刨刀作水平直线往复运动，刀架可在垂直面内回转一个角度，并可手动进给，工作台带着工件作间歇的横向或垂直进给运动，常用于加工平

面、沟槽和燕尾面等。

【答案】B

【点评】 主要常见机床的运动方式。

【例3】 将一 $\phi50mm$ 的毛坯轴一次性车成 $\phi48mm$、长度 $50mm$，如果选择主轴转速 $n = 720r/min$，则切削速度 $v_c =$ _____ m/min，背吃刀量 $a_p =$ _____ mm。

【解题指导】 切削速度的计算公式为 $v_c = \pi dn/1000 = \pi \times 50 \times 720/1000 \text{m/min} \approx 113\text{m/min}$，背吃刀量的计算公式 $a_p = (d_w - d_m)/2 = (50 - 48)/2\text{mm} = 1\text{mm}$。

【答案】 113 1

【点评】 主要考核切削三要素的计算方法。

【习题练习】

一、填空题

1. 按作用不同，车削运动可分为_____和_____两种。

2. 切削用量是表示_____及_____大小的参数，包括_____、_____和_____，俗称切削三要素。

3. 工件上已切去切屑的表面称为_____表面；工件上即将被切去切屑的表面称为_____表面。

4. 工件上已加工表面和待加工表面间的垂直距离称为_____。

5. 切削加工中，进给运动的状态可以是直线运动，如_____和_____；也可以是旋转运动，如_____和_____。进给运动既可以由_____来完成，也可以由_____来完成。

6. 任何表面的形成都可以看做是_____沿着_____运动而形成的。

二、选择题

1. 切削用量 v_c、f、a_p 对切削温度的影响程度是（　　）。

A. a_p 最大、f 次之、v_c 最小　　　　B. f 最大、v_c 次之、a_p 最小

C. v_c 最大、f 次之、a_p 最小　　　　D. v_c 最大、a_p 次之、f 最小

2. 实现切削加工的基本运动是（　　）。

A. 主运动　　　　B. 进给运动　　　　C. 调整运动　　　　D. 分度运动

3. 主运动和进给运动可以（　　）来完成。

A. 单独由工件　　　　　　　　　　B. 单独由刀具

C. 分别由工件和刀具　　　　　　　D. 分别由刀具和工件

4. 在切削加工中主运动可以是（　　）。

A. 工件的转动　　　B. 工件的平动　　　C. 刀具的转动　　　D. 刀具的平动

5. 切削用量包括（　　）。

A. 切削速度　　　　B. 进给量　　　　C. 切削深度　　　　D. 切削厚度

6. 切削加工时，须有一个进给运动的是（　　）。

A. 刨斜面　　　　B. 磨外圆　　　　C. 铣斜齿　　　　D. 滚齿

7. 调整好切削用量后，（　　）过程中切削宽度和切削深度是变化的。

A. 车削　　　　　　B. 刨削　　　　　　C. 铣削　　　　　　D. 镗削

8. 切削运动中，具有往复运动特点的机床有（　　）。

A. 车床　　　　　　B. 插床　　　　　　C. 磨床　　　　　　D. 镗削

9. 车削时，主运动是（　　）。

A. 工件的回转运动　　　　　　　　B. 工件的直线运动

C. 刀具的回转运动　　　　　　　　D. 刀具的直线运动

10. 牛头刨床刨削时，主运动是（　　）。

A. 工件的回转运动　　　　　　　　B. 工件的往复直线运动

C. 刀具的回转运动　　　　　　　　D. 刀具的往复直线运动

三、判断题

1. 切削运动中，主运动通常只有一个，进给运动的数目可以有一个或几个。　　　（　　）

2. 车削外圆时，进给运动是刀具的横向运动。　　　　　　　　　　　　　（　　）

四、简答题和计算题

1. 什么是切削运动？

2. 已知工件毛坯的直径为60mm，选用背吃刀量为2mm，问两次进给后，车出的工件直径是多少？

3. 在车床上车削一直径为60mm的轴，现要一次进给车削至直径为54mm。如果选用切削速度 $v_c = 80\text{m/min}$，求切削深度 a_p 和主轴转速 n 各为多少？

4. 在车床上车削一个直径为300mm的铸铁盘端面，选用主轴转速为76r/min，由外圆向中心进给，请问：

（1）外圆处的切削速度是多少？

（2）切削到中心的切削速度是多少？

（3）车端面和车外圆时的切削速度有何不同？

第二节　刀具的选用

【学习目标】

1. 了解并掌握刀具切削部分的组成及其几何参数。

2. 了解金属切削过程中的特点，掌握切屑的主要类型。

3. 了解积屑瘤的形成规律和切削热与切削温度的基本概念。

4. 了解刀具磨损与刀具寿命，会合理选择刀具。

【学习内容】

金属切削刀具的种类很多，结构各异，但各种刀具的切削部分却具有共同的特征。外圆车刀是最基本、最典型的刀具，下面以它为例来说明刀具的几何参数。

一、刀具切削部分的组成

车刀由切削部分和刀杆组成。刀具中起切削作用的部分称为切削部分，夹持部分称为刀杆，切削部分（又称刀头）由前刀面、主后刀面、副后刀面、主切削刃、副切削刃和刀尖组成，如图4-3所示。

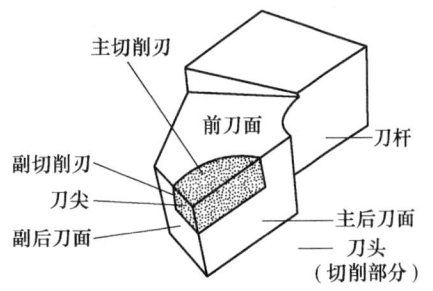

（1）前刀面　刀具上切屑流过的表面。

（2）主后刀面　简称后刀面，是与工件上过渡表面接触并相互作用的刀面。

（3）副后刀面　与工件已加工表面相对的刀面。

（4）主切削刃　前刀面与主后刀面的交线，担负着主要的切削工作。

图4-3　车刀切削部分的组成

（5）副切削刃　前刀面与副后刀面的交线，协助主切削刃切除多余金属，形成已加工表面。

（6）刀尖　主切削刃和副切削刃交汇的一小段切削刃，可以是直线段或圆弧。

二、刀具的几何参数

1. 刀具角度的参考平面

刀具要从工件上切除金属，必须具有一定的切削角度，这些角度确定了刀具的几何形状。为了确定和测量刀具角度，必须建立空间坐标系，引入坐标平面。我国一般以正交平面参考系为主，兼用法平面参考系及假定工作平面和背平面参考系，如图4-4所示，其各部分的名称如下。

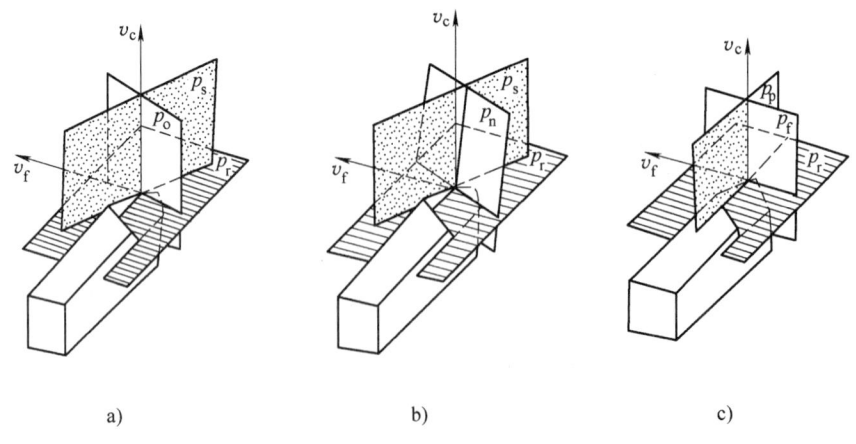

a)　　　　　　　　　　b)　　　　　　　　　　c)

图4-4　刀具标注角度参考系

a) 正交平面参考系　b) 法平面参考系　c) 假定工作平面和背平面参考系

（1）基面 P_r　通过主切削刃上选定点，垂直于主运动速度方向的平面。

（2）切削平面 P_s　通过切削刃上选定点与切削刃相切，并垂直于基面 P_r 的平面。

（3）正交平面 P_o　通过切削刃上选定点，同时垂直于基面 P_r 和切削平面 P_s 的平面。

（4）法平面 P_n　通过主切削刃上选定点，垂直于主切削刃的平面。

（5）假定工作平面 P_f　通过切削刃上选定点，且垂直于基面并平行于假定进给运动方向的平面。

（6）背平面 P_p　通过切削刃上选定点，且垂直于基面和假定工作平面的平面。

2. 刀具的标注角度

刀具的标注角度是刀具设计图样上需要标注的刀具角度，它用于刀具的制造、刃磨和测量。

（1）正交平面参考系的标注角度　正交平面参考系由坐标平面 P_r、P_s 和 P_o 组成，其基本角度有以下 5 个，如图 4-5 所示。

1）前角 γ_o。在正交平面内测量的前刀面与基面之间的夹角，有正、负和零值之分，正负规定如图 4-5 所示。

2）后角 α_o。在正交平面内测量的后刀面与切削平面之间的夹角，一般为正值。

3）主偏角 κ_r。在基面内测量的主切削刃在基面 P_r 上的投影与进给方向之间的夹角。

4）副偏角 κ_r'。在基面内测量的副切削刃在基面 P_r 上的投影与进给反方向的夹角。

5）刃倾角 λ_s。在切削平面 P_s 内测量的主切削刃与基面 P_r 间的夹角。当主切削刃呈水平时，$\lambda_s = 0°$；当刀尖为主切削刃上的最低点时，$\lambda_s < 0°$；当刀尖为主切削刃上的最高点时，$\lambda_s > 0°$。

此外，还有以下派生角度：刀尖角 ε_r（在基面内测量的主切削刃与副切削刃间的夹角）和楔角 β_o（在正交平面内测量的前刀面与后刀面间的夹角）；对于同时具有主切削刃和副切削刃的刀具，还需给出副后角 α_o'（在 $O'—O'$ 剖面内测量的副后刀面与副切削平面之间的夹角）。

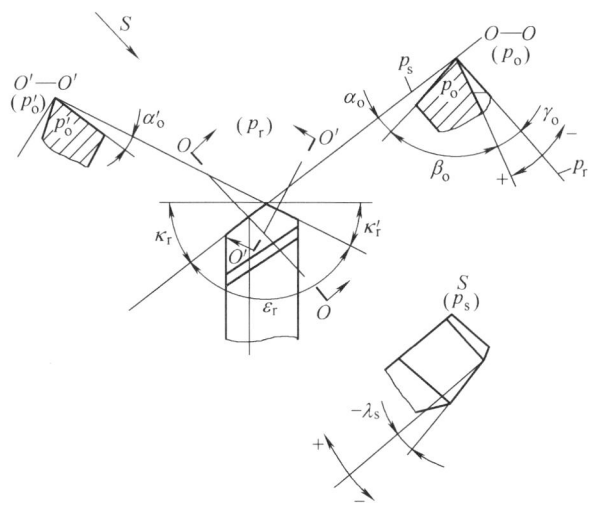

图 4-5　外圆车刀正交平面参考系标注角度

（2）法平面参考系的标注角度　法平面参考系由 P_r、P_s 和 P_n 组成，因此在基面和切削平面内的标注角度与在正交平面参考系中的相同，所以只须定义法平面 P_n 的标注角度即可，如图 4-6 所示。

1）法前角 γ_n。在法平面内度量的前刀面与基面间的夹角。

2）法后角 α_n。在法平面内度量的切削平面与主后刀面间的夹角。

3）法楔角 β_n。在法平面内度量的前刀面与主后刀面间的夹角，$\beta_n = 90° - (\gamma_n + \alpha_n)$。

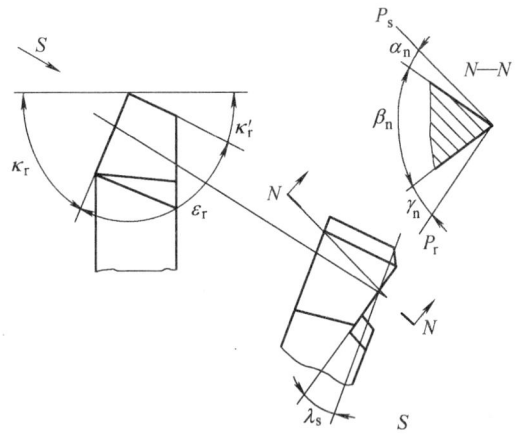

图 4-6　外圆车刀法平面参考系的标注角度

三、金属切削过程中的基本规律

1. 切削层的变形

对塑性金属进行切削时，切屑的形成过程就是切削层金属的变形过程。根据切削过程中整个切削区域金属材料的变形特点，可将刀具切削刃附近的切削层划分为三个变形区，如图 4-7 所示。

（1）第一变形区　从 OA 线开始，金属发生剪切变形，到 OM 线金属晶粒的剪切滑移基本结束，AOM 区域称为第一变形区，也叫做金属的剪切-变形区。其变形的主要特征是金属晶格间的剪切滑移以及随之产生的加工硬化。

（2）第二变形区　切屑沿前刀面流出时

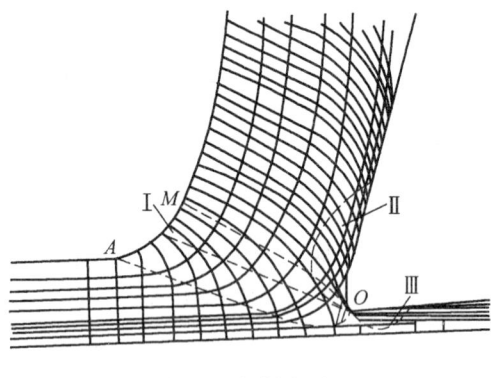

图 4-7　切削变形区

受到前刀面的挤压和摩擦，使靠近前刀面的切屑底层金属晶粒进一步产生塑性变形。其特征是晶粒剪切滑移剧烈，呈纤维化，且离前刀面越近，纤维化现象越明显。

（3）第三变形区　该区是刀具与工件已加工表面间的摩擦区，已加工表面受到切削刃钝圆部分及后刀面的挤压和摩擦，使切削层金属发生变形。

这三个变形区汇集在切削刃附近，相互关联又相互影响，称为切削变形区。切削过程中产生的各种现象均与这三个区域的变形有关。

2. 切屑的类型

在金属切削过程中，刀具切除工件上的多余金属层，被切离工件的金属称为切屑。由于工件材料及切削条件不同，会产生不同类型的切屑。常见的切屑有带状切屑、挤裂切屑、单元切屑和崩碎切屑 4 种类型，如图 4-8 所示。

（1）带状切屑　如图 4-8a 所示，带状切屑的外形呈带状，与前刀面接触的底面光滑，外表面为毛茸状。通常在加工塑性金属材料，切削厚度较小，切削速度较高，刀具前角较大时得到带状切屑。形成这种切屑时，切削过程平稳，切削力波动较小，已加工表面粗糙度值

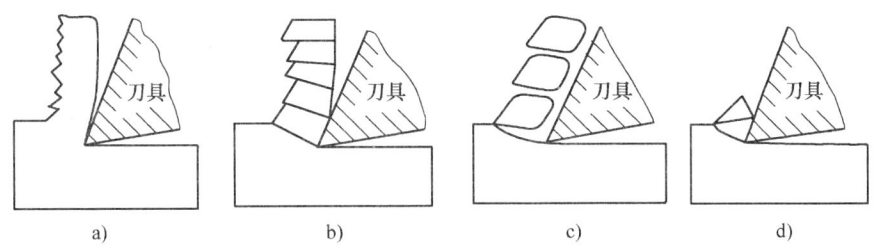

图4-8　切屑的类型
a）带状切屑　b）挤裂切屑　c）单元切屑　d）崩碎切屑

较小，但带状切屑会缠绕工件和刀具等，需采取断屑措施。

（2）挤裂切屑　如图4-8b所示，挤裂切屑的外形与带状切屑相似，但变形程度比带状切屑大。这种切屑是在加工塑性金属材料，切削厚度较大，切削速度较低，刀具前角较小时得到的。此时切削力波动较大，切削过程中产生一定的振动，已加工表面较粗糙。

（3）单元切屑　如图4-8c所示，加工塑性较差的金属材料时，在挤裂切屑的基础上将切削厚度进一步增大，切削速度和前角进一步减小，使剪切裂纹进一步扩展而断裂成梯形状的单元切屑。

以上三种切屑只有在加工塑性材料时才可能得到。其中，带状切屑的切削过程最平稳，单元切屑的切削力波动最大。在生产中最常见的是带状切屑，有时得到挤裂切屑，单元切屑则很少见。切屑的形态是可以随着切削条件而转化的，掌握了它的变化规律，就可以控制切屑的变形、形态和尺寸，以达到卷屑和断屑的目的。

（4）崩碎切屑　如图4-8d所示，切削铸铁等脆性金属材料时，由于材料的塑性差、抗拉强度低，切削层往往未经塑性变形就产生了脆性崩裂，形成不规则的崩碎状切屑。此时切削力波动很大，有冲击载荷，已加工表面凹凸不平。由于其切削过程很不平稳，容易破坏刀具，也有损于机床，已加工表面又粗糙，因此在生产中应力求避免。

3. 积屑瘤

在一定的切削速度范围内加工钢材和非铁金属等塑性材料时，在切削刃附近的前刀面上粘附着一块金属硬块，它包围着切削刃且覆盖部分前刀面，这块剖面呈三角状的金属硬块称为积屑瘤。

（1）积屑瘤的形成　在一定的加工条件下，随着切屑与前刀面间温度和压力的增加，切屑底层受到很大的摩擦阻力，使这一层金属的流速减慢，产生"滞流"现象。当温度和压力增加到一定程度，滞流层中、底层与前刀面产生了粘结，当切屑底层中剪切应力超过金属的剪切屈服强度时，底层金属的流动速度变为零而被剪断，并粘结在前刀面上，这就形成了积屑瘤，如图4-9所示。形成积屑瘤的条件主要取决于切削温度，例如切削中碳钢的切削温度在300~380℃时，易产生积屑瘤。

（2）积屑瘤对切削的影响

1）对切削力的影响。积屑瘤粘结在前刀面上，增大了刀具的实际前角，可使切削力减小。但由于积屑瘤不稳定，导致了切削力的波动。

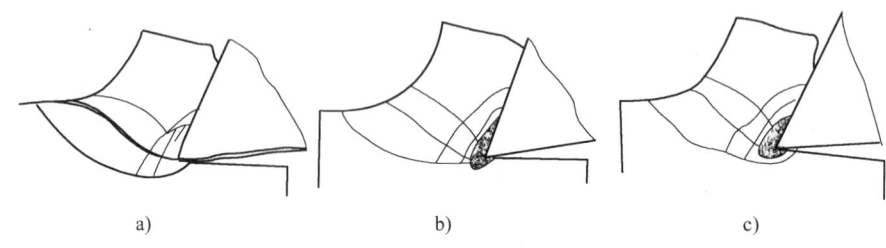

图 4-9 积屑瘤的形成

2）对表面粗糙度的影响。积屑瘤不稳定，易破裂，其碎片随机性地散落，可能会留在已加工表面上。另外，积屑瘤形成的刃口不光滑，使已加工表面变得粗糙。

3）对刀具寿命的影响。积屑瘤相对稳定时，可代替切削刃进行切削，从而减小了切屑与前刀面的接触面积，提高了刀具寿命；当积屑瘤不稳定时，破裂部分有可能引起硬质合金刀具的剥落，反而降低了刀具寿命。

显然，积屑瘤有利有弊。粗加工时，对精度和表面质量要求不高，如果积屑瘤能稳定生长，则可以代替刀具进行切削，保护刀具，同时减小切削变形；精加工时，则应避免积屑瘤的出现。

（3）避免积屑瘤的措施

1）避免采用产生积屑瘤的速度进行切削，即宜采用低速或高速切削，因低速切削加工效率低，故应多采用高速切削。

2）采用大前角刀具切削，以减少刀具前刀面与切屑接触的压力。

3）适当提高工件材料的硬度，减小加工硬化倾向。

4. 切削热与切削温度

切削热和由此产生的切削温度会使加工工艺系统产生热变形，不但影响刀具的磨损和寿命，而且影响工件的加工精度和表面质量。

（1）切削热的产生与传导　在切削过程中，由切削层金属的弹性变形和塑性变形，以及切屑与刀具前刀面、已加工表面与刀具后刀面摩擦而产生的热称为切削热。切削热主要来源于切削区域的三个变形区。切削热通过切屑、工件、刀具以及周围介质传出去。一般情况下，切屑带走的热量最多。例如，车削时如不加切削液，切削热的 50% ~80% 由切屑带走，10% ~40% 传入工件，3% ~9% 传入车刀，1% 左右传入空气。

（2）切削温度及影响因素　切削温度一般指切屑与刀具前刀面接触区域的平均温度。切削温度的高低，取决于该处产生热量的多少和传散热量的快慢。因此，凡是影响切削热产生与传出的因素都影响切削温度的高低。

1）工件材料。对切削温度影响较大的是材料的强度、硬度及热导率。材料的强度和硬度越高，单位切削力越大，切削时所消耗的功率就越多，产生的切削热也越多，切削温度就越高。热导率越小，传散的热量越少，切削区的切削温度就越高。

2）刀具几何参数。刀具的前角和主偏角对切削温度影响较大。增大前角，可使切削变形及切屑与前刀面的摩擦减小，产生的切削热减少，切削温度下降。但前角过大（≥20°）时，刀头的散热面积减小，反而使切削温度升高。减小主偏角，可增加切削刃的工作长度，增大刀头的散热面积，降低切削温度。

3）切削用量。增大切削用量时，切削功率增大，产生的切削热也多，切削温度就会升高。由于切削速度、进给量和背吃刀量的变化对切削热的产生与传导的影响不同，所以对切削温度的影响也不相同。其中，背吃刀量对切削温度的影响最小，进给量次之，切削速度最大。因此，从控制切削温度的角度出发，在机床条件允许的情况下，选用较大的背吃刀量和进给量比选用大的切削速度更有利。

4）其他因素。刀具后刀面磨损增大时，加剧了刀具与工件间的摩擦，使切削温度升高。切削速度越高，刀具磨损对切削温度的影响越明显。而利用切削液的润滑功能降低摩擦因数，可减少切削热的产生，同时切削液也可带走一部分切削热，所以采用切削液是降低切削温度的重要措施。

5. 刀具磨损与刀具寿命

刀具切除工件余量的同时，本身也逐渐被磨损。当磨损到一定程度时，如不及时重磨、换刀或使刀片转位，刀具便丧失切削能力，从而影响加工表面的质量和生产率。

（1）刀具磨损的形式　刀具磨损是指刀具与工件或切屑的接触面上，刀具材料的微粒被切屑或工件带走的现象。这种磨损现象称为正常磨损。若由于冲击、振动、热效应等原因使刀具崩刃、碎裂而损坏，称为非正常磨损。刀具正常磨损的形式有以下两种。

1）前刀面磨损。切削塑性材料，当切削厚度较大时，刀具前刀面承受巨大的压力和摩擦力，而且切削温度很高，使前刀面产生月牙洼磨损，如图 4-10 所示。随着磨损的加剧，月牙洼逐渐加深加宽。当接近刃口时，会使刃口突然破损。前刀面磨损量的大小，用月牙洼的深度 KT 表示。

2）后刀面磨损。刀具后刀面虽然有后角，但由于切削刃不是理想的锋利，而有一定的钝圆，因此后刀面与工件实际上是面接触，磨

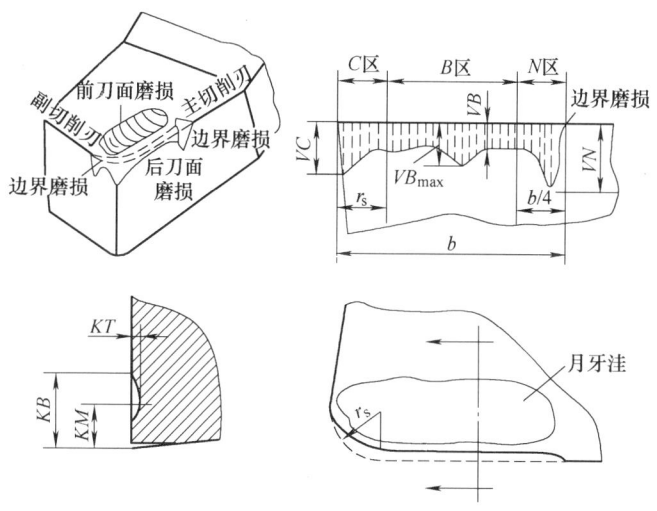

图 4-10　刀具的磨损形态

损就发生在这个接触面上。在切削铸铁等脆性金属或以较低的切削速度、较小的切削厚度切削塑性金属时，由于前刀面上的压力和摩擦力不大，主要发生后刀面磨损，如图 4-10 所示。由于切削刃各点的工作条件不同，故后刀面磨损带是不均匀的。由图 4-10 可见，C 区和 N 区磨损严重，中间 B 区磨损较均匀。

（2）刀具磨损的主要原因　刀具磨损的原因很复杂，主要有以下几个方面。

1）硬质点磨损。硬质点磨损是由于工件材料中的硬质点或积屑瘤碎片对刀具表面造成机械划伤，从而使刀具磨损。各种刀具都会产生硬质点磨损，但对于硬度较低的刀具材料或低速刀具，如高速钢刀具及手工刀具等，硬质点磨损是其主要磨损形式。

2）粘结磨损。粘结磨损是指刀具与工件（或切屑）的接触面在足够的压力和温度作用下，达到原子间距离而产生粘结现象，因相对运动，粘结点的晶粒或晶粒群受剪切或受拉伸被对方带走而造成的磨损。粘结点的分离面通常在硬度较低的一方，即工件上，但也会造成刀具材料组织不均匀，产生内应力以及疲劳微裂纹等缺陷。

3）扩散磨损。扩散磨损指刀具表面与被切出的工件新鲜表面接触，在高温下，两摩擦面的化学元素获得足够的能量，相互扩散，改变了接触面双方的化学成分，降低了刀具材料的性能，从而造成刀具磨损。例如用硬质合金车刀加工钢料时，在 800～1000℃高温时，硬质合金中的 Co、WC 和 C 等元素迅速扩散到切屑和工件中；工件中的 Fe 元素则向硬质合金表层扩散，使硬质合金形成新的低硬度、高脆性的复合化合物层，从而加剧刀具磨损。刀具扩散磨损与化学成分有关，并随着温度的升高而加剧。

4）化学磨损。化学磨损又称为氧化磨损，指刀具材料与周围介质（如空气中的氧，切削液中的极压添加剂硫和氯等）在一定的温度下发生化学反应，在刀具表面形成硬度低、耐磨性差的化合物，加速了刀具的磨损。化学磨损的强弱取决于刀具材料中元素的化学稳定性以及温度的高低。

（3）刀具磨损过程及磨钝标准

1）刀具的磨损过程。在正常条件下，随着刀具切削时间的增长，刀具的磨损量将增加。通过实验得到如图 4-11 所示的刀具后刀面磨损量 VB 与切削时间的关系曲线。由图可知，刀具磨损过程可分为三个阶段。

① 初期磨损阶段。初期磨损阶段的特点是磨损快，时间短。一把新刃磨的刀具表面尖峰突出，在与切屑摩擦的过程中，峰点的压强很大，造成尖峰很快被磨损，使压强趋于均衡，磨损速度减慢。

② 正常磨损阶段。经过初期磨损阶段之后，刀具

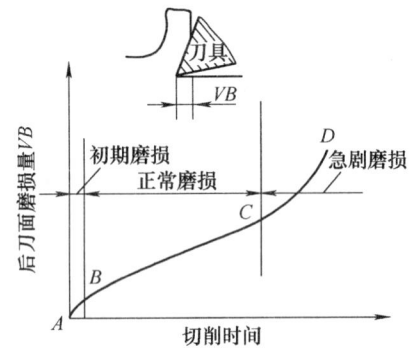

图 4-11 刀具的磨损过程

表面的峰点基本被磨平，表面的压强趋于均衡，刀具的磨损量 VB 随着时间的延长而均匀地增加，经历的切削时间较长。这就是正常磨损阶段，也是刀具的有效工作阶段。

③ 急剧磨损阶段。当刀具磨损量达到一定程度时，切削刃已变钝，切削力和切削温度急剧升高，磨损量 VB 剧增，刀具很快失效。为合理使用刀具及保证加工质量，应在此阶段之前及时更换刀具。

2）刀具的磨钝标准。刀具磨损后将影响切削力、切削温度和加工质量，因此必须根据加工情况规定一个最大的允许磨损值，这就是刀具的磨钝标准。国际标准 ISO 统一规定以 1/2 背吃刀量处后刀面磨损带宽度 VB 作为刀具的磨钝标准。磨钝标准的具体数值可查阅有关手册。

（4）刀具寿命及其合理选择

1）切削用量与刀具寿命的关系。

因为切削速度对切削温度影响最大，故对刀具磨损影响也最大，即对刀具寿命影响最大。在一定的切削条件下，切削速度越高，刀具寿命越低。其次是进给量，而背吃刀量影响最小。

2）合理的刀具寿命的选择。

在生产中，选择刀具寿命的原则是根据优化目标确定的。一般按最大生产率、最低成本为目标选择刀具寿命。因此，选择刀具寿命时，当需要完成紧急任务或产品供不应求以及完成限制性工序时，可采用最大生产率刀具寿命；而一般情况下，通常采用最低成本刀具寿命，以利于市场竞争。

【考点分析】

【例1】影响已加工表面的表面粗糙度值大小的刀具几何角度主要是（　　　）。

A．前角　　　　　　　B．后角　　　　　　　C．主偏角　　　　　　　D．副偏角

【解题指导】对于刀具几何角度要有一定的了解。

【答案】D

【点评】主要考核刀具几何角度的掌握情况。

【例2】前角是在＿＿＿＿＿＿面中测量的，是＿＿＿＿＿＿与＿＿＿＿＿＿之间的夹角。

【解题指导】前角 γ_o 是在正交平面内测量的前刀面与基面之间的夹角，有正、负和零值之分。

【答案】正交平面　前刀面　基面

【点评】主要考核车刀前角的定义。

【例3】在车刀设计、制造、刃磨及测量时必需的主要角度有（　　　）。

【解题指导】车刀基本角度有以下5个：主偏角、副偏角、刃倾角、前角、后角，它们是在正交平面参考系标注的角度。

【答案】主偏角、副偏角、刃倾角、前角、后角

【点评】主要考核车刀基本角度。

【习题练习】

一、填空题

1．刀具的主偏角是在＿＿＿＿＿＿＿平面中测得的。

2．刀具的主偏角是＿＿＿＿＿＿＿和＿＿＿＿＿＿＿之间的夹角。

3．刀具一般都由＿＿＿＿＿＿部分和＿＿＿＿＿＿部分组成。

4．车刀的结构形式有＿＿＿＿＿＿＿＿＿＿＿＿＿＿＿＿＿等几种。

5．后角的主要作用是减少刀具后刀面与工件表面间的＿＿＿＿＿＿＿＿，并配合前角改变切削刃的＿＿＿＿＿＿＿与＿＿＿＿＿＿＿。

6．主切削刃与基面之间的夹角是＿＿＿＿＿＿＿＿＿＿。

7．副偏角的作用是减少＿＿＿＿＿＿＿与工件＿＿＿＿＿＿＿之间的摩擦。

8．刀具后刀面和切削平面的夹角是＿＿＿＿＿＿＿。

9．前刀面与基面的夹角是＿＿＿＿＿＿＿。

二、选择题

1．在切削平面内测量的车刀角度有（　　　）。

A. 前角　　　　　　B. 后角　　　　　　C. 锲角　　　　　　D. 刃倾角

2. 一般情况，刀具的后角主要根据（　　）来选择。

A. 切削宽度　　　B. 切削厚度　　　C. 工件材料　　　D. 切削速度

3. 按一般情况下，制作金属切削刀具时，硬质合金刀具的前角（　　）高速钢刀具的前角。

A. 大于　　　　　　B. 等于　　　　　　C. 小于　　　　　　D. 平行于

4. 刀具的前刀面和基面之间的夹角是（　　）。

A. 楔角　　　　　　B. 刃倾角　　　　　C. 前角　　　　　　D. 后角

5. 选择刃倾角时应当考虑（　　）因素的影响。

A. 工件材料　　　B. 刀具材料　　　C. 加工性质　　　D. 刀具形状

6. 用较大的前角、较高的切削速度切削铸铁和黄铜等脆性材料时，所产生的切屑是（　　）。

A. 带状切屑　　　B. 节状切屑　　　C. 崩碎切削　　　D. 无法确定

7. 积屑瘤对粗加工有利的原因是（　　）。

A. 保护刀具，增大实际前角　　　　　B. 提高工件精度

C. 提高加工表面质量　　　　　　　　D. 增大背吃刀量

三、判断题

1. 刀具材料的硬度越高，强度和韧性越低。　　　　　　　　　　　　（　　）

2. 刀具总寿命的长短、切削效率的高低与刀具材料切削性能的优劣有关。（　　）

3. 当切削刃高于工件的中心时，其实际工作前角会变小。　　　　　　（　　）

4. 在基面内测量的角度是刃倾角。　　　　　　　　　　　　　　　　（　　）

5. 在主切削平面内测量的角度是主偏角。　　　　　　　　　　　　　（　　）

6. 刃倾角的正负影响切屑的排出方向。当刃倾角为正时，切屑流向已加工表面。（　　）

7. 一般来说，刀具材料的硬度越高，耐磨性越好。　　　　　　　　　（　　）

8. 背吃刀量对刀具总寿命的影响最大，进给量次之，切削速度最小。　（　　）

9. 当用较低的切削速度切削中等硬度的塑性材料时，常形成崩碎切屑。（　　）

10. 精车加工塑性金属时，为避免积屑瘤的产生，常采用高速或低速切削。（　　）

11. 积屑瘤使刀具的实际前角增大，并使切削轻快省力，所以对精加工有利。（　　）

12. 加工硬化现象对提高零件使用性能和降低表面粗糙度值都有利。　（　　）

四、简答题和计算题

1. 后角的功用是什么？怎样合理选择后角？

2. 刀具材料应具备的性能有哪些？

3. 常用的刀具材料有哪些？

4. 影响刀具切削性能的主要因素有哪些？

5. 影响积屑瘤产生的主要因素有哪些？

6. 什么是刀具寿命？

7. 常见的切屑类型有哪些？

车削加工基础

【知识构架】

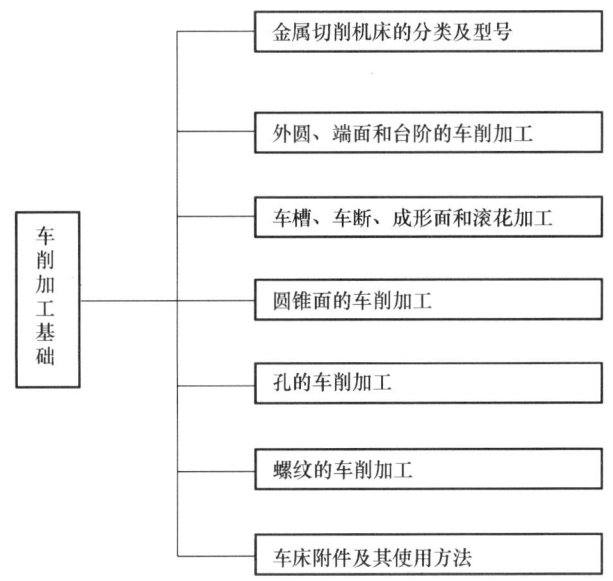

第一节　金属切削机床的分类及型号

【学习目标】

1. 了解并掌握金属切削机床的分类。
2. 能识读常用机床的型号和标注。
3. 掌握卧式车床的主要部件与机构。

【学习内容】

金属切削机床的分类及型号，掌握 CA6140 卧式车床的操作方法。

一、金属切削机床的分类

1）按机床的加工性能分类，机床有车床 C、铣床 X、磨床 M、钻床 Z、镗床 T、拉床

L、锯床 G、刨插床 B、齿轮加工机床 Y、螺纹加工机床 S 和其他机床 Q。

2）按机床的通用性分类，机床分为通用机床、专门化机床和专用机床。

3）按机床的自动化程度分类，机床分为手动机床、机动机床、半自动机床和全自动机床。

4）按机床的工作精度分类，机床分为普通精度机床、精密机床和高精度机床。

5）按机床主要工作部件的数目及精度分类，机床分为单刀机床、多刀机床、单轴机床和多轴机床。

6）按机床的重量和尺寸分类，机床分为仪表机床、中型机床、大型机床、重型机床和超大型机床。

7）按加工过程的控制方式分类，机床分为卧式机床、数控机床、加工中心和柔性制造单元。

二、金属切削机床的型号

机床的型号必须反映机床的类别、结构特性和主要技术规格。中国的机床型号是按照 2008 年颁布的标准 GB/T 15375—2008《金属切削机床　型号编制方法》所编制的。此标准规定，机床型号由汉语拼音字母和数字按一定的规律组合而成，适用于新设计的各类通用机床、专用机床和回转体加工自动线（不包括组合机床和特种加工机床）。这里主要介绍各类通用机床型号的编制方法。

1. 机床型号的表示方法

通用机床的型号由基本部分和辅助部分组成，中间用"/"隔开，读作"之"。基本部分需统一管理，辅助部分纳入型号与否由生产厂家自定。机床型号的构成如下：

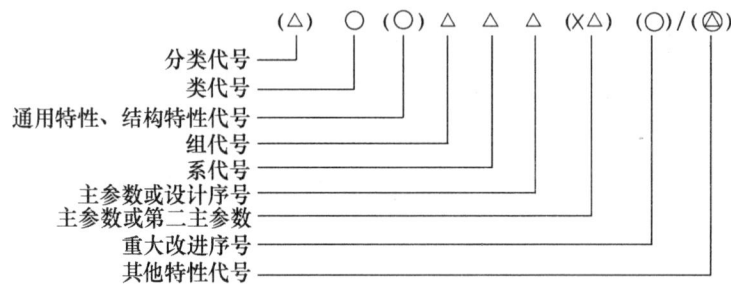

其中，△表示数字，○表示大写汉语拼音字母，（ ）表示可选项，（◎）表示大写汉语拼音字母或阿拉伯数字。

2. 机床的类代号

机床的类别代号用该类机床名称汉语拼音的第一个字母（大写）表示（表5-1），磨床分类代号用阿拉伯数字代表，作为型号的首位。

表5-1　普通机床类别代号

类别	车床	钻床	镗床	磨床			齿轮加工机床	螺纹加工机床	铣床	刨插床	拉床	锯床	其他机床
代号	C	Z	T	M	2M	3M	Y	S	X	B	L	G	Q
读音	车	钻	镗	磨	二磨	三磨	牙	丝	铣	刨	拉	割	其

3. 机床的通用特性代号和结构特性代号

机床的通用特性代号和结构特性代号用汉语拼音字母表示，各类机床的通用特性代号及划分见表5-2。

表5-2　通用特性代号及划分

通用特性	高精度	精密	自动	半自动	数控	加工中心（自动换刀）	仿形	轻型	加重型	柔性加工单元	数显	高速
代号	G	M	Z	B	K	H	F	Q	C	R	X	s
读音	高	密	自	半	控	换	仿	轻	重	柔	显	速

4. 机床的组别和系列代号

每类机床划分为 10 个组，每组又划分为 10 个系（系列），都用一位阿拉伯数字表示。在同类机床中，主要布局或使用范围基本相同的机床即为同一组；在同一组机床中，主参数相同，主要结构及布局形式相同的机床，即为同一系，具体内容可参阅有关手册。

5. 机床主参数、主轴数和第二主参数

机床主参数代表机床规格大小，用折算值表示，位于系代号之后。某些通用机床，当无法用一个主参数表示时，则在型号中用设计顺序号表示。机床的主轴数应以实际数值列入型号，置于主参数之后，用乘号 "×" 分开。第二主参数（多轴机床的主轴数除外）一般不予表示，指最大模数、最大跨距和最大工件长度等，在型号中表示第二主参数，一般折算两位数为宜。

6. 机床的重大改进序号

当机床的结构、性能有更高的要求，需按新产品重新设计、试制和鉴定时，按改进的先后顺序选用 A、B、C……英文字母加在基本部分的尾部，以区别原机床型号。

例如：某机床厂生产的最大磨削直径为 320mm 的半自动高精度外圆磨床，其型号为MBG1432A，其表示的意义如下：

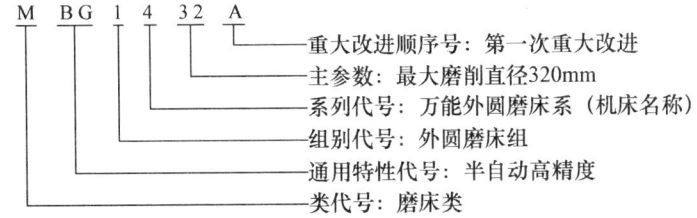

三、卧式车床及其基本操作

1. 卧式车床各部分的名称及其作用

CA6140 型车床是最常用的卧式车床之一，其外形结构如图5-1所示。它的主要组成部分的名称和用途见表5-3。

2. 卧式车床的基本操作

（1）车床的启动和停止

1）检查车床各变速手柄是否处于空挡位置，离合器是否处于正确位置，操纵杆是否处于停止状态，确认无误后，合上车床电源总开关。

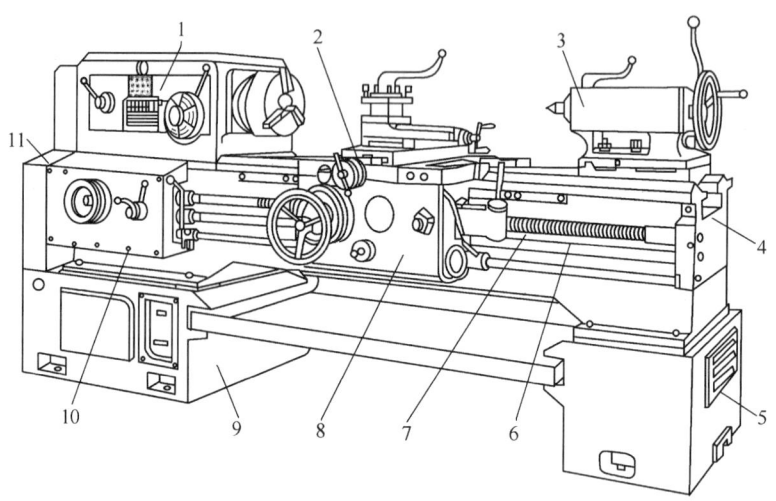

图 5-1 CA6140 型卧式车床

1—主轴箱 2—刀架 3—尾座 4—床身 5、9—床脚 6—光杠

7—丝杠 8—溜板箱 10—进给箱 11—挂轮箱

表 5-3 卧式车床各部分的名称和用途

部件名称	主要功用及说明
床身	用来支承和装夹车床的各部件，保证其相对位置。床身具有足够的刚度和强度，表面精度很高。床身上有四条平行的导轨，供床鞍（刀架）和尾座相对于主轴箱进行正确移动。为了保持床身表面精度，在操作车床中应注意维护保养
主轴箱	用以支承主轴并使之旋转获得不同的转速。主轴为空心结构，其前端外锥面装夹自定心卡盘等附件来夹持工件，前端内锥面用来装夹顶尖，细长孔可穿入长棒料
变速箱	通过改变变速箱内的齿轮啮合位置，得到不同的转速
进给箱	内装进给运动的变速齿轮，可调整进给量和螺距，并将运动传至光杠或丝杠
光杠、丝杠	光杠用于一般车削的自动进给，不能用于车削螺纹；丝杠用于车削螺纹
溜板箱	可将光杠传来的旋转运动变为车刀的纵向或横向的直线进给运动，或将丝杠传来的旋转运动通过"对开螺母"直接变为车刀的纵向移动，用以车削螺纹
床鞍	又称纵溜板，带动车刀沿床身导轨纵向移动
中滑板	又称横溜板，用于横向车削工件及控制切削深度
转盘	它与中滑板用螺钉紧固，松开螺钉，便可在水平面上旋转任意角度，其上有小刀架的导轨
小刀架	又称小滑板，可沿转盘上面的导轨作短距离移动，将转盘偏转若干角度后，小刀架作斜向进给，可以车削圆锥体
方刀架	它固定在小刀架上，可同时装夹四把车刀，松开手柄即可转动方刀架，把所需要的车刀转到工作位置上
尾座	装夹在床身导轨上，在尾座的套筒内安装顶尖以支承工件，也可装夹钻头、铰刀等刀具，在工件上进行孔加工；将尾座偏移，还可用来车削圆锥体

2）按下床鞍上的绿色启动按钮，电动机启动。

3）向上提起溜板箱右侧的操纵杆手柄，主轴正转；使操纵杆回到中间位置，主轴停止转动；下压操纵杆手柄，主轴反转。

4）主轴正、反转的转换要在主轴停止转动后进行，避免因连续转换操作使瞬间电流过

大而发生电气故障。

5）按下床鞍上的红色停止按钮，电动机停止工作。

（2）主轴箱的变速操作　车床主轴变速通过改变主轴箱正面右侧两个手柄的位置来控制。主轴箱正面左侧的手柄用于螺纹左、右旋向变换和加大螺距，共有 4 个挡位。

（3）进给箱的变速操作　CA6140 型车床进给箱正面有 3 个手轮，分别是丝杠、光杠和变换手柄，三者配合用以调整螺距或进给量。

根据加工要求调整所需螺距或进给量时，可通过进给箱上的调配表来确定手柄的具体位置。

（4）刻度盘的操作

1）滑板箱大手轮分度盘刻度 300 格，每转过 1 格，进给箱纵向移动 1mm。

2）中滑板分度盘刻度 100 格，每转过 1 格，刀架横向移动 0.05mm。

3）小滑板分度盘刻度 100 格，每转过 1 格，刀架移动 0.05mm。

【考点分析】

【例 1】调整（　　）外的变速手柄，可以调整车削螺纹时的螺距或导程。

A. 主轴箱　　　　　　　B. 溜板箱　　　　　　　C. 挂轮箱　　　　　　　D. 进给箱

【解题指导】熟记 CA6140 型车床各部件的名称及其用途。

【答案】D

【点评】主要考核 CA6140 型车床部件的名称及用途。

【例 2】CA6140 型车床大手轮分度盘刻度 300 格，车一段长 10mm 的外圆时，大手轮上的刻度盘应转（　　）格。

A. 10　　　　　　　　　B. 20　　　　　　　　　C. 30　　　　　　　　　D. 40

【解题指导】CA6140 型车床大手轮分度盘刻度 300 格，每转过 1 格，滑板箱带动刀架移动 1mm，大手轮上的刻度盘转 10 格即可。

【答案】A

【点评】主要考核对 CA6140 型车床刻度盘的认识。

【例 3】能实现横向进给的车床部件是（　　）

A. 主轴箱　　　　　　　B. 挂轮箱　　　　　　　C. 滑板箱　　　　　　　D. 中滑板

【解题指导】实现纵向进给的车床部件是滑板箱，横向进给的车床部件是中滑板，主轴箱提供主运动，挂轮箱实现主运动和进给运动间的联系。

【答案】D

【点评】主要考核车床各个部件的功用。

【习题练习】

一、填空题

1. 中滑板手柄控制中滑板的_____和_____。当顺时针转动手柄时，中滑板向远离操作者的方向移动，即_____；逆时针转动手柄时，中滑板向靠近操作者的方向移动，即_____。

2. CA6140 车床中滑板丝杠上的刻度盘分为_____格，每转过 1 格，表示刀架横向移动_____ mm。

3. 滑板箱中的转换机构起改变_____的作用。

4. 主轴变速时必须_____，严禁在_____中变速。变速手柄必须到位，以防_____。

二、选择题

1. 车床（　　）接受光杠或丝杠传递的运动。

A. 溜板箱　　　　　B. 主轴箱　　　　　C. 交换齿轮箱　　　　　D. 进给箱

2. 在已车好的外圆柱面上车槽 4mm×2mm，假定中滑板丝杠导程 5mm，中滑板分度盘刻度 100 格，则车槽时中滑板应顺时针转过（　　）格刻度，才能车到所需深度。

A. 20　　　　　　　B. 30　　　　　　　C. 40　　　　　　　D. 100

3. 车床（　　）转动时车削螺纹。

A. 光杠　　　　　　B. 丝杠　　　　　　C. 刀架　　　　　　D. 尾座

4. 床鞍的纵向移动由滑板箱正面左侧的大手轮控制，当顺时针转动手轮时，床鞍向（　　）移动。

A. 左　　　　　　　B. 右　　　　　　　C. 上　　　　　　　D. 下

5. （　　）的作用是把主轴的旋转运动传送给进给箱。

A. 主轴箱　　　　　B. 溜板箱　　　　　C. 交换齿轮箱　　　　　D. 变速箱

6. 滑板部分由（　　）组成。

A. 滑板箱、滑板和刀架　　　　　　　　B. 滑板箱、中滑板和刀架

C. 滑板箱、丝杠和刀架　　　　　　　　D. 滑板箱、滑板和导轨

7. 机床的主轴是机器的（　　）。

A. 原动部分　　　　　　　　　　　　　B. 工作部分

C. 传动部分　　　　　　　　　　　　　D. 自动控制部分

8. 车床丝杠能使滑板和车刀在车削螺纹时按要求的速比作很精确的（　　）。

A. 旋转运动　　　　B. 横向进给　　　　C. 直线移动　　　　D. 机动进给

9. CA6140 型车床中滑板刻度盘每转 1 格，刀架横向移动 0.05mm，若将 ϕ60mm 的工件加工至 ϕ59mm，中滑板刻度盘应转（　　）格。

A. 10　　　　　　　B. 20　　　　　　　C. 30　　　　　　　D. 25

三、判断题

1. 车床的溜板箱把交换齿轮箱传递过来的运动经过变速后传递给丝杠或光杠。（　　）

2. 溜板箱中的转换机构起改变进给方向的作用，使刀架作纵、横两个方向的运动。

（　　）

3. CA6140 型车床进给箱可以保证光杠、丝杠不会同时转动，溜板箱中的互锁机构不要也可以。（　　）

4. 中滑板手柄顺时针转动时，中滑板向远离操作者的方向移动。（　　）

四、简答题

1. 按机床的加工性能分类，金属切削机床分哪几类？

2. 卧式车床主要由哪些部分组成？各部分的作用是什么？

3. 简述普通机床类别代号中 C 、Z 、T 、M 、X 、B 各代表哪类机床。

4. 简述机床的通用特性代号中 G、Z、K、R 各代表哪类机床。

第二节　外圆、端面和台阶的车削加工

【学习目标】

1. 掌握用手动进给和机动进给车削外圆和端面的方法。

2. 掌握车削台阶的方法与步骤。

3. 熟悉车外圆、车端面和车台阶所用的车刀。

【学习内容】

一、车削外圆

1. 车削方法

使工件旋转，转动中滑板控制背吃刀量，转动大滑板上的大手轮进行手动纵向进给或操纵控制手柄纵向机动进给，即可车削外圆，如图 5-2 所示。

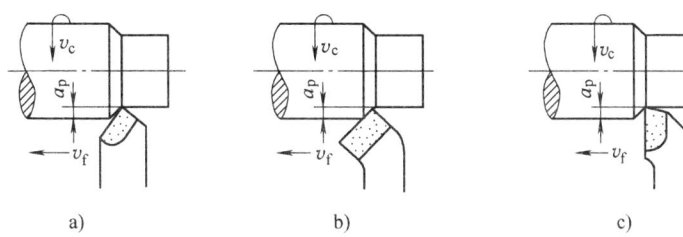

图 5-2　外圆车削采用的不同形状的车刀
a）直头车刀　b）弯头车刀　c）90°外圆车刀

2. 车刀的选择

根据不同的车削要求，可选直头车刀、45°弯头车刀和 90°车刀等车削外圆，如图 5-2 所示。

3. 调整车床

车床的调整包括调整主轴转速和车刀的进给量。主轴的转速是根据切削速度计算选取的。进给量是根据工件加工要求确定的，粗车时，一般取 0.2～0.3mm/r；精车时，随所需要的表面粗糙度值而定。

4. 粗车和精车

粗车的目的是尽快地切去多余的金属层，使工件接近于最后的形状和尺寸。粗车后应留下 0.5~1mm 的加工余量。

精车是切去余下少量的金属层以获得零件所要求的精度和表面粗糙度值，因此背吃刀量较小，为 0.1~0.2mm，切削速度则可较高或较低速，初学者可用较低速。为了提高工件的表面质量，用于精车的车刀前、后刀面应采用油石加全损耗系统用油磨光，有时刀尖磨成一个小圆弧。

二、车削端面

车端面时，刀具的主切削刃要与端面有一定的夹角。工件伸出卡盘外的部分应尽可能短些，车削时用中滑板横向走刀，走刀次数根据加工余量而定，可采用自外向中心走刀，也可以采用自圆中心向外走刀的方法，如图 5-3 所示。

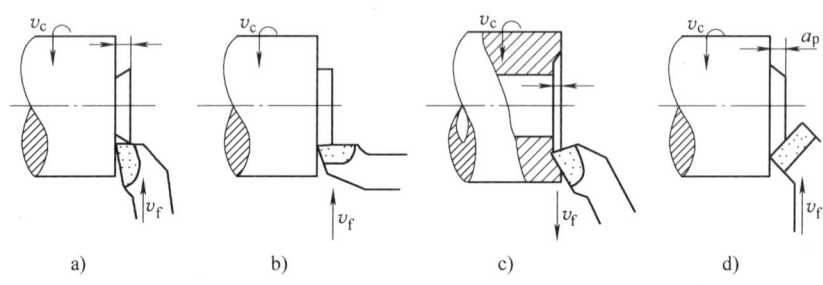

图 5-3　车削端面
a）自外向中心　b）自外向中心　c）圆中心向外　d）自外向中心

三、车削台阶

车削台阶的方法与车削外圆基本相同，但在车削时应兼顾外圆直径和台阶长度两个方向的尺寸要求，还必须保证台阶平面与工件轴线的垂直度要求。

台阶长度尺寸的控制方法。

1）台阶长度尺寸要求较低时，可直接用床鞍刻度盘控制。

2）台阶长度可用钢直尺或样板确定位置，车削时先用刀尖车出比台阶长度略短的刻痕作为加工界限，台阶的准确长度可用游标卡尺或深度游标卡尺测量。

3）台阶长度尺寸要求较高且长度较短时，可用小滑板刻度盘控制其长度。

四、粗车和精车及其切削用量的选择

车削工件一般分为粗车和精车。

（1）粗车　在车床动力条件允许的情况下，通常采用进刀深、进给量大、低转速的做法，以合理的时间尽快把工件的余量去掉。因为粗车对切削表面没有严格的要求，只需留出一定的精车余量即可。由于粗车切削力较大，工件必须装夹牢靠。粗车的另一作用是及时发现毛坯材料内部缺陷，如夹渣、砂眼和裂纹等，也能消除毛坯工件内部残存的应力，防止热变形。

（2）精车　精车是车削的末道工序。为了使工件获得准确的尺寸和规定的表面粗糙度值，操作者在精车时通常把车刀修磨得锋利些，车床的转速调得高一些，进给量选得小一些。

（3）切削用量的选择

1）切削速度的选用原则。粗车时，为提高生产率，在保证大的切削深度和进给量的情况下，一般选用中等或中等偏低的切削速度，如取 50～70m/min（加工钢材）或 40～60m/min（加工铸铁材料）。精车时，为避免切削刃上出现积屑瘤而破坏已加工表面质量，切削速度取较高（100m/min 以上）或较低（6m/min 以下），但采用低速切削生产率低，只有在精车小直径的工件时采用，一般用硬质合金车刀高速精车时，切削速度为 100～200m/min（加工钢材）或 60～100m/min（加工铸铁材料）。

2）进给量的选用原则。粗加工时可选取适当大的进给量，一般取 0.15～0.4mm/r；精加工时采用较小的进给量可使已加工表面的残留面积减少，有利于提高表面质量，一般取 0.05～0.2mm/r。

3）背吃刀量的选用原则。粗加工应优先选用较大的切削深度，一般可取 2～4mm。精加工时，选择较小的切削深度对提高表面质量有利，但过小又使工件上原来凸凹不平的表面可能没有完全切除掉而达不到满意的效果，一般取 0.3～0.5mm（高速精车）或 0.05～0.10mm（低速精车）。

五、加工精度及表面粗糙度值

车削加工的尺寸精度较宽，其公差等级一般可达 IT7～IT12，精车时可达 IT5～IT6。表面粗糙度 Ra（轮廓算术平均高度）值的范围一般是 0.8～6.3μm。见表 5-4。

表 5-4　常用车削精度与相应表面粗糙度值

加工类别	加工精度（公差等级表示）	相应表面粗糙度值 Ra/μm	表面特征
粗车	IT12	25～50	可见明显刀痕
	IT11	12.5	可见刀痕
半精车	IT10	6.3	可见加工痕迹
	IT9	3.2	微见加工痕迹
精车	IT8	1.6	不见加工痕迹
	IT7	0.8	可辨加工痕迹方向
	IT6	0.4	微辨加工痕迹方向
	IT5	0.2	不辨加工痕迹

【考点分析】

【例1】粗车外圆时，切削用量选择正确的是（　　　）。

A. 背吃刀量大、进给量小和转速低　　　　B. 背吃刀量小、进给量大和转速高

C. 背吃刀量小、进给量大和转速低　　　　D. 背吃刀量大、进给量大和转速低

【解题指导】粗车时主要考虑生产率，以最短的时间切除大部分加工余量，需选择背吃

刀量大、进给量大和转速低的切削用量。

【答案】 D

【点评】 主要考核对粗、精车特点的认识。

【例2】 车外圆时，车刀装低，（   ）。

A. 前角变大   B. 前、后角不变   C. 后角变大   D. 后角变小

【解题指导】 车外圆时，车刀装低，前角变小，后角变大；车刀装高，前角变大，后角变小。

【答案】 C

【点评】 主要考核车削外圆时，装夹外圆车刀的知识。

【例3】 通常车削台阶控制轴端长度的方法有_____和_____两种。

【解题指导】 车削台阶控制轴端长度的方法有多种，通常有挡铁定位法和划痕法两种。

【答案】 挡铁定位法   划痕法

【点评】 主要考核车削台阶控制轴端长度的方法。

【习题练习】

一、填空题

1. 光轴主要由_____、_____和_____组成。

2. 车端面常用的刀具有_____和_____两种。

3. 外圆车削可采用不同形状的车刀，常用的有_____、_____、_____和_____。

二、选择题

1. 粗车外圆表面时，车刀刀尖应（   ）工件轴线。

A. 等高   B. 略高于   C. 略低于   D. 低于

2. 车端面时，车刀刀尖应（   ）工件轴线。

A. 略高于   B. 略低于   C. 严格等高   D. 高于

3. 中滑板横向进给丝杠导程为5mm，刻度盘分250格，如控制背吃刀量为2mm，则中滑板刻度盘应转过（   ）格。

A. 10   B. 50   C. 100   D. 200

4. 粗车时为了提高生产率，选用切削用量时，应首先取较大的（   ）。

A. 背吃刀量   B. 进给量   C. 切削速度   D. 走刀量

5. 精车时加工余量较小，为提高生产率，应选用较大的（   ）。

A. 进给量   B. 切削深度   C. 切削速度   D. 进给速度

6. 车削端面或车断工件时，刀尖与工件中心等高可使（   ）。

A. 车刀前、后角不改变   B. 工件不致振动

C. 车刀主、副偏角不改变   D. 端面中心处不致残留凸块

三、判断题

1. 通常粗加工采用背吃刀量大、进给量大、高转速的做法。   （   ）

2. 粗车时，为提到生产率，在保证大的背吃刀量和进给量的情况下，一般切削速度取 40～70m/min。　　　　　　　　　　　　　　　　　　　　　　　　　　（　　）

四、简答题

1. 简述车削端面和外圆的基本方法？

2. 简述车削外圆时，粗车和精车时切削用量的选择原则。

第三节　车槽、车断、成形面和滚花加工

【学习目标】

1. 掌握普通车床常用刀具的基本知识。

2. 掌握典型工作面的加工技术。

3. 掌握滚花的加工技术。

【学习内容】

一、车槽

用车削方法加工零件的槽称为车槽。零件外圆平面上的沟槽称为外沟槽，零件内孔中的沟槽称为内沟槽。

常见的外沟槽有外圆沟槽、45°外斜沟槽和平面沟槽等，如图 5-4 所示。沟槽形状有矩形、圆弧形和梯形。

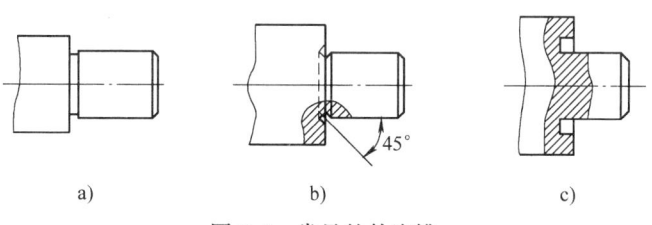

a)　　　　　　　　　　b)　　　　　　　　　　c)

图 5-4　常见的外沟槽
a）外圆沟槽　b）45°外斜沟槽　c）平面沟槽

车槽刀的装夹：装夹车槽刀时必须垂直于零件轴线，否则车出的槽壁可能不平直，影响车槽的质量。

车槽的方法如下：

1）车精度不高且宽度较窄的矩形沟槽时，可用刀宽等于槽宽的车槽刀，采用直进法一次进给车出。

2）车削较宽的矩形沟槽时，可用多次直进法切削，并在槽壁两侧留有精车余量，然后根据槽深和槽宽精车至尺寸要求。

3）车削较小的圆弧形槽，一般以成形刀一次车出。车较大的圆弧形槽，可用双手联动车削，以样板检查修整。

4）车削较小的梯形槽，一般以成形刀一次车削完成。车削较大的梯形槽，通常先车削直槽，然后用梯形刀采用直进法或左右切削法完成。

二、车断

1. 车断刀

车断刀以横向进给为主，前端的切削刃为主切削刃，两侧的切削刃为副切削刃。一般车断刀的主切削刃较窄，刀头较长，因此刀头强度较差。

2. 车断刀的装夹

1）刀尖与工件轴线等高。

2）车断刀和车槽刀刀柄必须与工件轴线垂直。

3）车断刀的底平面必须平直。

3. 车断方法

1）直进法：指垂直于零件轴线方向进给车断零件。

2）左右借刀法：指车断刀在轴线方向反复地往返运动，随之两侧径向进给，直至工件被车断。

3）反切法：指车床主轴和零件反转，车刀反向装夹进给车削，适用于较大直径零件的车断。

三、车成形面

成形面的加工与其他平面加工方法不同。车成形面的方法根据被加工零件的不同情况和要求，可分别采用样板刀、仿形法、双手控制法和专用工具等。

1. 用样板刀车成形面

所谓样板刀，是指刀具切削部分的形状刃磨得与零件加工部分形状相似。

2. 用仿形法车成形面

其车削原理基本上与仿形法车圆锥体的方法相似，只要事先做一个与零件形状相同的曲面仿形即可。

3. 用双手控制法车成形面

在单件加工时，通常用双手控制法车成形面，即双手同时摇动小滑板手柄和中滑板手柄，并通过双手协调的动作，使刀尖走过的轨迹与所要求的成形面曲线相仿，就能车出需要的成形面。

双手控制法车成形面的特点是灵活、方便，不需要其他辅助的加工工具，但需要较高的技术水平。

四、滚花

各种工具和机器零件的手握部分，为了使用方便，增加手与工具、零件之间的摩擦力，减少滑动，增加美观，常常在表面上滚出各种不同的花纹。如百分尺的套管，铰杠扳手以及螺纹量规等。这种花纹一般是在车床上用滚花刀滚压而成的。

1. 花纹的种类

滚花的花纹形式有直纹和网纹两种，如图5-5所示。花纹有粗细之分，用模数 m 区分，m 越大，花纹越粗。

滚花的标记方法如下：

1）模数 $m = 0.3mm$ 的直纹滚花标记为：直纹 $m0.3$ GB/T 6403.3—2008。

2）模数 $m = 0.4mm$ 的网纹滚花标记为：网纹 $m0.4$ GB/T 6403.3—2008。

2. 滚花刀的种类及装夹

（1）滚花刀的种类　滚花刀有单轮滚花刀、双轮滚花刀和六轮滚花刀3

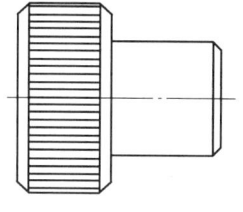
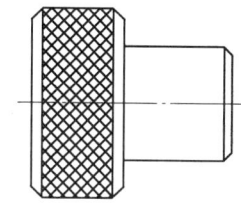

a)　　　　　　　　　　　　　b)

图5-5　滚花的花纹形式

a）直纹　b）网纹

种，其结构和用途见表5-5。单轮滚花刀用于滚直纹，双轮滚花刀用于滚网纹，六轮滚花刀可以根据需要滚出3种不同模数的网纹。

表5-5　滚花刀的种类

种类	图示	结构	用途
单轮滚花刀		由直纹滚轮和刀柄组成	滚直纹
双轮滚花刀		由两只旋向不同的滚轮、浮动连接头及刀柄组成	滚网纹
六轮滚花刀		由3对不同模数的滚轮，通过浮动连接与刀柄组成一体	根据需要滚出3种不同模数的网纹

（2）滚花刀的装夹

1）将滚花刀装夹在车床刀架上，滚花刀的装刀中心与工件回转中心等高。

2）滚压非铁金属或滚花表面要求较高的工件时，滚花刀滚轮轴线应与工件轴线平行。

3）滚压碳素钢或滚花表面要求一般的工件时，滚花刀刀柄尾部向左偏斜3°～5°装夹，便于切入工件表面且不易产生乱纹。

3. 滚花的技术要点

1）由于滚花时工件表面产生塑性变形，滚花后工件直径会增大，因此在车削滚花外圆时，应根据工件材料的性质和花纹模数大小，将当前工作部位的外圆车小约0.8～1.6mm。

2）开始滚压时，挤压力要大且猛一些，使工件圆周一开始就形成较深的花纹，不易产生乱纹。

3）为减少开始时的背向力，可用滚花刀宽度的1/3～1/2与工件表面接触，或把滚花刀尾部装得略向左偏一些，使滚花刀容易切入工件表面。停车检查花纹符合要求后，即可纵向机动进给，反复滚压 1~3 次就可完成。

【考点分析】

【例1】双轮滚花刀和六轮滚花刀用于滚（　　）花纹。

A. 直纹　　　　　　B. 斜纹　　　　　　C. 任意　　　　　　D. 网纹

【解题指导】根据滚花刀的结构和用途，单轮滚花刀用于滚直纹，双轮滚花刀和六轮滚花刀用于滚网纹。

【答案】D

【点评】主要考核对滚花刀的认识。

【例2】滚花开始时，必须用（　　）的进给压力。

A. 较小　　　　　　B. 轻微　　　　　　C. 均匀　　　　　　D. 较大

【解题指导】根据滚花的技术要点选择，在滚花刀开始滚压时，挤压力要大且要猛一些，使工件圆周上一开始就形成较深的花纹，不易产生乱纹。

【答案】D

【点评】主要考核对滚花技术的掌握程度。

【习题练习】

一、填空题

1. 常见的外沟槽有_____沟槽、_____沟槽和_____沟槽。沟槽的形状一般为_____、_____和_____。

2. 车断工件主要采用_____和_____两种方法。

3. 滚花的花纹形式有_____和_____两种。花纹有粗细之分，并用_____区分，_____越大，花纹越粗。

4. 在车床上加工成形面常用的方法有_____、_____和_____三种。

二、选择题

1. 滚花时，为保证花纹清晰，防止切屑堵在花纹中，应经常（　　）。

A. 清除切屑　　　　　　　　　B. 浇充足的水冲洗

C. 用棉纱擦花纹　　　　　　　D. 加润滑油和清除切屑

2. 滚花的粗细由（　　）来决定。

A. 模数 m　　　　B. 齿距 p　　　　　　C. 挤压深度 h　　　　D. 切削速度 V_c

3. 减小（　　）对提高刀具总寿命的影响最大。

A. 切削厚度　　　　B. 进给量　　　　　C. 切削速度　　　　D. 切削深度

4. 车断时的背吃刀量等于（　　）。

A. 直径之半　　　　B. 刀头宽度　　　　C. 刀头长度　　　　D. 刀头的一半

5. 车断刀折断的主要原因是（　　）。

A. 刀头宽度太宽　　B. 副偏角和副后角太大　　C. 切削速度高　　　D. 切削速度低

6. 装夹刀具时，刀具的刃必须（　　）主轴旋转中心。

A. 高于　　　　　B. 低于　　　　　　　　C. 等高于　　　　　D. 都可以

三、简答题

1. 简述外沟槽的加工方法。

2. 车断刀的装夹要求是什么?

3. 说明滚花刀的种类和作用（见表5-6）。

表5-6　滚花刀的种类和作用

图示	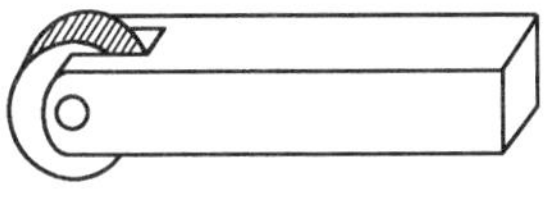	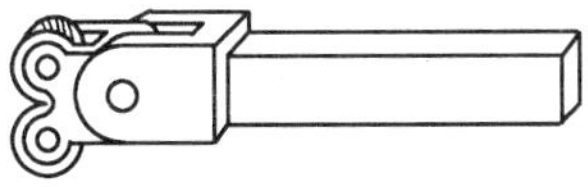	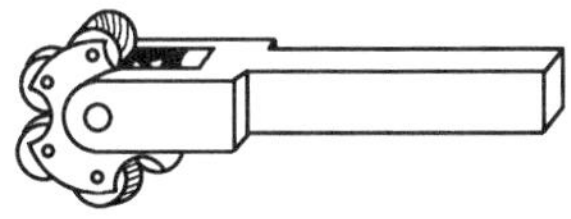
名称			
作用			

第四节　圆锥面的车削加工

【学习目标】

1. 掌握车削加工外圆锥的方法。

2. 掌握车削加工内圆锥的方法。

3. 掌握锥度的检验测量方法。

【学习内容】

一、外圆锥零件的加工

1. 标准圆锥的种类

1）标准圆锥分为莫氏圆锥和米制圆锥。

2）莫氏圆锥按尺寸由小到大有0、1、2、3、4、5、6七个号码。其特点是当号码不同时，圆锥角和尺寸都不同。

3）米制圆锥又称公制圆锥，有4、6、80、100、120、160、200七个号码。其特点是锥度 $C=1:20$ 固定不变，号码是指大端直径。

4）一些常用配合锥面的锥度也已标准化，称为专用标准圆锥锥度。

2. 圆锥体的参数

1）圆锥的基本参数有大端直径 D、小端直径 d、圆锥角 α、圆锥半角 $\alpha/2$、圆锥长度 L、锥度 C 和斜度 S，如图5-6所示。

2）各参数间的关系：$C=(D-d)/L$ 或 $\tan\alpha/2=(D-d)/2L=C/2$

3. 转动小滑板法车圆锥体

（1）转动小滑板法车圆锥体原理　在车削短圆锥体时，只要把小滑板逆时针（或顺时针）转过一个圆锥半角（$\alpha/2$），使车刀运动轨迹与所要车削的圆锥素线平行即可，如图5-7所示。

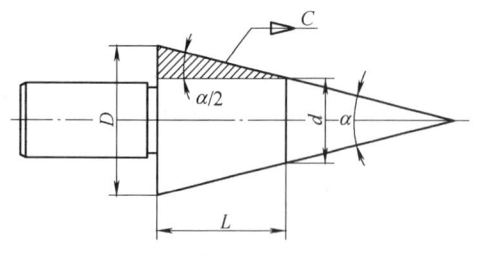

图 5-6　圆锥的基本参数

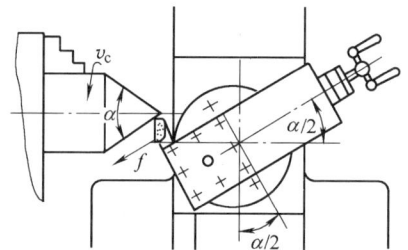

图 5-7　转动小滑板法车外圆锥

（2）圆锥尺寸的控制方法　车圆锥体的尺寸控制一般用移动床鞍法。具体操作如下：

1）移动大滑板和中滑板将车刀进到与工件端面接触时停止。

2）然后反向将中滑板缓缓后退，退出工件表面。

3）根据量出长度，再移动大滑板，当这个距离正好等于圆锥长度时，停止移动。

4）用中滑板缓缓前进，使刀尖与工件表面接触，记住中滑板刻数。

5）先用中滑板缓缓后退再用小滑板后退，退出工件端面。

6）小滑板再缓缓进到中滑板的分度值。

7）用小滑板走刀，车出所要求的圆锥体。

4. 转动小滑板法车削圆锥体的特点

1）能车削圆锥角较大的圆锥面。

2）能车削整锥体和圆锥孔，应用范围广，操作简单。

3）偏转角度调整好后，加工一批工件，能保证圆锥角的一致性。

4）在同一零件上车削不同锥角的圆锥面时，调整角度方便。

5）受小滑板最大移动距离的限制，只能加工短圆锥体。

6）只能手动进给，劳动强度大，工件加工表面粗糙度值较大且不易控制，只适用于单件、小批量生产。

二、内圆锥零件的加工

1. 圆锥孔的加工方法

车内圆锥比车外圆锥面困难，因为车削工作在孔内进行，不易观察。圆锥孔常用的加工方法有转动小滑板法、反装刀及主轴反转法和铰圆锥孔法等。

对圆锥孔尺寸较大，锥长较短，加工精度要求较低的单件或小批量生产，可采用转动小滑板法车内圆锥；当要进行配套内、外圆锥面加工时，选用反装刀及主轴反转法较方便；而在加工直径较小的圆锥孔，尺寸精度要求较高以及成批生产时，一般选用铰圆锥孔法，可以缩短加工工时，提高生产率。

2. 转动小滑板法车圆锥孔

1）先钻孔或车孔。

2）调整小滑板镶条的松紧及行程距离。

3）确定小滑板的转动方向。

4）确定小滑板的转动角度。

5）用锥形塞规通过涂色法调整锥度进行车削。

3. 切削用量的选择

1）车内圆锥的切削速度比车外圆锥时低10%～20%。

2）手动进给量要始终保持均匀，不能有停顿与快慢现象，最后一刀的切削深度一般硬质合金取0.3mm，高速钢取0.05～0.1mm，并加切削液。

4. 圆锥孔的检查

1）用卡尺测量锥孔直径。

2）用塞规涂色检查，并控制尺寸。

3）根据塞规在孔外的长度计算车削余量，算出中滑板刻度盘的转动格数，并移动中滑板进刀。

三、圆锥的检验及质量分析

1. 锥度的测量

1）用量角器测量（适用于精度不高的圆锥表面）。

2）用套规检查（适用于较高精度锥面），如图5-8所示。

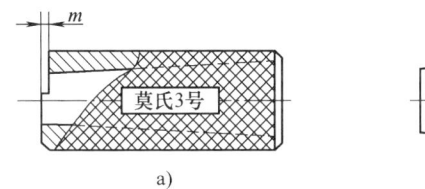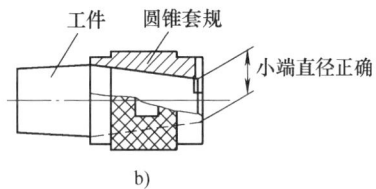

图5-8　圆锥套规及其使用
a）圆锥套规　b）用圆锥套规测量锥度

2. 车圆锥时的质量分析

车圆锥时，往往会产生锥度（角度）不正确、双曲线误差、表面粗糙度值大等问题，甚至产生废品。

【考点分析】

【例1】转动小滑板法车圆锥面适用于锥长＿＿＿＿＿＿、精度要求＿＿＿＿＿＿的单件生产。

【解题指导】转动小滑板法车圆锥面适用于锥长较短（受小滑板丝杠行程限制），精度要求不高的单件生产（手动进给限制）。

【答案】较短　不高

【点评】主要考核转动小滑板法车圆锥面的适用场合。

【例2】车削一圆锥孔，孔的大端直径 $D = 50\text{mm}$，小端直径 $d = 36\text{mm}$，锥孔长度 $L = 50\text{mm}$，加工后测量时塞规刻线距孔端面 $A = 3\text{mm}$，问尚需进刀（　　）mm。

A. 0. 84 　　　　　　B. 0. 42 　　　　　　C. 0. 21 　　　　　　D. 3

【解题指导】根据公式 $a_p = aC/2 = 3 \times (50 - 36)/(2 \times 50)\text{mm} = 0.42\text{mm}$。

【答案】B

【点评】主要考核锥度计算公式。

【例3】用偏移尾座法车削圆锥时，尾座的偏移量与（　　）有关。

A. 工件长度 　　　　B. 圆锥长度 　　　　C. 锥度 　　　　D. 圆锥素线长度

【解题指导】偏移尾座法车削圆锥的方法与计算尾座偏移量。

【答案】A

【点评】主要考核偏移尾座法车削圆锥的方法与计算尾座偏移量。

【习题练习】

一、填空题

1. 锥面的精度是以_____大小来评定的，接触面越大，精度_____，角度越接近_____。

2. 莫氏圆锥是机械制造业中应用最为广泛的一种圆锥，共有_____个号码，其中最小的是_____号，最大的是_____号。

3. 转动小滑板法适合用于加工圆锥半角_____且锥面_____的工件。

4. 圆锥的基本参数是_____、_____、_____和_____。

5. 标准圆锥分为_____和_____两种。

二、选择题

1. 车削小批量的锥长 L 为60mm，圆锥半角为30°的圆锥孔时，应采用（　　）车削。

A. 靠模法 　　　　B. 转动小滑板法 　　　　C. 尾座偏移法 　　　　D. 宽刃刀法

2. （　　）的圆锥半角较大。

A. $C1:5$ 　　　　B. $C1:7$ 　　　　C. $C1:10$ 　　　　D. $C1:16$

3. 车削锥面时，若车刀刀尖与工件中心不等高，则工件表面会产生（　　）误差。

A. 双曲线 　　　　B. 锥度 　　　　C. 圆度 　　　　D. 表面粗糙度

4. 用圆锥套规检验外圆锥时，若工件小端的显示剂被擦去，说明圆锥角（　　）了。

A. 大 　　　　B. 小 　　　　C. 双曲线误差

5. 对于同一圆锥体来说，锥度总是（　　）。

A. 等于斜度 　　　B. 等于斜度的两倍 　　　C. 等于斜度的一半 　　　D. 都不是

6. 车削一锥度较大、圆锥长度较短的外圆锥体，最好是采用（　　）法车削。

A. 转动小滑板 　　　B. 偏移尾座 　　　C. 宽刃刀切削 　　　D. 仿形

三、简答题

1. 简述标准圆锥的种类及其型号。

2. 转动小滑板法车削圆锥的优缺点是什么？

3. 相对于外圆锥加工，圆锥孔难加工的原因是什么？

4. 已知最大圆锥的直径 $D = 24\text{mm}$，最小圆锥的直径 $d = 23\text{mm}$，圆锥长度 $L = 82\text{mm}$，用经验公式采用近似法计算出圆锥半角 $\alpha/2$。

第五节　孔的车削加工

【学习目标】

1. 了解麻花钻的结构，掌握钻削加工技术。

2. 了解通孔镗刀的几何参数，掌握通孔加工技术。

3. 了解不通孔车刀的几何参数，掌握不通孔加工技术。

4. 掌握车孔的关键技术。

【学习内容】

在车床上可以用钻头、镗刀、扩孔钻头和铰刀进行钻孔、车孔和铰孔加工。下面介绍钻削加工、通孔加工和不通孔加工的方法。

一、钻削加工

麻花钻的组成如图 5-9 所示。

1）刀体：包括切削部分和导向部分。

2）刀柄：分锥柄和直柄两种。

3）颈部：刀体和刀柄间的过渡部分，通常麻花钻的直径和材料牌号标记在此部位。

利用钻头将工件钻出孔的方法称为钻孔。钻孔的公差等级为 IT10 以下，表面粗糙度值为 $Ra12.5\mu\text{m}$，多用于粗加工孔。

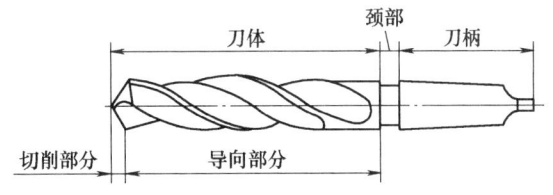

图 5-9　麻花钻的组成

将工件装夹在卡盘上，钻头装夹在尾座套筒锥孔内，钻孔前先车平端面并车出一个中心坑，或先用中心钻钻中心孔作为引导。钻孔时，摇动尾座手轮使钻头缓慢进给，注意要经常退出钻头排屑。钻孔进给不能过猛，以免折断钻头。钻钢料时应加切削液。

二、通孔加工

在车床上对工件的孔进行车削的方法称为车孔，车孔可以作为粗加工工序，也可以作为精加工工序。车孔分为车通孔和车不通孔。车通孔基本上与车外圆相同，只是进刀和退刀方向相反。粗车和精车内孔时也要进行试切和试测，其方法与车外圆相同。注意通孔车刀的主偏角为 45°～75°，不通孔车刀的主偏角为大于 90°，车通孔如图 5-10 所示。

1. 通孔的种类

1）紧固孔：是用来穿插螺栓和螺钉的孔。

2）回转体零件上的孔：如台阶孔和光滑孔，一般套筒的法兰盘都是这种孔。

3）箱体零件上的孔：如主轴箱上的孔和轴承孔等。

2. 工件的正确装夹

1）铸孔或锻孔毛坯工件，装夹时一定要内外圆找正，既保证内孔有加工余量，又要保证与非加工表面的相互位置精度。

2）装夹薄壁孔件，不能夹得太紧，以防止工件变形。

3）对于精度要求较高的薄壁孔类零件，在粗加工之后、精加工之前，稍将卡爪放松，但夹紧力要大于切削力，然后再进行精加工。

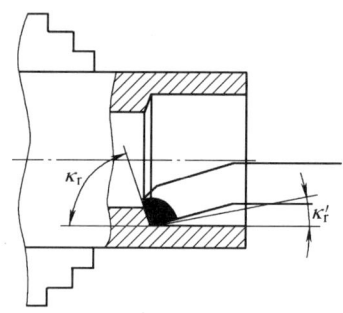

图 5-10　车通孔

三、不通孔加工

1. 不通孔车刀

不通孔车刀用来车台阶孔和不通孔，其几何形状基本上与偏刀相似。不通孔车刀的主偏角必须大于90°（一般取 92°~95°），刀尖一定在车刀的最前端，否则无法车出孔底面或台阶平面。车不通孔如图5-11所示。

2. 车削不通孔

（1）选择不通孔车刀　选择主偏角大于90°，刀尖到刀杆外端的径向距离 a 小于孔半径 R 的不通孔车刀。

（2）控制背吃刀量　使中滑板手柄逆时针旋转控制背吃刀量，与车外圆时相反，径向退刀也与车外圆方向相反。

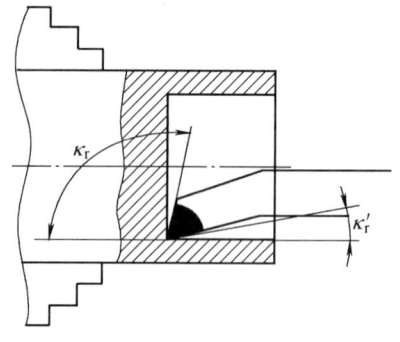

图 5-11　车不通孔

（3）车孔长度的控制　在刀杆上做记号或用床鞍刻度盘刻线控制车孔长度。

（4）孔的检测　精度不高时，用游标卡尺测孔径和深度；精度要求高时，用指示表或内径千分尺测孔径，用深度游标卡尺测孔深。

3. 保证套类工件几何精度的方法

（1）以内孔为定位基准采用心轴　心轴分实体心轴和胀力心轴两种。

（2）以外圆为基准采用软卡爪　使用软卡爪既可保证装夹精度，又不易夹伤工件表面，软卡爪用未经淬火的45钢在车床本身上车成。

四、车孔的关键技术

孔类零件的加工，关键技术是解决内孔车刀的刚性和排屑问题。

1. 增加内孔车刀刚性的方法

1）尽量增加刀杆的截面积。

2）刀杆的伸出长度尽可能缩短。

2. 解决排屑问题

1）精车通孔时切屑流向待加工表面，采用正值刃倾角的内孔车刀。

2）加工不通孔时采用负值刃倾角，切屑从孔口排出。

【考点分析】

【例1】钻削加工的公差等级一般可达_____，表面粗糙度 Ra 值为_____。

【解题指导】钻削加工是粗加工，公差等级较低，表面粗糙度 Ra 值大。

【答案】IT9 ~ IT12   12. 5 ~ 50μm

【点评】主要考核对钻削加工的认识。

【例2】通孔车刀的主偏角一般取（   ）左右。

A. 30°   B. 45°   C. 75°   D. 90°

【解题指导】为减小径向切削分力以及减小刀杆的弯曲变形，并且使刀具有一定的使用寿命，主偏角一般取75°左右。

【答案】C

【点评】主要考核通孔车刀的选择方法。

【例3】车孔前车刀必须先在孔内试走一次，是为了（   ）。

A. 防止刀杆与内孔孔壁相碰

B. 防止车刀发生弹性变形

C. 防止工件变形

D. 以上都错

【解题指导】车孔前车刀必须先在孔内试走一次，是为了防止刀杆与内孔孔壁相碰。

【答案】A

【点评】主要考核对不通孔加工注意事项的认识。

【习题练习】

一、填空题

1. 用钻头在实体材料上加工孔的方法称为_____。

2. 麻花钻工作部分由_____部分和_____部分组成。

3. 孔类零件的加工，关键技术是解决_____和_____问题。

4. 常用的心轴有_____心轴和_____心轴等。

5. 常用的车削内孔的车刀种类包括_____与_____两类。

6. 麻花转柄部的作用是_____和夹持定心。

二、选择题

1. 为了便于横向退刀和车平孔底平面，不通孔车刀刀尖到刀杆外端的径向距离 a 应（   ）。

A. 大于孔半径   B. 小于孔半径   C. 等于孔半径   D. 以上都错

2. 通孔车刀的主偏角一般取（　　），不通孔车刀的主偏角一般取（　　）。

A. 5°~15°　　　　B. 35°~45°　　　　C. 60°~75°　　　　D. 90°~95°

3. （　　）是常用的孔加工方法之一，可以作为粗加工工序，也可以作为精加工工序。

A. 钻孔　　　　　B. 车孔　　　　　C. 扩孔　　　　　D. 铰孔

4. 车床上钻孔描述错误的是（　　）。

A. 钻小孔一般预钻中心孔

B. 钻钢料时必须充分浇注切削液

C. 车床上钻孔，工件的旋转运动是主运动

D. 车床上钻孔，起钻时进给量要大，防止钻偏

5. 车孔的公差等级可达（　　）。

A. IT7~IT8　　　　　　　　　　B. IT8~IT9

C. IT9~IT10　　　　　　　　　　D. IT9~IT10

6. 一般标准麻花钻的顶角为（　　）。

A. 118°　　　　　B. 120°　　　　　C. 150°　　　　　D. 132°

7. 麻花钻的直径和材料通常标记在（　　）部分。

A. 刀柄　　　　　B. 颈部　　　　　C. 刀体　　　　　D. 螺旋槽内

8. 麻花钻的两个螺旋槽表面就是（　　）。

A. 主后刀面　　　B. 副后刀面　　　C. 前刀面　　　　D. 切削平面

9. 钻孔时的背吃刀量是麻花钻的（　　）。

A. 直径尺寸　　　B. 半径尺寸　　　C. 直径的1倍　　D. 半径的1半

10. 麻花钻横刃太长，钻削时会使（　　）增大。

A. 切削力　　　　B. 进给力　　　　C. 横向力　　　　D. 背向力

三、判断题

1. 麻花钻刃磨时，只要两条主切削刃长度相等就行。　　　　　　　　　（　　）

2. 使用内径指示表不能直接测工件的实际尺寸。　　　　　　　　　　　（　　）

3. 麻花钻的后角变小时，横刃斜角也随之变小，横刃变长。　　　　　　（　　）

4. 直柄麻花钻可以用钻夹头进行装夹加工。

（　　）

5. 钻削过程中，刀具移动是主运动，工件旋转是进给运动。　　　　　　　　　　　　　　　　（　　）

四、简答题

1. 刃磨麻花钻有何要求？

2. 请指出麻花钻工作部分各几何形状的名称（请填写在图5-12中指引线处）。

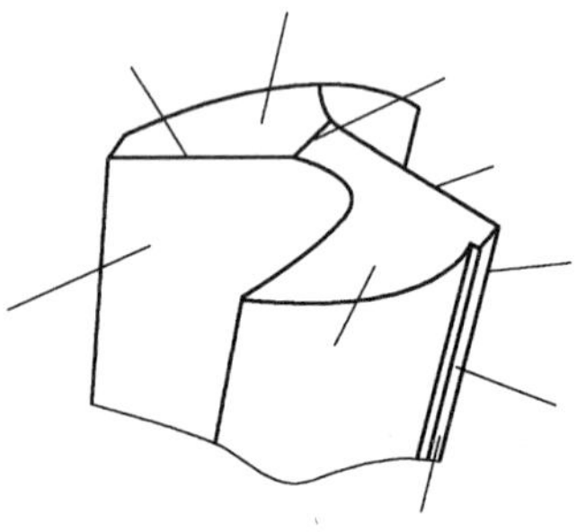

3. 简述内孔加工的特点。

4. 简述车床钻孔的方法。

5. 加工不通孔时所用车刀为什么主偏角要大于90°？请简述其原因。

图5-12　麻花钻工作部分
几何形状的名称

第六节　螺纹的车削加工

【学习目标】

1. 掌握普通螺纹基础知识及螺纹车削的基本动作。
2. 掌握普通外螺纹的车削要领。
3. 掌握普通内螺纹的车削要领。

【学习内容】

一、车螺纹基本动作

1. 普通螺纹的应用

普通螺纹的牙型为三角形，广泛应用于各种紧固件和联接件。普通螺纹分为粗牙普通螺纹和细牙普通螺纹，粗牙普通螺纹应用最广，细牙普通螺纹适用于薄壁零件、动载荷的联接和微调机构的调整。

2. 普通螺纹的标注

普通螺纹的标注格式为：

$$\boxed{特征代号}\boxed{公称直径} \times \boxed{导程\,P_{\mathrm{h}}\ 螺距\,P} - \boxed{公差带代号} - \boxed{旋合长度代号} - \boxed{旋向代号}$$

3. 螺纹车刀的装夹

1）螺纹车刀刀尖应与车床主轴等高，常根据尾座顶尖的高度进行调整和检查，即让车刀的刀尖对正顶尖的尖端。

2）车刀刀尖角的对称中心线必须与工件轴线垂直。常利用对刀样板来校正车刀刀尖的装夹位置，如图5-13所示。

3）螺纹车刀的伸出长度为刀柄厚度的1.5倍以内。调整时可用对刀样板保证以上要求。

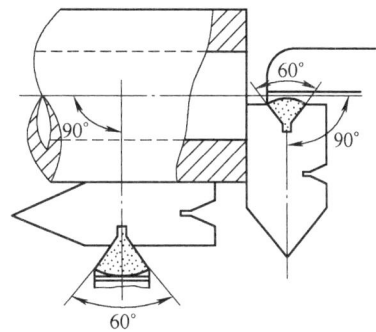

图5-13　螺纹车刀的形状及对刀方法

4. 根据螺距调整手柄

1）根据铭牌表上的螺距标准调整主轴箱外手柄、进给箱外手柄及圆盘式手轮的挡位。

2）通过转速手柄调整转速。

3）将床鞍和刀架的位置调整到导轨中间位置。

4）启动电动机使主轴正转，向上提起操纵杆手柄，实现主轴正转。

5）观察丝杠是否正常旋转。

6）运用倒顺车法车削螺纹。

二、普通外螺纹的车削

1. 普通螺纹车刀

目前广泛采用的螺纹车刀材料有高速钢和硬质合金两大类。

高速钢螺纹车刀刃磨方便，容易得到锋利的切削刃，且韧性较好，刀尖不易崩裂，车出的螺纹表面粗糙度值一般较小，但耐热性较差，只能用于低速车削螺纹或精车螺纹。

硬质合金螺纹车刀耐热性较好，但韧性差，难以承受冲击，可以用来高速车削螺纹。

2. 车削普通外螺纹的方法

普通外螺纹的车削方法有低速车削和高速车削两种。

（1）低速车削普通外螺纹　低速车削普通外螺纹的进刀方法有直进法、斜进法和左右切削法三种，如图5-14所示。

（2）高速车削普通外螺纹　用硬质合金车刀高速车削普通外螺纹时，切削速度比低速车削螺纹提高15～20倍，而且车削次数可以减少2/3以上，因此可大大提高生产率。高速车削螺纹时，不宜采用斜进法和左右进刀法，只能用直进法车削。

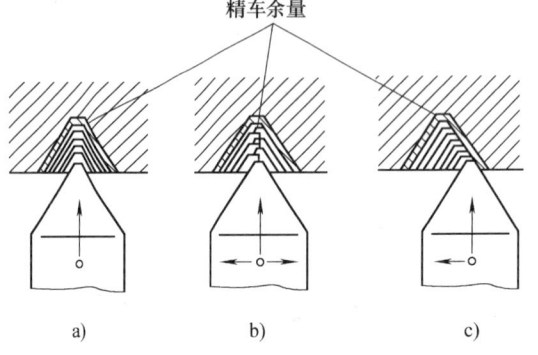

图5-14　车螺纹时的进刀方法
a）直进法　b）左右切削法　c）斜进法

3. 车削普通外螺纹的步骤

（1）装夹螺纹车刀

（2）调整车床

1）变换手柄位置。

2）调整滑板间隙。

3）调整开合螺母的松紧程度。

（3）试切螺纹

（4）粗、精车螺纹

（5）去飞边

（6）检验螺纹

三、普通内螺纹的车削

1. 车通孔内螺纹的方法

1）车内螺纹前，先把工件底孔、端面及倒角车好。

2）车内螺纹时的进刀、退刀方向与车外螺纹时相反。

3）车内螺纹时需要在中滑板刻度圈上做好退刀和进刀的位置记号。

4）进给方式与车外螺纹相同，车削螺距小于2mm的螺纹或铸铁螺纹采用直进法；螺距大于2mm的螺纹采用左右进刀法。

2. 车削普通内螺纹的步骤

加工普通螺母的过程如下：

1）装夹工件后车端面。

2）车外圆，倒角。

3）调头车端面。

4）车外圆。

5）钻孔。

6）车断。

7）调头车端面。

8）车内孔，倒角。

9）车螺纹，去飞边。

10）检验入库。

【考点分析】

【例1】解释下列螺纹标注的含义 M 24×2－6g。

【解题指导】普通螺纹标记

| 特征代号 | 公称直径 | × | 导程 P_h 螺距 P | － | 公差带代号 | － | 旋合长度代号 | － | 旋向代号 |

其中 M 为普通螺纹，24 为公称直径，2 为螺距，旋向右旋可省略标注，公差带代号包括普通螺纹中径、顶径公差带代号，旋合长度为中等时省略标注。

【答案】公称直径（螺纹大径）为 24mm，螺距为 2mm（细牙），右旋，中、顶径公差带代号均为 6g，中等旋合长度的普通螺纹。

【点评】主要考核普通螺纹标记。

【例2】低速车削螺纹时，应使用（　　　　）车刀。

A. 硬质合金　　　　　　　B. 高速钢　　　　　　　C. 工具钢　　　　　　　D. 合金钢

【解题指导】根据普通螺纹车刀的材料选用车刀，高速钢车刀用于低速车削螺纹，硬质合金车刀用于高速车削螺纹。

【答案】B

【点评】主要考核螺纹车刀的选用方法。

【习题练习】

一、填空题

1. 一般情况下，螺纹车刀的材料有＿＿＿＿＿＿和＿＿＿＿＿＿两类，低速车削时用＿＿＿＿＿＿车刀，高速车削时用＿＿＿＿＿车刀。

2. 普通螺纹的车削方法有＿＿＿＿＿＿和＿＿＿＿＿＿两种。＿＿＿＿＿＿车削时进刀法有＿＿＿＿＿＿、＿＿＿＿＿＿和左右切削法。

3. 装夹内螺纹车刀时，应保证车刀＿＿＿＿＿＿和工件＿＿＿＿＿＿垂直。

二、选择题

1. 螺纹的底径是指（　　　　　）。

A. 内螺纹大径　　　　　B. 外螺纹大径　　　　　C. 外螺纹中径　　　　　D. 内螺纹小径

2. 装夹螺纹车刀时，车刀刀尖的对称中心线与工件轴线（　　　　），否则车出的牙型歪斜。

A. 必须平行　　　　　B. 必须垂直　　　　　C. 没影响　　　　　D. 等高

3. 普通螺纹的牙型角是（　　　　）。

A. 30°　　　　　B. 55°　　　　　C. 60°　　　　　D. 40°

三、简答题

1. 解释下列螺纹标注的含义。

M24——

M16×1.5 –6g——

2. 简要说明螺纹车削的三种切削方法的特点和应用场合。

3. 请说明车内螺纹前的底孔直径与内螺纹小径尺寸是否相同。为什么？

4. 装夹螺纹车刀有哪些要求？

5. 试说出车螺纹模拟练习的要点。

第七节　车床附件及其使用方法

【学习目标】

1. 了解和掌握车床附件的组成及应用方法。

2. 学会使用车床附件。

【学习内容】

一、自定心卡盘和单动卡盘

1. 自定心卡盘

自定心卡盘由爪盘体、小锥齿轮、大锥齿轮（另一端是平面螺纹）和三个卡爪组成，如图 5-15 所示。

自定心卡盘装夹工件是车床上最常用的装夹方式，其三个卡爪是同步运动的，能自动定心，工件装夹后一般不需要找正，但较长的工件离卡盘远端的旋转中心不一定与车床主轴的旋转中心重合，这时必须找正。另外，自定心卡盘使用时间较长而精度下降后，工件加工部位的精度要求较高时，也必须找正。自定心卡盘装夹工件方便、省时，但夹紧力比较小，所以适用于装夹外形规则的中、小型工件。

2. 单动卡盘

如图 5-16 所示为单动卡盘。由于单动卡盘的四个卡爪各自独立运动，所以装夹工件时必须将加工部分的旋转中心找正到与车床主轴旋转中心重合后才可以进行车削。单动卡盘找正比较费时，但夹紧力较大，所以适合装夹大型或形状不规则的工件；数量较小或单个零件

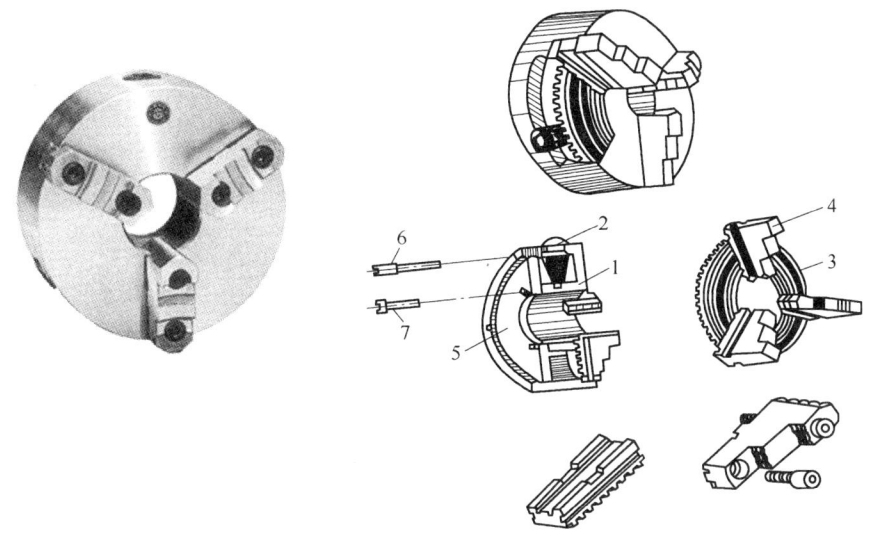

图 5-15 自定心卡盘及其结构

1—壳体 2—小锥齿轮 3—大锥齿轮 4—反爪 5—防尘盖板 6—定位螺钉 7—紧固螺钉

和精度要求又不太高的偏心工件，也可以在单动卡盘上装夹。

在单动卡盘上车削偏心工件时，要根据事先划好的线进行找正。找正的方法是先根据工件端面上划出的偏心部分的圆周线找正，然后再看侧素线是否和主轴轴线平行。两项都合格说明偏心部分的轴线和主轴轴线同轴。

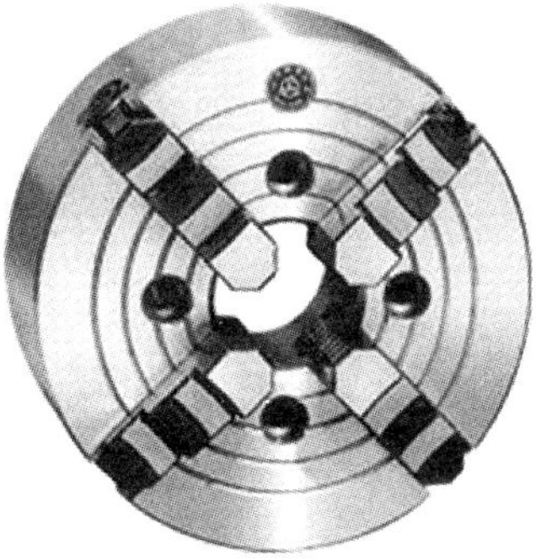

二、中心架、跟刀架的构造与应用

在车削中常常遇到一些形状复杂、表面不规则或精度要

图 5-16 单动卡盘

求较高的零件，采用自定心卡盘和单动卡盘等装夹方法都不能保证顺利地车削，甚至根本无法装夹，这时就要采用中心架、跟刀架、花盘和角铁等附件来装夹零件。

当车削长度为直径的 25 倍以上的细长零件时，为解决零件的刚性不足问题使用中心架和跟刀架；当车削形状不规则、技术要求复杂的零件时，使用花盘和角铁。

1. 用中心架支承车细长轴

一般在车削细长轴时，用中心架来增加工件的刚性。当工件可以进行分段切削时，中心架支承在工件中间。在工件装上中心架之前，必须在毛坯中部车出一段支承中心架支承爪的沟槽，其表面粗糙度值及圆柱度误差要小，并在支承爪与工件接触处经常加润滑油。为提高工件精度，车削前应将工件轴线调整到与机床主轴回转中心同轴。当车削支承中心架的沟槽比较困难或一些中段不需加工的细长轴时，可使用过渡套筒，使支承爪与过渡套筒的外表面接触。过渡套筒的两端各装有四个螺钉，用这些螺钉夹住毛坯表面，并调整套筒外圆的轴线与主轴旋转轴线相重合。中心架及其应用如图 5-17 所示。

2. 用跟刀架支承车细长轴

对不适宜调头车削的细长轴，不能用中心架支承，而要用跟刀架支承进行车削，以增加工件的刚性。跟刀架固定在床鞍上，一般有两个支承爪，可以跟随车刀移动，抵消背向力，提高车削细长轴的形状精度和减小表面粗糙度值。因为车刀施加给工件的切削抗力 F'_r 使工件贴在跟刀架的两个支承爪上，但由于工件本身的重力以及偶然的弯曲，车削时工件会瞬时离开支承爪及接触支承爪时产生振动，所以比

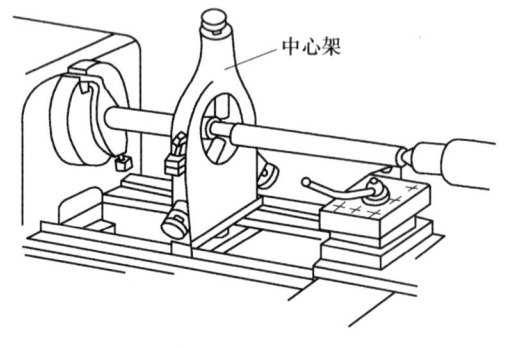

图 5-17　中心架及其应用

较理想的中心架需要用三爪中心架。此时，由三爪和车刀抵住工件，使之上下、左右都不能移动，车削时稳定，不易产生振动。跟刀架的应用如图 5-18 所示。

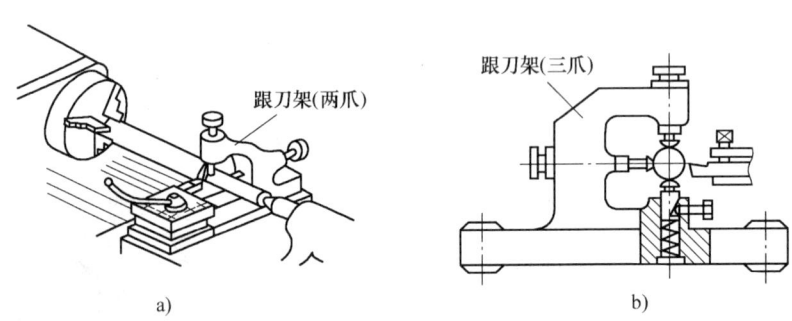

图 5-18　跟刀架的应用
a）两爪跟刀架　b）三爪跟刀架

三、用花盘、弯板及压板、螺栓装夹工件

形状不规则的工件和无法使用自定心卡盘或单动卡盘装夹的工件，可用花盘装夹。花盘是装夹在车床主轴上的一个大圆盘，盘面上的许多长槽用于穿放螺栓。工件可用螺栓直接装夹在花盘上，也可以把辅助支承角铁（弯板）用螺钉牢固夹持在花盘上，工件则装夹在弯板上。如图 5-19a 所示为加工一轴承座端面和内孔时，在花盘上装夹的情况。为了防止工件转动时因重心偏向一边而产生振动，在工件的另一边要加平衡铁。工件在花盘上的位置需仔细找正。在花盘角铁上装夹工件的方法如图 5-19b 所示。

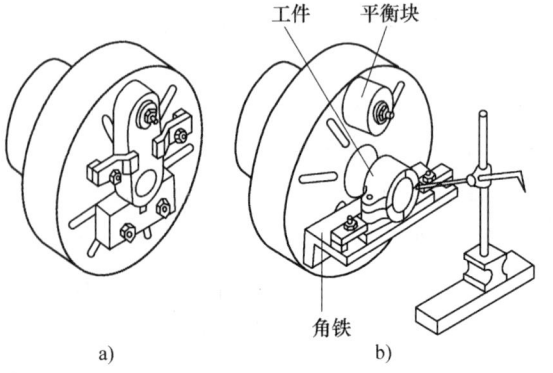

图 5-19　花盘装夹工件的方法
a）工件装夹在花盘上　b）工件装夹在花盘角铁上

【考点分析】

【例1】车削细长轴的端面时，为提高工件刚性，常采用（　　）。

A. 鸡心夹头　　　　　B. 中心架　　　　　C. 跟刀架　　　　　D. 支承角铁

【解题指导】熟记车床附件及其使用方法。

【答案】B

【点评】主要考核车床附件及其使用方法。

【例2】当加工特别长的轴类零件时，必须附加辅助支承（　　）。

A. 鸡心夹头　　　　　　　　　　B. 中心架或跟刀架

C. 花盘　　　　　　　　　　　　D. 顶尖

【解题指导】熟记车床附件及其使用方法。

【答案】B

【点评】主要考核车床附件及其使用方法。

【例3】以下不是普通车床附件的是（　　）。

A. 中心架　　　　　B. 跟刀架　　　　　C. 花盘　　　　　D. 主轴

【解题指导】熟记车床附件及其使用方法。

【答案】D

【点评】主要考核车床附件及其使用方法。

【习题练习】

一、填空题

1. 一般在车削细长轴时，用_____来增加工件的刚性，当工件可以进行分段切削时，_____支承在工件中间。

2. 形状不规则的工件和无法使用自定心卡盘或单动卡盘装夹的工件，可用_____装夹。

二、选择题

1. 在车床上装夹工件时，能自动定心并夹紧工件的夹具是（　　）。

A. 自定心卡盘　　　　B. 单动卡盘　　　　C. 中心架　　　　D. 跟刀架

2. 车削时长丝杠通常采用的装夹方法是（　　）。

A. 一夹一顶装夹　　　B. 双顶尖装夹　　　C. 自定心卡盘装夹　　D. 单动卡盘装夹

3. 车削精度较高、批量较大的偏心工件时，可以用（　　）卡盘来装夹。

A. 单动　　　　　　　B. 自定心　　　　　C. 双重　　　　　D. 偏心

三、判断题

1. 固定顶尖刚性好，定心准确，适合用于转速低、加工精度要求较高的工件的装夹。（　　）

2. 两顶尖装夹较长的、经过一次装夹就能加工好的工件时，不需要找正。（　　）

3. 用自定心卡盘加工偏心工件方便简捷，应大力推广。（　　）

四、简答题

1. 在花盘弯板上加工工件应采取哪些安全措施?

2. 简述两顶尖装夹工件的特点及应用。

3. 使用中心架和跟刀架的目的都是为了提高工件的装夹刚度,简述两者的使用目的有哪些差异。

4. 用自定心卡盘装夹车削偏心距 $e = 4mm$ 的工件,试切后,测其偏心距为 3.96mm。求垫片厚度的正确值。

▶ 第六单元

铣削加工基础

【知识构架】

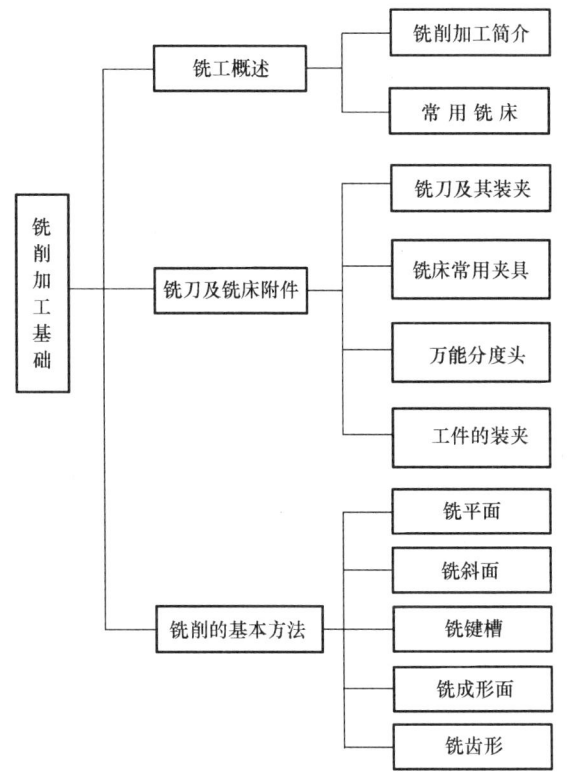

第一节 铣 工 概 述

【学习目标】

1. 掌握铣削加工的定义和特点。
2. 掌握铣削时切削用量及铣削方式的选择。
3. 了解铣床的种类、主要组成部件和应用范围。

【学习内容】

一、铣削加工简介

1. 概述

在铣床上用铣刀加工工件的工艺过程称为铣削加工，简称铣削。铣削是金属切削加工中常用的方法之一，适用于加工各种平面（水平面、垂直平面、斜面）、台阶、沟槽（直角沟槽、V形槽、燕尾槽、T形槽等）及各种特形面等。此外，利用分度装置还可加工需要周向等分的花键、齿轮和螺旋槽等。在铣床上还可以进行钻孔、铰孔和铣孔等加工。

铣削加工时，铣刀旋转作主运动，工件或铣刀的直线移动为进给运动。可进行铣削加工的典型表面如图6-1所示。

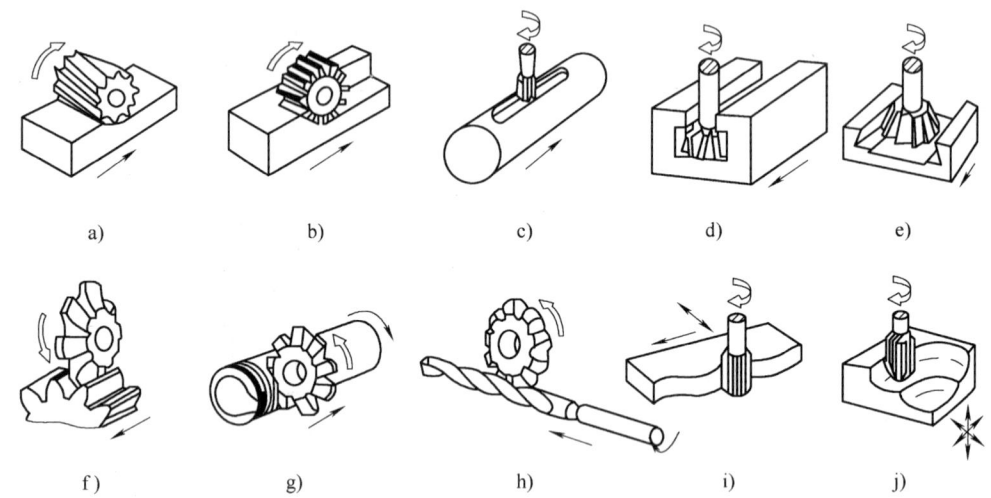

图 6-1　铣削加工的典型表面

a) 铣水平面　b) 铣台阶面　c) 铣键槽　d) 铣T形槽　e) 铣燕尾槽
f) 铣齿轮　g) 铣螺纹　h) 铣螺旋槽　i)、j) 铣成形面

2. 顺铣和逆铣

圆周铣有顺铣和逆铣两种方式。图6-2a所示为顺铣，指铣刀的切削速度方向与工件的进给速度方向相同的铣削方式。图6-2b所示为逆铣，指铣刀的切削速度方向与工件的进给速度方向相反的铣削方式。

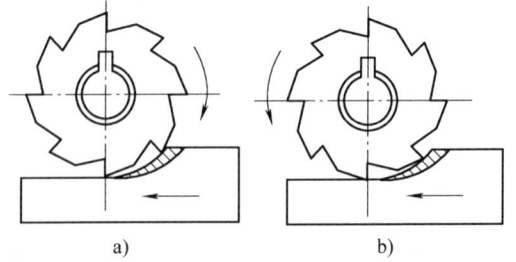

图 6-2　圆周铣时顺铣与逆铣的比较
a) 顺铣　b) 逆铣

1）顺铣时，铣刀对工件在垂直方向的分力 F_{fN} 始终向下，对工件起压紧作用，因此铣削平稳，对不易夹紧或细长的薄壁件尤为适宜。逆铣时，垂直方向的分力 F_{fN} 始终向上，有将工件向上抬起的趋势，易引起振动，同时工件在铣削时需要较大的夹紧力。

2）逆铣时，每个刀齿的切削厚度由零增至最大，由于切削刃不是绝对锋利，均有切削刃钝圆半径存在，因此在切削开始时不能立即切入工件，而是在工件已加工表面上挤压滑行，这会加剧工件加工表面的硬化，降低加工表面质量，同时刀齿磨损加快，刀具寿命降低。而顺铣时，刀齿的切削厚度从最大逐渐减小到零，因此铣刀后刀面与工件已加工表面的挤压、摩擦小，切削刃磨损慢，工件加工表面质量较好，但工件表层的硬皮和杂质对刀具磨损影响较大。

3）顺铣时，F_c 的水平方向分力 F_f 与工作台进给方向相同（图6-3a），当工作台进给丝杠与螺母间隙较大时，F_f 会拉动工作台产生间歇性窜动。这种窜动现象会引起"扎刀"，损坏加工表面，严重时会导致刀齿折断、刀轴弯曲、工件与夹具产生位移甚至损坏机床等后果。逆铣时（图6-3b），工件受到的纵向分力 F_f 与进给运动方向相反，丝杠与螺母的传动工作面始终接触，不会拉动工作台。

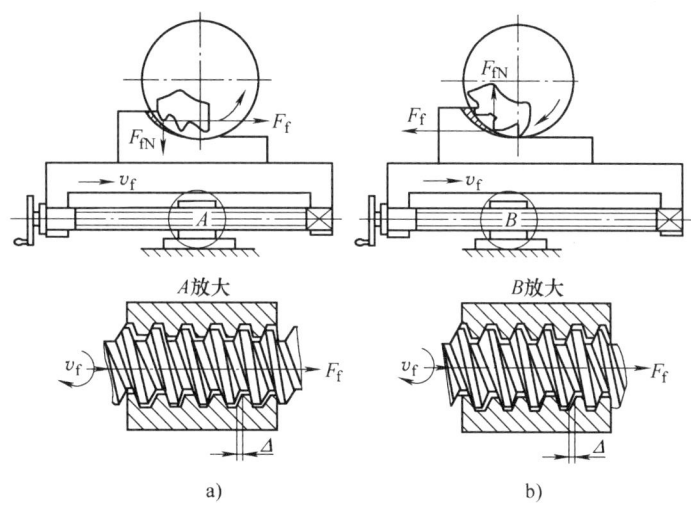

图 6-3 顺铣与逆铣对进给机构的影响
a）顺铣 b）逆铣

综合上述比较，顺铣可减小工件的表面粗糙度值，尤其适宜铣削不易夹紧的工件或薄壁工件，铣刀寿命可比逆铣提高 2～3 倍，但顺铣不宜加工有硬皮的工件。另外，应用顺铣时，工作台丝杠和螺母传动副间需配有间隙调整机构，以免造成工作台窜动。

3. 铣削用量

如图6-4所示，铣削用量是指铣削过程中选用的铣削速度 v_c、进给量 f、背吃刀量 a_p 和侧吃刀量 a_e。铣削用量的选择对提高铣削的加工精度、改善加工表面质量和提高生产率有着密切的关系。

（1）背吃刀量 a_p 指平行于铣刀轴线测量的切削层尺寸。端铣时，a_p 为切削层深度；圆周铣削时，a_p 为被加工表面的宽度。

（2）侧吃刀量 a_e 指垂直于铣刀轴线并垂直于进给方向测量的切削层尺寸。端铣时，a_e 为被加工表面的宽度；圆周铣削时，a_e 为切削层深度。

（3）进给运动参数 指铣刀在进给运动方向上相对工件的单位位移量，根据实际情况

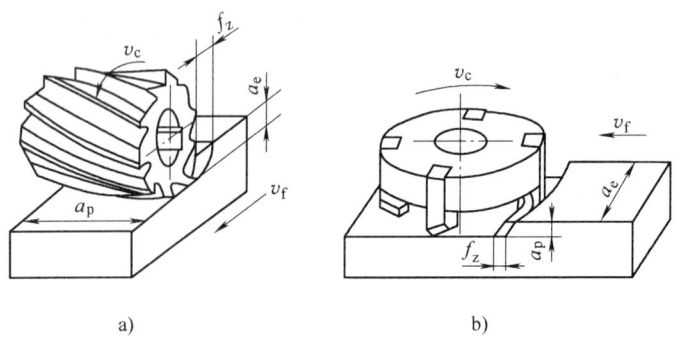

图 6-4　铣削用量

a）圆周铣削　b）端铣

有三种表示方法。

1）每转进给量 f：铣刀每转一转相对工件在进给方向上的位移量（mm/r）。

2）每齿进给量 f_z：铣刀每转过一齿相对工件在进给方向上的位移量（mm/z）。

3）进给速度（每分钟进给量）v_f：铣刀每回转 1min 在进给方向上相对工件的位移量（mm/min）。

通常铣床铭牌上列有进给速度，因此应根据加工性质先确定每齿进给量 f_z，然后根据铣刀的齿数 z 和铣刀的转速 n 计算出 v_f，根据 v_f 调整机床，三者之间的关系为

$$v_f = fn = f_z Zn$$

式中　n——铣刀（或铣床主轴）转速（r/min）；

　　　Z——铣刀齿数。

4）铣削速度 v_c：指铣刀外缘处在主运动中的线速度，可用下式计算

$$v_c = \pi dn / 1000$$

式中　d——铣刀直径（mm）；

　　　n——铣刀转速（r/min）。

二、常用铣床

铣床的种类很多，有卧式或立式升降台铣床、龙门铣床、万能工具铣床、仿形铣床以及各种专门化铣床等，其中应用最普遍的是卧式或立式升降台铣床。

1. X6132 型卧式万能升降台铣床

X6132 型卧式万能升降台铣床简称卧铣，是一种主轴水平布置的升降台铣床，其结构如图 6-5 所示。

铣床工作时，主轴 5 通过刀杆带动铣刀作旋转主运动。工件装夹在工作台 6 上，随工作台分别作纵向、横向（主轴轴向）和垂直三个方向的进给

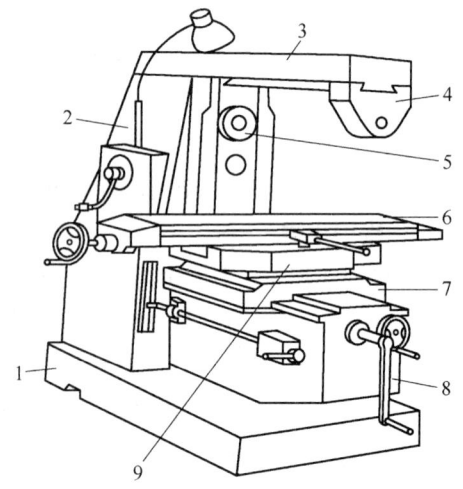

图 6-5　X6132 型卧式万能升降台铣床的结构
1—底座　2—床身　3—悬梁
4—刀杆支架　5—主轴　6—工作台
7—床鞍　8—升降台　9—回转盘

运动或快速移动。升降台8的水平导轨上装有床鞍7，可沿主轴轴线方向作横向移动。床鞍
7上装有回转盘9，回转盘上面的燕尾导轨上装夹有
工作台6，因此工作台除了可沿导轨作垂直于主轴
轴线方向的纵向移动外，还可通过回转盘绕垂直轴
线在±45°范围内调整角度。

2. 立式升降台铣床

立式升降台铣床又称立铣，其主轴与工作台垂
直布置，如图6-6所示。立式升降台铣床的工作台
3、床鞍4和升降台5的结构与卧式升降台铣床相
同，主轴2装夹在立铣头1内，可沿其轴线方向进
给或经手动调整位置。立铣头1可根据加工需要在
垂直面内向左或向右在45°范围内回转，使主轴与
台面倾斜成所需角度，以扩大铣床的工艺范围。

3. 龙门铣床

龙门铣床的外形如图6-7所示，其主体结构为
龙门式框架，横梁5可以在立柱4上升降，以适应

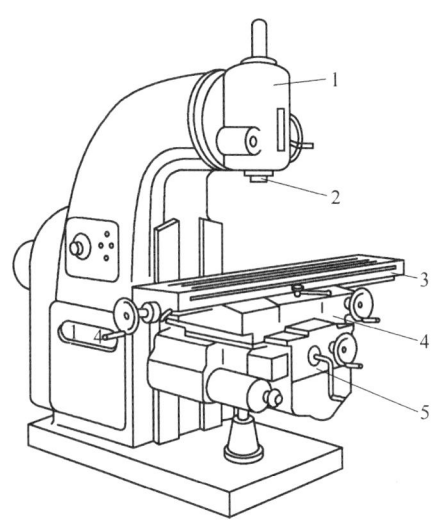

图6-6　立式升降台铣床
1—立铣头　2—主轴
3—工作台　4—床鞍　5—升降台

加工不同高度的工件。横梁上装有两个铣削主轴箱（即立铣头）3和6，两个立柱上分别装
有两个卧铣头2和8，每个铣头都是一个独立的运动部件，内装主运动变速机构、主轴及操
纵机构。工件装在工作台9上，工作台可在床身上作水平的纵向运动，立铣头可在横梁上作
水平的横向运动，卧铣头可在立柱上升降，这些运动可以是进给运动，也可以是调整铣头与
工件间相对位置的快速调位运动，而主运动是铣刀的旋转运动。

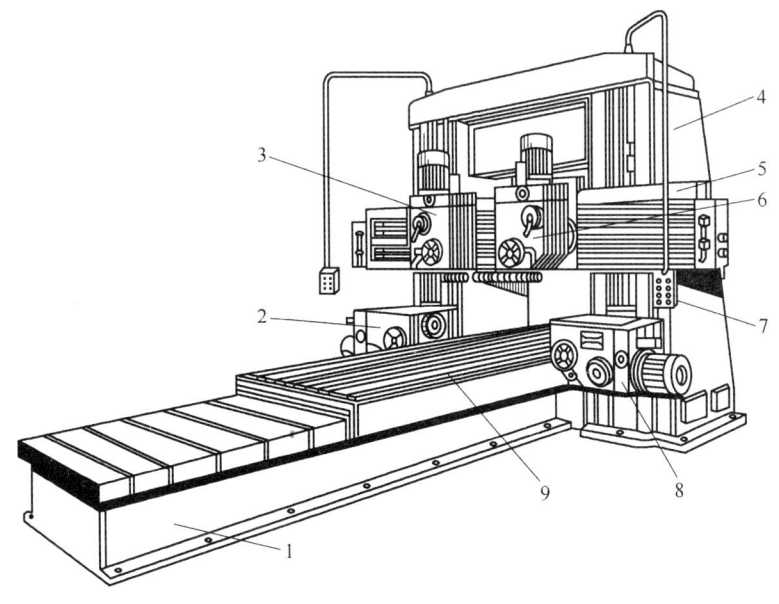

图6-7　龙门铣床
1—床身　2、8—卧铣头　3、6—立铣头　4—立柱　5—横梁　7—操纵箱　9—工作台

龙门铣床刚度高，主要用来加工大型工件上的平面和沟槽，可多刀同时加工多个表面或多个工件，是一种大型、高效、通用的铣床，适用于大批量生产。

【考点分析】

【例1】_____指铣刀在进给运动方向上相对工件的单位位移量。

【解题指导】熟记铣削时的四个切削用量。

【答案】进给量

【点评】主要考核铣削时的切削用量。

【例2】X5032是常用的铣床型号，其中的数字32代表（　　）

A. 主轴最高转速 320r/min　　　　B. 工作台行程 3 200mm

C. 工作台面宽度 320mm　　　　　D. 工作台进给速度 320mm/min

【解题指导】掌握铣床型号中各个字母与数字的含义。

【答案】C

【点评】主要考核铣床型号的识读方法。

【习题练习】

一、填空题

1. 铣削是_____作主运动，_____作进给运动的切削加工运动。

2. 铣削有较高的加工精度，其经济加工精度一般为_____级，表面粗糙度值为_____。

3. 铣床床身的作用是_____，内装电动机和主轴变速机构等。

4. 立式升降台铣床的主轴与工作台面_____，有时根据加工的需要，主轴还能向_____倾斜一定角度，以便铣削倾斜面。

5. 铣床的主轴是前端带有锥度为_____锥孔的空心轴，用来装夹_____等，并传递_____及动力。

6. 铣削用量的选择顺序是_____，铣削宽度_____。

7. 立铣和卧铣在结构上的主要区别在于立铣的_____和_____是垂直的。

二、判断题

1. 龙门铣床的主要特征是有立柱和横梁，一般有多个铣头，主轴通常可回转角度。
（　　）

2. 背吃刀量是沿垂直于铣刀轴线上测量的切削层尺寸。（　　）

3. X6132型铣床的后轴承只对主轴起支持作用，对铣削精度无影响。（　　）

4. 在铣刀寿命、加工表面粗糙度等方面，逆铣均优于顺铣，所以生产中常用逆铣。
（　　）

5. 顺铣在许多方面都比逆铣好，因此在加工中一般多使用顺铣。（　　）

6. 逆铣时切削厚度的变化是由零到最大。（　　）

7. 逆铣法适宜在没有丝杠螺母间隙调整机构的铣床上加工带有硬皮的毛坯。（　　）

8. 在铣削过程中，逆铣较之顺铣最大的优点是工作台无窜动现象。 （ ）

9. 顺铣时，刀具对工件有下压作用，所以顺铣适用于薄板加工。 （ ）

三、选择题

1. 在 X6132 机床型号中，表示机床组别代号的是（ ）。

A. X   B. 6   C. 1   D. 32

2. 铣刀的旋转方向与工件进给方向相反的铣削形式称为（ ）。

A. 端铣   B. 顺铣   C. 逆铣   D. 反铣

3. 以下不属于铣床主要部件的是（ ）。

A. 主轴   B. 升降台   C. 底座   D. 光杠

4. 顺铣时，如工作台上无消除丝杠螺母机构间隙的装置，将会产生（ ）。

A. 工作台振动   B. 工作台窜动   C. 工件装夹不牢

5. 万能立铣头的功能是（ ）

A. 使工件连续旋转   B. 装夹工件   C. 将铣刀转至所需的角度

四、简答题

1. 什么是铣削加工？

2. 简述铣削时切削用量的要素主要有哪些。

3. 逆铣与顺铣的主要区别是什么？

第二节　铣刀及铣床附件

【学习目标】

1. 了解常用铣刀的种类、特点与用途及装夹方法。

2. 了解铣床附件及常用装夹方法。

3. 会正确装夹铣刀和工件。

【学习内容】

一、铣刀及其装夹

1. 铣刀

铣刀的种类很多，一般可按用途、结构和齿背结构进行分类，见表 6-1。

（1）按铣刀切削部分的材料分类　其分为高速钢铣刀和硬质合金铣刀。高速钢铣刀多为整体式，而硬质合金铣刀是将硬质合金刀齿焊接在普通工具钢的刀体上。

（2）按用途分类

1）加工平面的铣刀。加工平面用的铣刀有圆柱铣刀和面铣刀两种。加工较小的平面也可用立铣刀和三面刃铣刀。

2）加工沟槽的铣刀。常用的有盘形铣刀、锯片铣刀、键槽铣刀、立铣刀和角度铣刀等。

表 6-1　铣刀的种类

种类		特点与用途
带孔铣刀	圆柱铣刀	其刀齿分布在圆柱表面上，通常分为直齿和斜齿两种，主要用于铣削平面。由于斜齿圆柱铣刀的每个刀齿是逐渐切入和切离工件的，故工作较平稳，加工表面粗糙度值小，但有轴向切削力产生
	圆盘铣刀	有三面刃铣刀和锯片铣刀等，三面刃铣刀主要用于加工不同宽度的直角沟槽及小平面和台阶面等，锯片铣刀用于铣窄槽和切断
	角度铣刀	具有各种不同的角度，用于加工各种角度的沟槽及斜面等
	成形铣刀	其切削刃呈凸圆弧、凹圆弧、齿槽形等，用于加工与切削刃形状对应的成形面
带柄铣刀	立铣刀	有直柄和锥柄两种，多用于加工沟槽、小平面和台阶面等
	键槽铣刀	专门用于加工封闭式键槽
	T 形槽铣刀	专门用于加工 T 形槽
	镶齿面铣刀	一般刀盘上装有硬质合金刀片，加工平面时可以进行高速铣削，以提高工作效率

3）加工成形面的铣刀。成形铣刀是根据成形面的形状而专门设计的一种铣刀，如 T 形槽铣刀和镶齿面铣刀。

2. 铣刀的装夹

（1）带柄铣刀的装夹　直径较小的铣刀，可用弹簧夹装夹。当铣刀的锥柄和主轴的锥柄相符时，可直接用于装夹；当铣刀的锥柄与主轴不符时，用一个内孔与铣刀锥柄相符而外锥与主轴孔相符的过渡套将铣刀装入主轴孔内。

（2）带孔铣刀的装夹

1）铣刀应尽可能地靠近主轴，以保证刀杆的刚度，套筒的端面和刀的端面应擦拭干净，以减少刀具的跳动，拧紧刀杆的压紧螺母时，必须先装上吊架，以防刀杆受力弯曲。

2）带孔的铣刀是靠专用的心轴来装夹的，如套式铣刀和面铣刀属于短刀杆装夹。

二、铣床常用夹具

铣床的常用夹具主要包括机用虎钳、回转工作台、万能分度头和立铣头等，如图 6-8 所示。

三、万能分度头

1. 万能分度头的用途

万能分度头是铣床常用的一种附件，用来扩大机床的工艺范围。分度头装夹在铣床工作台上，被加工工件支承在分度头主轴顶尖与尾座之间或装夹于卡盘上，利用分度头可完成以下工作。

1）使工件周期性地绕分度头主轴轴线回转一定角度，以完成等分或不等分的分度工作，如加工花键、方头和齿轮等。

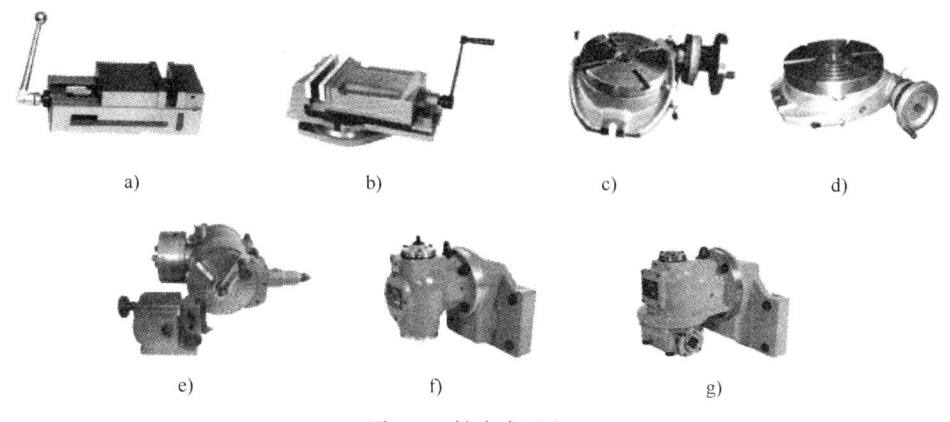

图 6-8　铣床常用夹具

a）非回转式机用虎钳　b）回转式机用虎钳　c）手动进给回转工作台
d）机动进给回转工作台　e）分度头　f）立铣头　g）万能铣头

2）通过分度头使工件的旋转与工作台丝杠的纵向进给保持一定的运动关系，以加工螺旋槽、螺旋齿轮及阿基米德螺旋线凸轮等。

3）用卡盘夹持工件，使工件轴线相对于铣床工作台倾斜一个所需角度，以加工与工件轴线相交成一定角度的平面、沟槽及直齿锥齿轮等。

2. 万能分度头的结构和原理

图 6-9 所示为 FW250 型万能分度头的外形及传动系统图。分度头主轴 2 安装在壳体 4 内，壳体 4 支承在底座 8 上，并可绕其轴线沿底座的环形导轨转动，使主轴在水平线以下 6° 到水平线以上 90° 范围内调整倾斜角度。主轴前端有一莫氏锥孔，用于装夹支承工件的顶尖 1；主轴前端还有一定位锥面，可用于自定心卡盘的定位及装夹。分度头侧轴 6 可装上配换挂轮，以建立与工作台丝杠的运动联系，分度盘 7 在若干不同圆周上均布着不同数目的孔。

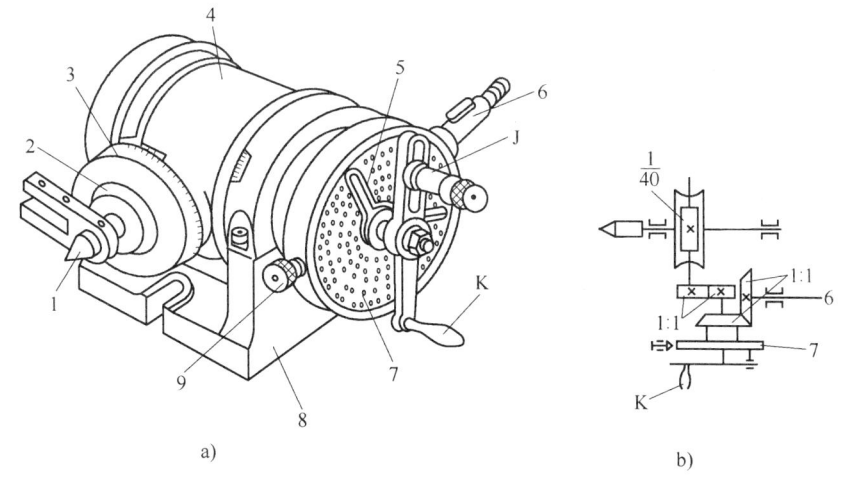

图 6-9　FW250 型万能分度头的外形及传动系统图

1—顶尖　2—分度头主轴　3—刻度盘　4—壳体　5—分度叉　6—分度头侧轴
7—分度盘　8—底座　9—锁紧螺钉　J—分度定位销　K—分度手柄

分度头的传动路线为：转动分度手柄 K，经传动比为 1:1 的交错轴斜齿轮副和 1:40 的蜗杆副带动主轴 2 回转；通过手柄 K 转过的转数及装在手柄槽内分度定位销 J 插入分度盘上孔的位置，就可使主轴转过一定角度，进行分度。蜗杆为单头，蜗轮齿数为 40，蜗杆副的速比为 40：1，即蜗杆转 40r，蜗轮转 1r，因此分度手柄转 40r，分度头主轴转 1r。空套在分度手柄轴上的分度盘用于分度手柄非整转数的分度。

四、工件的装夹

1）用机用虎钳装夹工件具有结构简单、夹紧牢靠等特点，是目前铣床上使用最广泛的装夹方法。机用虎钳分为固定式和回转式两种。

2）对于大型工件或用机用虎钳难以装夹的工件，可用压板、螺栓和垫铁将工件直接固定在工作台上。

3）用分度头装夹工件，一般用在等分工件的装夹中。

【考点分析】

【例1】铣刀的分类方法很多，根据铣刀装夹方法的不同可分为＿＿＿＿和＿＿＿＿。

【解题指导】熟记铣刀的分类。

【答案】带孔铣刀　带柄铣刀

【点评】考查铣刀的分类方法。

【例2】在铣六方、齿轮、花键和刻线等工作时，需要利用（　　）分度。

A. 万能分度头　　　　　B. 万能铣头　　　　　C. 机用虎钳　　　　　D. 回转工作台

【解题指导】掌握铣床各个附件的作用。

【答案】A

【点评】主要考核对铣床附件作用的理解。

【习题练习】

一、填空题

1. 铣刀按其刀齿构造分，可分为＿＿＿＿铣刀和＿＿＿＿铣刀。

2. 铣床的主要附件有＿＿＿＿、＿＿＿＿、＿＿＿＿及＿＿＿＿四种。

3. 在铣床上利用分度头加工 36 齿的齿轮，应选用＿＿＿＿孔的分度盘，每次分度手柄应转＿＿＿＿圈，再转＿＿＿＿孔距。

4. 用机用虎钳装夹工件时，在粗铣和＿＿＿＿时，希望使＿＿＿＿指向固定钳口。

5. 用压板装夹工件时，垫块的高度应＿＿＿＿工件被压紧部位的高度，且中间螺栓到工件的距离应＿＿＿＿螺栓到垫铁的距离，以增大＿＿＿＿。

6. 顺铣指的是铣刀旋转方向和工件进给方向＿＿＿＿的铣削方式，逆铣指的是铣刀旋转方向和工件进给方向＿＿＿＿的铣削方式。

二、判断题

1. 铣刀错齿结构一般用于三面刃铣刀，而圆柱铣刀一般采用螺旋齿结构。　　　（　　）

2. 使用回转工作台时，换装分度盘可以提高分度操作的准确性。　　　（　　）

3. 铣刀的精加工磨钝标准是以铣刀寿命最长为原则制定的。 （ ）

4. 键槽铣刀在用钝了以后，通常只需刃磨端面刃。 （ ）

5. 铣刀齿数增多，铣削面积增加，铣削力相应增加。 （ ）

三、选择题

1. 铣刀是一种多切削刃刀具，齿数较多的铣刀为 （ ）。

A. 立铣刀　　　　　　　B. 角度铣刀　　　　　　C. 锯片铣刀　　　　　　D. 键槽铣刀

2. 三面刃铣刀的错齿结构主要目的是 （ ）。

A. 增加容屑空间　　　　B. 提高铣刀寿命　　　　C. 提高铣削效率　　　　D. 使铣削平稳

3. 铣刀齿数 （ ），铣削力应 （ ）。

A. 增加　增大　　　　　B. 增加　减少　　　　　C. 减少　不变　　　　　D. 减少　增大

4. 铣削圆盘型工件，需要等分，又需要圆周进给，可用 （ ） 装夹。

A. 分度头装夹心轴　　　　　　　　　　　　B. 回转台装夹机用虎钳

C. 双回转台　　　　　　　　　　　　　　　D. 双分度头

5. 有一批长度为 55mm，键槽长度为 35mm，轴的外径尺寸公差为 0.2mm，键槽对称度公差要求较高的工件，最好用 （ ） 装夹。

A. V 形块　　　　　　　B. 机用虎钳　　　　　　C. 分度头　　　　　　　D. 压板

6. 在数控铣床或加工中心上加工时，曲面是通过 （ ） 逐点按曲面坐标值加工而成的。

A. 圆盘铣刀　　　　　　B. 键槽铣刀　　　　　　C. 圆柱铣刀　　　　　　D. 球头铣刀

四、简答题

1. 常用的铣刀有哪些？

2. 简述铣床上常用的工件装夹方法有哪几种。

3. X6132 型万能卧式铣床主要由哪几部分组成？各部分的主要作用是什么？

4. 铣削的主运动和进给运动各是什么？

五、看图填空题

在表 6-2 中写出图 6-10 中各种铣刀的名称和用途。

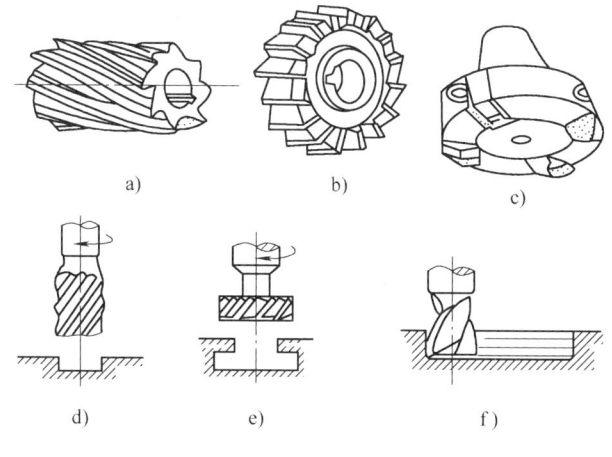

a)　　　　　　　　　　b)　　　　　　　　　　c)

d)　　　　　　　　　　e)　　　　　　　　　　f)

图 6-10　各种铣刀

表 6-2　铣刀的名称和用途

代号	名称	用途
a		
b		
c		
d		
e		
f		

第三节　铣削的基本方法

【学习目标】

1. 了解铣削的基本方法。
2. 会铣削平面、平行平面、垂直面、斜面和阶台面。
3. 会铣削直槽和切断，会利用成形刀具铣削沟槽。

【学习内容】

铣削的方式有多种，常见的几种铣削方式如图 6-11 所示。

一、铣平面

可以用圆柱铣刀、面铣刀或三面刃盘铣刀在卧式铣床或立式铣床上进行平面铣削。

1. 用圆柱铣刀铣平面

圆柱铣刀一般用于卧式铣床铣平面。

铣平面用的圆柱铣刀一般为螺旋齿圆柱铣刀，宽度必须大于所铣平面的宽度，螺旋线的方向应使铣削时所产生的进给力将铣刀推向主轴轴承方向。

2. 用面铣刀铣平面

面铣刀一般用于立式铣床上铣平面，有时也用于卧式铣床上铣侧面。

面铣刀一般中间带有圆孔。通常先将面铣刀装夹在短刀轴上，再将刀轴装入机床的主轴上，并用拉杆螺钉拉紧。

二、铣斜面

（1）使用倾斜垫铁铣斜面　在零件设计基准的下面垫一块倾斜的垫铁，则铣出的平面就与设计基准面成倾斜位置。改变倾斜垫铁的角度，即可加工不同角度的斜面。

（2）用万能铣头铣斜面　由于万能铣头能方便地改变刀轴的空间位置，因此可以转动铣头以使刀具相对工作倾斜一个角度来铣斜面。

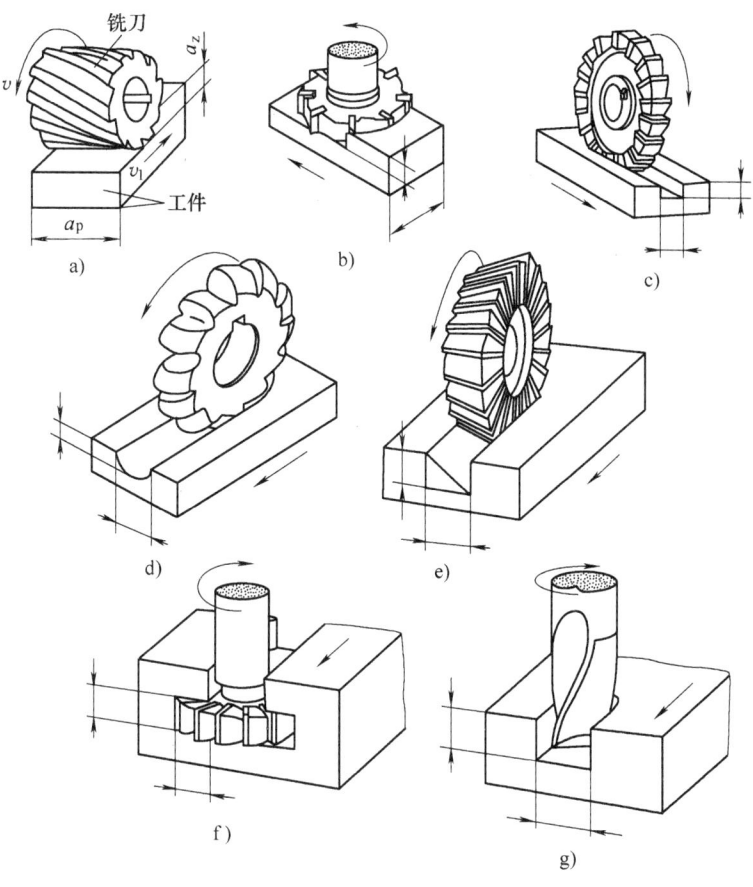

图 6-11 几种常见的铣削方式
a)、b) 铣平面 c) 铣方形槽 d) 铣半圆槽
e) 铣不对称 V 形槽 f) 铣 T 形槽 g) 铣沟槽

（3）用角度铣刀铣斜面 较小的斜面可用合适的角度铣刀加工。当加工零件批量较大时，则常采用专用夹具装夹铣斜面。

（4）用分度头铣斜面 在一些圆柱形和特殊形状的零件上加工斜面时，可利用分度头将工件转成所需位置而铣出斜面。

三、铣键槽

在铣床上能加工的沟槽种类很多，如直槽、角度槽、V 形槽、T 形槽、燕尾槽和键槽等。

（1）铣键槽 常见的键槽有封闭式和敞开式两种。在轴上铣封闭式键槽时，一般用键槽铣刀加工，一次轴向进给不能太大，切削时要注意逐层切下。敞开式键槽多在卧式铣床上用三面刃铣刀进行加工，注意在铣削键槽前做好对刀工作，以保证键槽的对称度要求。

若用立铣刀铣键槽，则由于立铣刀中央无切削刃，不能向下进刀，因此必须预先在槽的一端钻一个落刀孔，才能用立铣刀铣键槽。对于直径为 3～20mm 的直柄立铣刀，可用弹簧夹头装夹，弹簧夹头可装入机床主轴孔中；对于直径为 10 ~ 50mm 的锥柄立铣刀，可利用过渡套装入机床主轴孔中。

对于敞开式键槽，可在卧式铣床上加工，一般采用三面刃铣刀加工。

（2）铣 T 形槽及燕尾槽　T 形槽应用很多，如铣床和刨床的工作台上用来安放紧固螺栓的槽就是 T 形槽。要加工 T 形槽及燕尾槽，必须首先用立铣刀或三面刃铣刀铣出直角槽，然后在立铣上用 T 形槽铣刀铣削 T 形槽，用燕尾槽铣刀铣削成形。但由于 T 形槽铣刀工作时排屑困难，因此切削用量应选得小些，同时应多加切削液，最后再用角度铣刀铣出倒角。

四、铣成形面

如零件的某一表面在截面上的轮廓线是由曲线和直线所组成的，这个面就是成形面。成形面一般在卧式铣床上用成形铣刀来加工。成形铣刀的形状要与成形面的形状相吻合。如零件的外形轮廓是由不规则的直线和曲线组成的，这种零件就称为具有曲线外形表面的零件。这种零件一般在立式铣床上铣削，加工方法有按划线用手动进给铣削、用圆形工作台铣削和用靠模铣削。

对于要求不高的曲线外形表面，可按工件上划出的线迹移动工作台进行加工，顺着线迹将打出的样冲眼铣掉一半。在大批量生产中，可以采用靠模夹具或专用的靠模铣床来对曲线外形面进行加工。

五、铣齿形

齿轮齿形的加工原理可分为两大类：展成法（又称范成法），是利用齿轮刀具与被切齿轮的互相啮合运转而切出齿形的方法，如插齿和滚齿加工等；成形法（又称型铣法），是利用仿照与被切齿轮齿槽形状相符的盘状铣刀或指状铣刀切出齿形的方法。在铣床上加工齿形的方法属于成形法。

圆柱齿轮和锥齿轮可在卧式铣床或立式铣床上加工。人字形齿轮在立式铣床上加工，蜗轮则可以在卧式铣床上加工。卧式铣床加工齿轮一般用盘状铣刀，而在立式铣床上则使用指状铣刀。

成形法加工的特点如下：

1）设备简单，只用普通铣床即可，刀具成本低。

2）由于铣刀每切一齿槽都要重复消耗一段切入、退刀和分度的辅助时间，因此生产率较低。

3）加工出的齿轮精度较低，其公差等级只能达到 IT9 ~ IT11。这是因为在实际生产中，不可能每加工一种模数、一种齿数的齿轮就制造一把成形铣刀，而只能将模数相同且齿数不同的铣刀编成号数，每号铣刀有规定的铣齿范围，刀齿轮廓只与该号范围的最小齿数齿槽的理论轮廓相一致，其他齿数的齿轮只能获得近似齿形。

【考点分析】

【例 1】加工 T 形槽及燕尾槽的方法：首先用立铣刀或三面刃铣刀铣出＿＿＿＿＿＿，然后在立铣上用 T 形槽铣刀铣削_____和用燕尾槽铣刀铣削成形。

【解题指导】掌握 T 形槽及燕尾槽的加工方法。

【答案】直角槽　T 形槽

【点评】考查 T 形槽及燕尾槽的加工方法。

【例 2】利用仿照与被切齿轮齿槽形状相符的盘状铣刀或指状铣刀切出齿形的方法称为成形法，又称为范成法。　　　　　　　　　　　　　　　　　　　　　（　　）

【解题指导】熟记齿轮齿形加工中成形法的概念。

【答案】×

【点评】考查齿轮齿形的加工原理。

【习题练习】

一、填空题

1. 在铣床上能加工的沟槽种类很多，如_____、角度槽、_____、T 形槽、_____和键槽等。

2. 用面铣刀铣平面时，面铣刀一般用于_____铣床上铣平面。

3. 利用齿轮刀具与被切齿轮的互相啮合运转而切出齿形的方法称为_____，如插齿和滚齿加工。

4. 人字形齿轮应在_____铣床上加工，而蜗轮则需在_____铣床上加工。

二、判断题

1. 在单件小批量生产时，用面铣刀在卧式铣床上铣平面仍是常用的方法。　　（　　）

2. 在轴上铣封闭式键槽，一般用键槽铣刀加工，一次轴向进给不能太大。　（　　）

3. 在铣削成形面时，成形铣刀的形状必须与成形面的形状相吻合。　　　　（　　）

三、选择题

1. 为提高角度面铣削精度，尽可能采用（　　）。

A. 圆柱铣刀逆铣　　　　B. 圆柱铣刀顺铣　　　　C. 面铣刀逆铣　　　　D. 面铣刀顺铣

2. 在卧式铣床上铣平面的常用铣刀是（　　）。

A. 圆柱铣刀　　　　　　B. 面铣刀　　　　　　C. 角度铣刀　　　　　D. 成形铣刀

3. 在大批量生产中，可以采用（　　）来对曲线外形面进行铣削加工。

A. 按划线用手动进给　　B. 圆形工作台　　　　C. 靠模　　　　　　　D. 垫块

四、简答题

1. 简述装夹圆柱铣刀的步骤。

2. 简述成形法铣削加工的特点。

3. 用来制造铣刀的材料主要是什么？

4. 如何装夹带柄铣刀和带孔铣刀？

五、连线题

将铣斜面的方法与图 6-12 各分图对应连接。

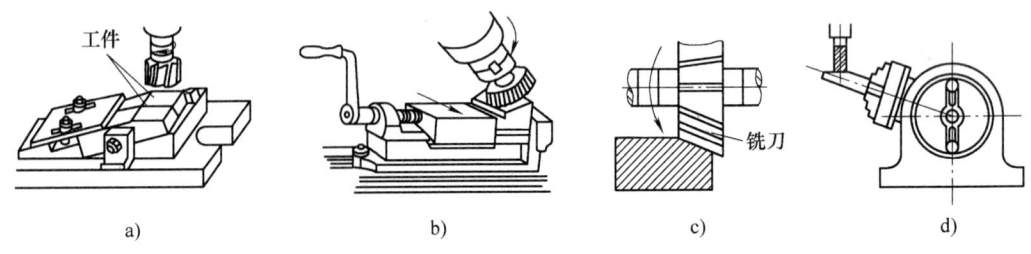

图 6-12　铣斜面的方法

a）用分度头铣斜面　b）用万能铣头铣斜面　c）用斜垫铁铣斜面　d）用角度铣刀铣斜面

◉ 第七单元

刨削与磨削加工

【知识构架】

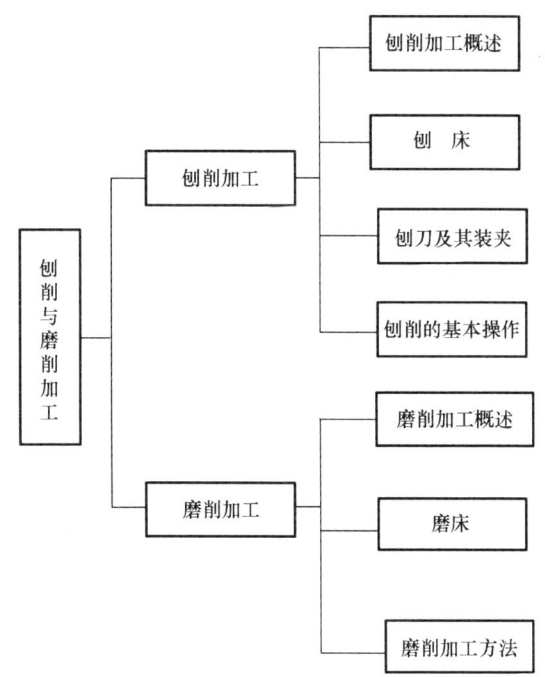

第一节 刨削加工

【学习目标】

1. 掌握刨削加工的定义、特点及加工范围。
2. 了解刨床的种类、主要组成部件和应用范围。

【学习内容】

一、刨削加工概述

在牛头刨床上加工工件时，刨刀的纵向往复直线运动为主运动，工件随工作台作横向间歇进给运动, 如图 7-1 所示。

1. 刨削加工的特点

（1）生产率一般较低　刨削是不连续的切削过程, 刀具切入、切出时切削力有突变, 将引起冲击和振动, 限制了刨削速度的提高。此外, 单刃刨刀实际参加切削的长度有限, 一个表面往往要经过多次行程才能加工出来, 且刨刀返回行程时不工作。由于以上原因, 刨削生产率一般低于铣削, 但对于狭长表面（如导轨面）的加工, 以及在龙门刨床上进行多刀、多件加工时, 其生产率高于铣削。

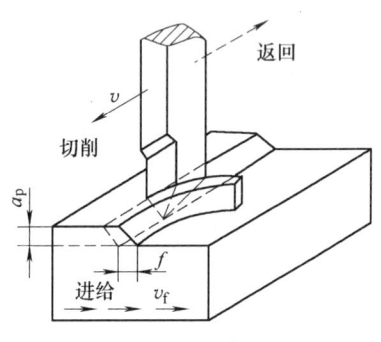

图 7-1　牛头刨床的刨削
运动和切削用量

（2）刨削加工通用性好、适应性强　刨床结构较车床和铣床等简单, 调整和操作方便; 刨刀形状简单, 和车刀相似, 制造、刃磨和装夹都较方便; 刨削时一般不需加切削液。

2. 刨削的加工范围

刨削加工的尺寸公差等级一般为 IT8 ~ IT9, 表面粗糙度 Ra 值为 $1.6 ~ 6.3\mu m$, 用宽刀精刨时, Ra 值可达 $1.6\mu m$。此外, 刨削加工还可保证一定的相互位置精度, 如面对面的平行度和垂直度等。刨削在单件、小批生产和修配工作中得到了广泛应用, 主要用于加工各种平面（水平面、垂直面和斜面）、沟槽（直槽、T 形槽和燕尾槽等）和成形面等, 如图 7-2 所示。

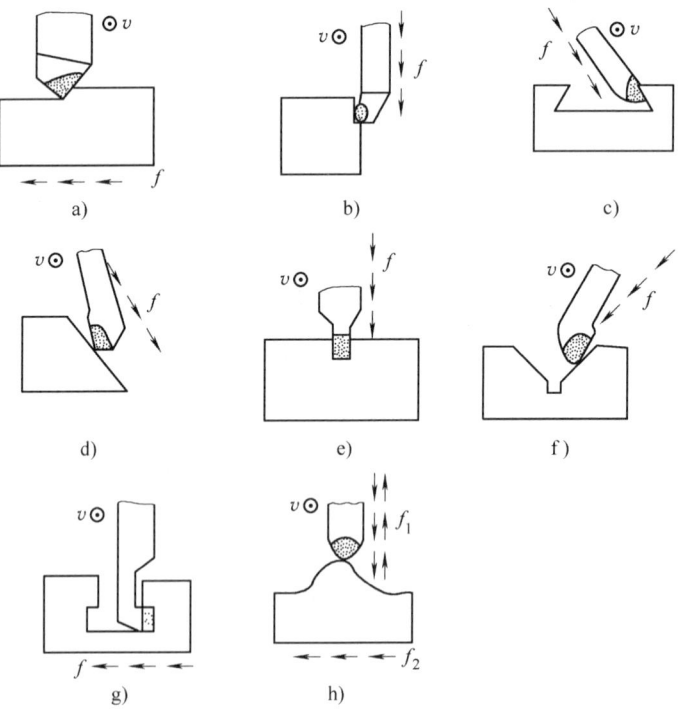

图 7-2　刨削加工的主要应用
a）平面刨刀刨平面　b）偏刀刨垂直面　c）角度偏刀刨燕尾槽
d）偏刀刨斜面　e）切刀切断　f）偏刀刨 V 形槽
g）弯切刀刨 T 形槽　h）成形刨刀刨成形面

二、刨床

刨床主要有牛头刨床和龙门刨床，常用的是牛头刨床。牛头刨床最大的刨削长度一般不超过 1000 mm，适合于加工中小型零件。龙门刨床由于刚性好，而且有 2～4 个刀架可同时工作，因此主要用于加工大型零件或同时加工多个中、小型零件，其加工精度和生产率均比牛头刨床高。刨床上加工的典型零件如图 7-3 所示。

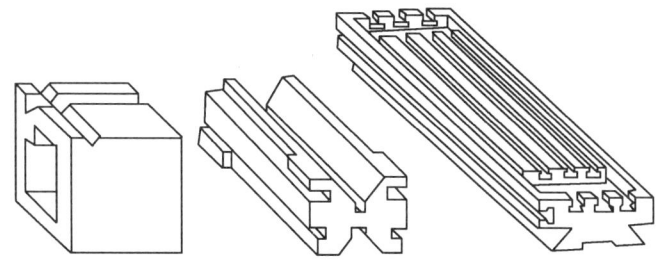

图 7-3　刨床上加工的典型零件

1. 牛头刨床的组成

如图 7-4 所示为 B6065 型牛头刨床的外形，其型号 B6065 中，B 为机床类别代号，表示刨床，读作"刨"；6 和 0 分别为机床组别和系别代号，表示牛头刨床；65 为主参数最大刨削长度的 1/10，即最大刨削长度为 650mm。

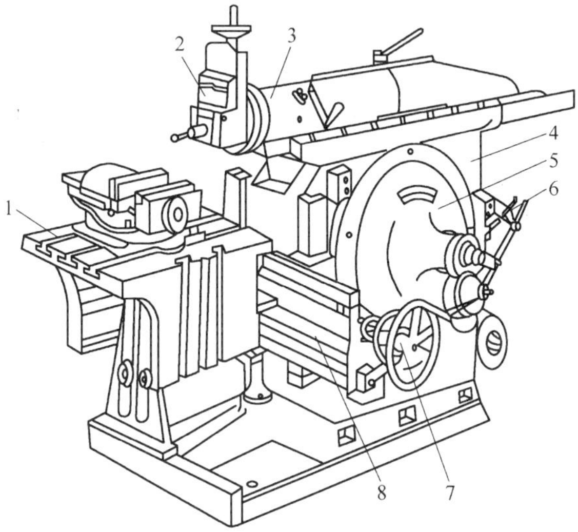

B6065 型牛头刨床主要由以下几部分组成。

（1）床身　用以支撑和连接刨床各部件。其顶面水平导轨供滑枕带动刀架进行往复直线运动，侧面的垂直导轨供横梁带动工作台升降。床身内部有主运动变速机构和摆杆机构。

（2）滑枕　用以带动刀架沿床身水平导轨作往复直线运动。滑枕往复直线运动的快慢以及行程的长度和位置，均可根据加工需要调整。

图 7-4　B6065 型牛头刨床外形图
1—工作台　2—刀架　3—滑枕　4—床身
5—摆杆机构　6—变速机构　7—进给机构　8—横梁

（3）刀架　用以夹持刨刀，其结构如图 7-5 所示。当转动刀架手柄 5 时，滑板 4 带着刨刀沿刻度转盘 7 上的导轨上、下移动，以调整背吃刀量或加工垂直面时作进给运动。松开转盘 7 上的螺母，将转盘扳转一定角度，可使刀架斜向进给，以加工斜面。刀座 3 装在滑板 4 上，抬刀板 2 可绕刀座上的销轴向上抬起，以使刨刀在返回行程时离开零件已加工表面，减少刀具与零件的摩擦。

（4）工作台　用于装夹零件，可随横梁作上下调整，也可沿横梁导轨作水平移动或间歇进给运动。

2. 牛头刨床的传动系统

B6065 型牛头刨床的传动系统主要包括摆杆机构和棘轮机构。

（1）摆杆机构　其作用是将电动机传来的旋转运动变为滑枕的往复直线运动，结构如图7-6所示。摆杆7上端与滑枕内的螺母2相连，下端与支架5相连。摆杆齿轮3上的偏心滑块6与摆杆7上的导槽相连。当摆杆齿轮3由小齿轮4带动旋转时，偏心滑块就在摆杆7的导槽内上下滑动，从而带动摆杆7绕支架5的中心左右摆动，于是滑枕便作往复直线运动。摆杆齿轮转动一周，滑枕带动刨刀往复运动一次。

（2）棘轮机构　其作用是使工作台在滑枕完成回程与刨刀再次切入零件之前的瞬间，作间歇横向进给运动。横向进给机构如图7-7a所示，棘轮机构的结构如图7-7b所示。

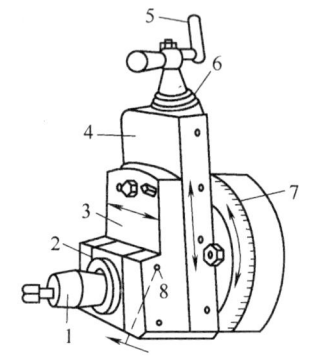

图 7-5　刀架
1—刀夹　2—抬刀板　3—刀座
4—滑板　5—手柄　6—刻度环
7—刻度转盘　8—销轴

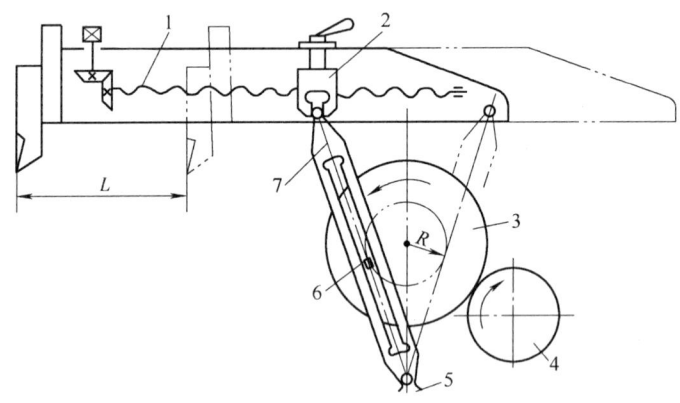

图 7-6　摆杆机构
1—丝杠　2—螺母　3—摆杆齿轮
4—小齿轮　5—支架　6—偏心滑块　7—摆杆

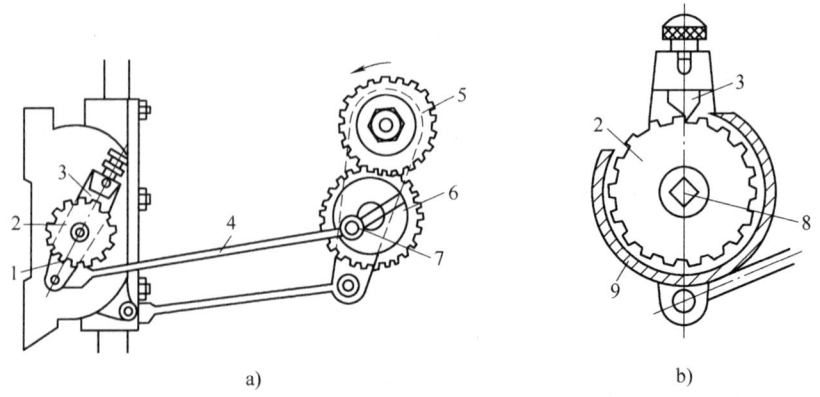

a)　　　　　　　　　　　　b)

图 7-7　牛头刨床的横向进给机构和棘轮机构
a）横向进给机构　b）棘轮机构
1—棘爪架　2—棘轮　3—棘爪　4—连杆　5、6—齿轮　7—偏心销　8—横向丝杠　9—棘轮罩

齿轮 5 与摆杆齿轮为一体，摆杆齿轮逆时针旋转时，齿轮 5 带动齿轮 6 转动，使连杆 4 带动棘爪 3 逆时针摆动。棘爪 3 逆时针摆动时，其上的垂直面拨动棘轮 2 转过若干齿，使横向丝杠 8 转过相应的角度，从而实现工作台的横向进给。当棘轮顺时针摆动时，由于棘爪后面为一斜面，只能从棘轮齿顶滑过，不能拨动棘轮，所以工作台静止不动，这样就实现了工作台的横向间歇进给。

3. 牛头刨床的调整

（1）滑枕行程长度、起始位置和速度的调整　刨削时，滑枕行程的长度一般应比零件刨削表面的长度长 30~40mm，如图 7-6 所示。滑枕的行程长度是通过改变摆杆齿轮上偏心滑块的偏心距离来调整的，其偏心距离越大，摆杆摆动的角度就越大，滑枕的行程长度也就越长；反之，则越短。

松开滑枕内的锁紧手柄，转动丝杠，即可改变滑枕行程的起始点，使滑枕移到所需要的位置。

调整滑枕速度时，必须在停车之后进行，否则将打坏齿轮，如图 7-4 所示，可以通过变速机构 6 来改变变速齿轮的位置，使牛头刨床获得不同的转速。

（2）工作台横向进给量的大小与方向的调整　工作台的进给运动既要满足间歇运动的要求，又要与滑枕的工作行程协调一致，即在刨刀返回行程将结束时，工作台连同零件一起横向移动一个进给量。牛头刨床的进给运动是由棘轮机构实现的。

如图 7-7 所示，棘爪架空套在横梁丝杠轴上，棘轮用键与丝杠轴相联接。工作台横向进给量的大小可通过改变棘轮罩的位置，从而改变棘爪每次拨过棘轮的有效齿数来调整。棘爪拨过棘轮的齿数较多时，进给量大；反之则小。此外，还可通过改变偏心销 7 的偏心距来调整工作台的横向进给量，偏心距小，棘爪架摆动的角度就小，棘爪拨过的棘轮齿数少，进给量就小；反之，进给量大。

若将棘爪提起后转动 180°，可使工作台反向进给。当把棘爪提起后转动 90°时，棘轮便与棘爪脱离接触，此时可手动进给。

4. 龙门刨床

龙门刨床因有一个"龙门"式的框架而得名。与牛头刨床不同的是，在龙门刨床上加工零件时，零件随工作台的往复直线运动为主运动，进给运动是垂直刀架沿横梁上的水平移动和侧刀架在立柱上的垂直移动。

龙门刨床适用于刨削大型零件，零件长度可达几米、十几米甚至几十米，也可在工作台上同时装夹几个中、小型零件，用几把刀具同时加工，故生产率较高。龙门刨床特别适于加工各种水平面、垂直面及各种平面组合的导轨面和 T 形槽等。B2010A 型龙门刨床的外形如图 7-8 所示。

龙门刨床的主要特点是自动化程度高，各主要运动的操纵都集中在机床的悬挂按钮站和电气柜的操纵台上，操纵十分方便；工作台的工作行程和空回行程可在不停车的情况下实现无级变速；横梁可沿立柱上下移动，以适应不同高度零件的加工；所有刀架都有自动抬刀装置，并可单独或同时进行自动或手动进给，垂直刀架还可转动一定的角度，用来加工斜面。

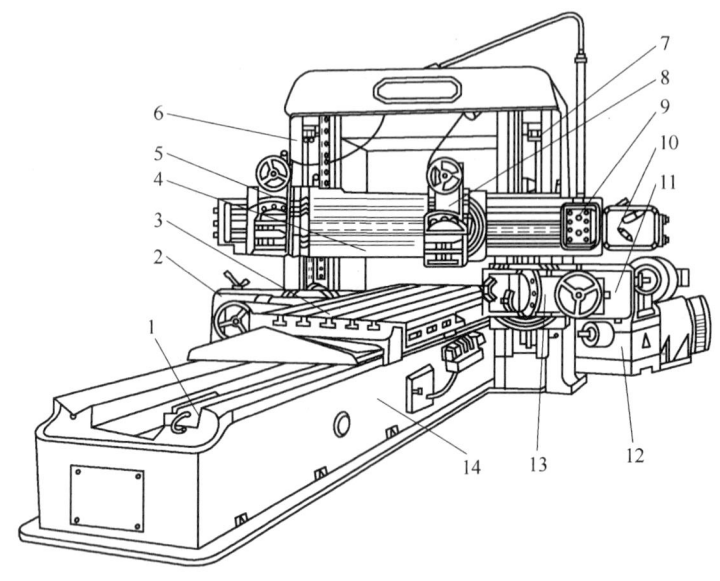

图 7-8　B2010A 型龙门刨床

1—液压安全器　2—左侧刀架进给箱　3—工作台　4—横梁　5—左垂直刀架　6—左立柱
7—右立柱　8—右垂直刀架　9—悬挂按钮站　10—垂直刀架进给箱　11—右侧刀架进给箱
12—工作台减速箱　13—右侧刀架　14—床身

三、刨刀及其装夹

1. 刨刀

刨刀的几何形状与车刀相似，但刀杆的截面积比车刀大 $1.25\sim1.5$ 倍，以承受较大的冲击力。刨刀的前角 γ_o 比车刀稍小，刃倾角取较大的负值，以增加刀头的强度。刨刀的一个显著特点是刨刀的刀头往往做成弯头，如图 7-9 所示为弯头刨刀和直头刨刀比较示意图。做成弯头的目的是为了当刀具碰到零件表面上的硬点时，刀头能绕 O 点向后上方弹起，使切削刃离开零件表面，不

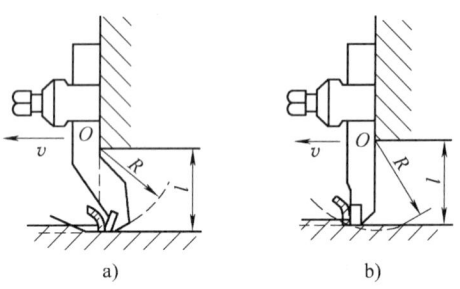

图 7-9　弯头刨刀和直头刨刀的比较
a）弯头刨刀　b）直头刨刀

会啃入零件已加工表面或损坏切削刃，因此弯头刨刀比直头刨刀应用更广泛。

刨刀的形状和种类依加工表面形状的不同而有所不同。常用的刨刀及其应用如图 7-2 所示。平面刨刀用于加工水平面；偏刀用于加工垂直面、台阶面和斜面；角度偏刀用于加工角度和燕尾槽；切刀用于切断或刨沟槽；内孔刀用于加工内孔表面（如内键槽）；弯切刀用于加工 T 形槽及侧面上的槽；成形刨刀用于加工成形面。

2. 刨刀及工件的装夹

如图 7-10 所示，装夹刨刀时，将转盘对准零线，以便准确控制背吃刀量，刀头不要伸出太长，以免产生振动和折断。直头刨刀的伸出长度一般为刀杆厚度的 $1.5\sim2$ 倍，弯头刨刀伸出长度可稍长些，以弯曲部分不碰刀座为宜。装刀或卸刀时，应使刀尖离开零件表面，

以防损坏刀具或者擦伤零件表面，必须一只手扶住刨刀，另一只手使用扳手，用力方向自上而下，否则容易将抬刀板掀起，碰伤或夹伤手指。

在刨床上，零件的装夹方法视零件的形状和尺寸而定，常用的有机用虎钳装夹、工作台装夹和专用夹具装夹等。

四、刨削的基本操作

刨削主要用于加工平面、沟槽和成形面。

1. 刨平面

（1）刨水平面　刨削水平面的顺序如下：

1）正确装夹刀具和零件。

2）调整工作台的高度，使刀尖轻微接触零件表面。

3）调整滑枕的行程长度和起始位置。

4）根据零件材料、形状和尺寸等要求，合理选择切削用量。

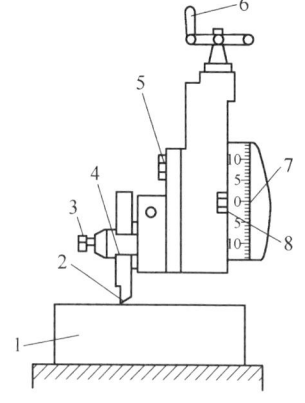

图 7-10　刨刀的装夹
1—零件　2—刀头伸出要短
3—刀夹螺钉　4—刀夹
5—刀座螺钉　6—刀架进给手柄
7—转盘要对准零线　8—转盘螺钉

5）试切。先用手动试切，进给 1～1.5mm 后停车，测量尺寸，根据测得结果调整背吃刀量，再自动进给进行刨削。当零件表面粗糙度 Ra 值低于 6.3μm 时，应先粗刨，再精刨。精刨时，背吃刀量和进给量应小些，切削速度应适当高些。此外，在刨刀返回行程时，应用手掀起刀座上的抬刀板，使刀具离开已加工表面，以保证零件的表面质量。

6）检验。零件刨削完工后，停车检验，尺寸和加工精度合格后即可卸下零件。

（2）刨垂直面和斜面　刨垂直面的方法如图 7-11 所示。此时采用偏刀，并使刀具的伸出长度大于整个刨削面的高度。刀架转盘应对准零线，以使刨刀沿垂直方向移动。刀座必须偏转 10°～15°，以使刨刀在返回行程时离开零件表面，减少刀具的磨损，避免零件已加工表面被划伤。刨垂直面和斜面的加工方法一般在不能或不便于进行水平面刨削时才使用。

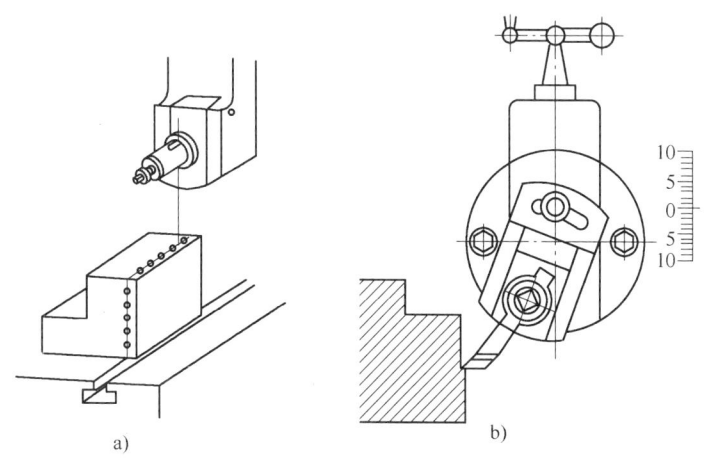

a)　　　　　　　　　　　b)

图 7-11　刨垂直面
a）按划线找正　b）调整刀架垂直进给

刨斜面与刨垂直面基本相同，只是刀架转盘必须按零件所需加工的斜面扳转一定角度，以使刨刀沿斜面方向移动。如图 7-12 所示，采用偏刀或样板刀，转动刀架手柄进行进给，可以刨削左侧或右侧斜面。

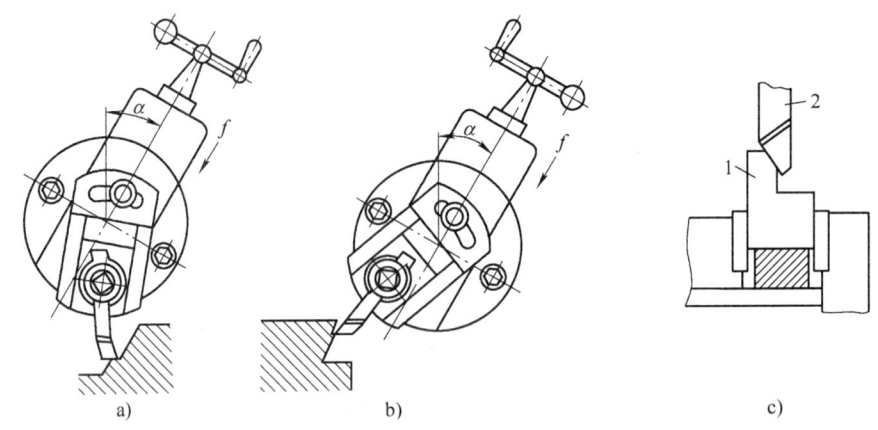

图 7-12 刨斜面
a）用偏刀刨左侧斜面 b）用偏刀刨右侧斜面 c）用样板刀刨斜面
1—零件 2—样板刀

2. 刨沟槽

1）刨直槽时用切刀以垂直进给完成，如图 7-13 所示。

2）刨 V 形槽的方法 如图 7-14 所示，先按刨平面的方法把 V 形槽粗刨出大致形状，如图 7-14a 所示；然后用切刀刨 V 形槽底的直角槽，如图 7-14b 所示；再按刨斜面的方法用偏刀刨 V 形槽的两斜面，如图 7-14c 所示；最后用样板刀精刨至图样要求的尺寸精度和表面粗糙度，如图 7-14d 所示。

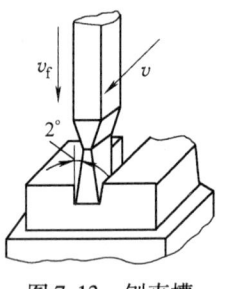

图 7-13 刨直槽

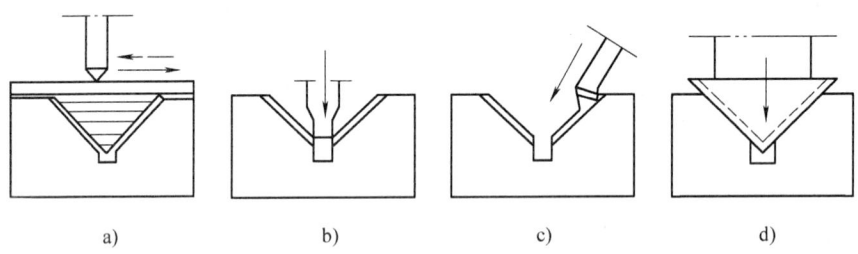

图 7-14 刨 V 形槽
a）刨平面 b）刨直角槽 c）刨斜面 d）样板刀精刨

3）刨 T 形槽时，应先在零件端面和上平面划出加工线，如图 7-15 所示。

4）刨燕尾槽与刨 T 形槽相似，应先在零件端面和上平面划出加工线，如图 7-16 所示。但刨侧面时须用角度偏刀，如图 7-17 所示，刀架转盘要扳转一定角度。

5）在刨床上刨削成形面，通常是先在零件的侧面划线，然

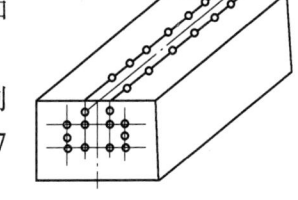

图 7-15 T 形槽零件划线图

后根据划线分别移动刨刀作垂直进给和移动工作台作水平进给，从而加工出成形面，如图 7-2h 所示。也可用成形刨刀加工，使刨刀刃口形状与零件表面一致，一次成形。

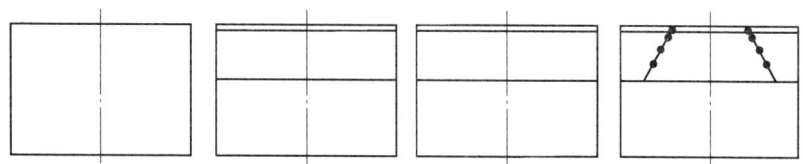

图 7-16　燕尾槽的划线

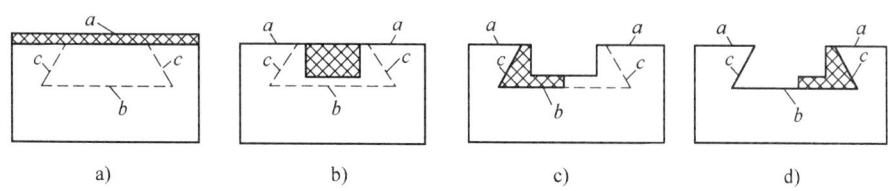

图 7-17　燕尾槽的刨削步骤
a）刨平面　b）刨直槽　c）刨左燕尾槽　d）刨右燕尾槽

【考点分析】

【例1】B6065 型牛头刨床的传动系统主要包括摆杆机构和_____。摆杆齿轮转动一周，滑枕带动刨刀往复运动_____次。

【解题指导】理解并掌握 B6065 型牛头刨床的传动系统。

【答案】棘轮机构　一

【点评】主要考核牛头刨床传动系统的特性。

【例2】刨斜面时，刀架的转角应（　　　）。

A. 等于工件斜面与铅垂线的夹角　　　　　B. 等于工件斜面与水平面的夹角

C. 刀架转盘刻线对零

【解题指导】刨斜面时，刀架转盘必须按零件所需加工的斜面扳转一定角度，以使刨刀沿斜面方向移动。

【答案】B

【点评】主要考核刨削的基本操作。

【例3】牛头刨床的工作台横向进给量的大小是通过改变棘轮罩的位置实现的，当棘爪拨过棘轮的齿数较多时，进给量小；反之较大。　　　　　　　　　　　　　（　　　）

【解题指导】工作台横向进给量的大小通过两种方法调整：一是通过改变棘轮罩的位置来调整；二是通过改变偏心销的偏心距来调整，偏心距小，棘爪架摆动的角度就小，反之，进给量就大。

【答案】×

【点评】主要考核牛头刨床的进给传动。

【习题练习】

一、判断题

1. 牛头刨床上所使用的刨刀，做成直头的比做成弯头的好。 （　　）

2. 由于刨削加工是单刃断续切削，冲击比较厉害，通常刨刀刀杆的断面尺寸比车刀刀杆的断面尺寸大一些。 （　　）

3. 牛头刨床和龙门刨床在加工时的运动方式是相同的。 （　　）

4. 刨削加工时，增大刨刀主偏角能显著减少进给力。 （　　）

5. 刨削加工中，刀具上控制排屑方向的角度是刨刀的前角。 （　　）

6. 牛头刨床的主运动是断续的，进给运动是连续的。 （　　）

二、填空题

1. 牛头刨床的主参数是指_____，其表示法用主参数的_____。

2. 龙门刨床主要用于加工大型零件，它是利用_____作往复直线运动，刀架作_____移动来实现切削的。

3. 刨削较软的工件材料时，应选用_____前角的刨刀。

4. 在工件上刨削垂直面时，刀盒须按一定方向偏转_____的角度。

5. 与水平面成倾斜的平面称为_____面，这种平面分为_____斜面和_____斜面两大类。

三、选择题

1. 牛头刨床与龙门刨床运动的共同点是主运动与进给运动方向必须（　　）。

A. 垂直 　　　　　　B. 平行 　　　　　　C. 斜交

2. 牛头刨床工件进给量大小的调整是通过改变（　　）。

A. 滑枕行程长短 　　B. 曲柄转角大小 　　C. 棘轮齿数多少

3. 牛头刨床刀架上抬刀板的作用是（　　）。

A. 装夹刨刀方便 　　B. 便于刀架旋转 　　C. 减少刨刀回程时与工件的摩擦

4. 粗刨时，为降低工件表面粗糙度值 Ra，应选用（　　）。

A. 降低切削速度 　　B. 减少 a_p 　　　　C. 带有过渡刃的刀具（刀尖呈圆弧）

5. 刨垂直面时，刀盒应偏转（　　）。

A. $10° \sim 15°$ 　　　　B. $15° \sim 30°$ 　　　　C. 使刨刀切削刃与垂直面平行

6. 牛头刨床滑枕往复运动时的速度为（　　）。

A. 快进慢回 　　　　B. 慢进快回 　　　　C. 前进和退回两者相等

7. 刨削水平面时，刀架和刀座的正确位置为（　　）。

A. 刀架左转，刀座处于中间垂直位置

B. 刀座转动，刀架处于中间垂直位置

C. 刀架和刀座均处于中间垂直位置

四、简答题

1. 牛头刨床刨削平面时的主运动和进给运动各是什么？

2. 牛头刨床横向进给量的大小是靠什么实现的？

3. 常见的刨刀有哪几种？试分析切削量大的刨刀为什么做成弯头的。

4. 牛头刨床在刨工件时，其摇杆（摆杆）长度是否有变化？依靠何种机构来补偿？

第二节　磨削加工

【学习目标】

1. 掌握磨削加工的定义、特点及分类。
2. 了解磨床的种类、主要组成部件和应用范围。

【学习内容】

一、磨削加工概述

在磨床上用砂轮对工件的已加工表面进行更为精密的切削加工称为磨削。磨削加工是一种利用砂轮进行切削加工的方法，是一种加工精度比较高，加工速度快的切削加工方式。磨削加工的尺寸公差可达 IT7 ～ IT5，表面粗糙度 Ra 值为 $0.8 ～ 0.2\mu m$，并可以加工淬火钢和硬质合金等高硬度材料，是零件精加工的主要方法之一。磨削适于加工各种表面，包括磨外圆、磨孔、磨螺纹、磨齿轮、磨花键、磨平面和磨导轨。

（1）磨削属多刃、微刃切削　磨削用的砂轮是由许多细小坚硬的磨粒用结合剂粘结在一起经焙烧而成的疏松多孔体，如图 7-18 所示。这些锋利的磨粒就像铣刀的切削刃，在砂轮高速旋转的条件下，切入零件表面，故磨削是一种多刃、微刃的切削过程。

（2）加工尺寸精度高，表面粗糙度值低　磨削的切削厚度极薄，每个磨粒的切削厚度可小到微米，故磨削的尺寸公差等级可达 IT5 ～ IT6，表面粗糙度 Ra 值达 $0.1 ～ 0.8\mu m$。高精度磨削时，尺寸公差等级可超过 IT5，表面粗糙度 Ra 值不大于 $0.012\mu m$。

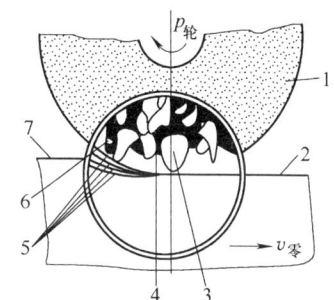

图 7-18　砂轮的组成
1—砂轮　2—已加工表面　3—磨粒
4—结合剂　5—加工表面　6—空隙
7—待加工表面

（3）加工材料广泛　由于磨料硬度极高，故磨削不仅可加工一般金属材料，如碳钢和铸铁等，还可加工一般刀具难以加工的高硬度材料，如淬火钢、各种切削刀具材料及硬质合金等。

（4）砂轮有自锐性　当作用在磨粒上的切削力超过磨粒的极限强度时，磨粒就会破碎，形成新的锋利棱角进行磨削；当此切削力超过结合剂的粘结强度时，钝化的磨粒就会自行脱落，使砂轮表面露出一层新鲜锋利的磨粒，从而使磨削加工能够继续进行。砂轮的这种自行推陈出新、保持自身锋利的性能称为自锐性。砂轮有自锐性可使砂轮连续进行加工，这是其他刀具没有的特性。

（5）磨削温度高　磨削过程中，由于切削速度很高，产生大量切削热，温度超过1000℃。同时，高温的磨屑在空气中发生氧化作用，产生火花。在如此高温下，将会使零件材料的性能改变而影响质量。因此，为减少摩擦和迅速散热，降低磨削温度，及时冲走屑末，以保证零件的表面质量，磨削时需使用大量切削液。

二、磨床

1. 磨床的类型

除了某些形状特别复杂的表面外，机器零件的各种表面大多能用磨床加工，因此磨床有许多种类，根据用途和采用的工艺方法不同，大致可分为以下几类。

（1）外圆磨床　主要用于磨削回转外表面。它包括万能外圆磨床、外圆磨床和无心外圆磨床等。

（2）内圆磨床　主要用于磨削回转内表面。它包括内圆磨床、无心内圆磨床和行星式内圆磨床等。

（3）平面磨床　用于磨削各种平面。它包括卧轴矩台平面磨床、立轴矩台平面磨床、卧轴圆台平面磨床和立轴圆台平面磨床等。

（4）工具磨床　用于磨削各种工具。它包括工具曲线磨床、卡板磨床、钻头沟槽磨床和丝锥沟槽磨床等。

（5）刀具刃磨床　用于刃磨各种切削刀具。它包括万能工具磨床、车刀刃磨床、钻头刃磨床、滚刀刃磨床和拉刀刃磨床等。

（6）专门化磨床　用于磨削某一零件上的一个表面。它包括花键轴磨床、曲柄磨床、凸轮轴磨床、活塞环磨床和球轴承套圈沟磨床等。

（7）其他磨床　如研磨机、珩磨机、抛光机和砂轮机等。

其中，在生产中应用得最多的是外圆磨床、内圆磨床、平面磨床和无心磨床四种。

2. 外圆磨床、内圆磨床和平面磨床

（1）M1432A 型万能外圆磨床　M1432A 型万能外圆磨床（图 7-19）主要用于磨削圆柱形或圆锥形的外圆和内孔，也能磨削阶梯轴的轴高和端平面。其主参数以工件最大磨削直径的 1/10 表示。这种磨床属于普通精度级，通用性较大，而且自动化程度不高，磨削效率较低，所以适用于工具车间、机修车间和单件、小批量生产的车间。

（2）无心外圆磨床　无心磨床通常指无心外圆磨床。无心外圆磨床示意图如图 7-20 所示。

无心磨削的特点是：工件不用顶尖支承或卡盘夹持，而是置于磨削砂轮和导轮之间，并用托板支承定位，工件中心略高于两轮中心的连线，并在导轮摩擦力作用下带动旋转。导轮为刚玉砂轮，它以树脂或橡胶为结合剂，与工件间有较大的摩擦系数，线速度在 10～50m/min 左右，工件的线速度基本上等于导轮的线速度。磨削砂轮采用一般的外圆磨砂轮，其通常不变速且线速度很高，一般为 35m/s 左右，所以在磨削砂轮与工件之间有很大的相对速度时，这就是磨削工件的切削速度。为了避免磨削出棱圆形工件，工件中心必须高于磨削砂轮和导轮的连心线，这样就可使工件在多次转动中逐步被磨圆。

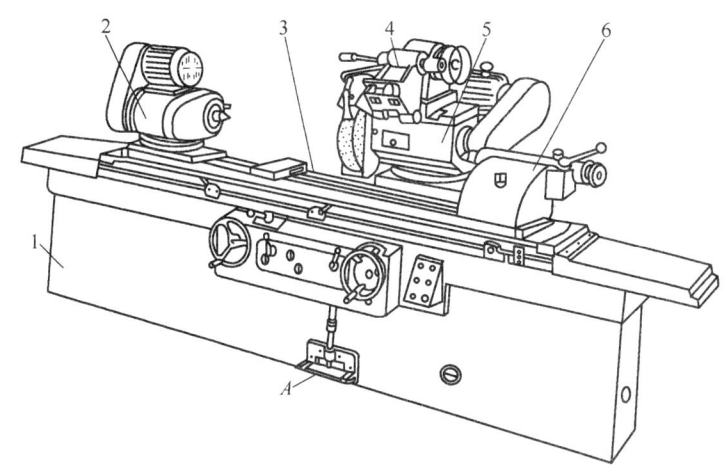

图 7-19 M1432A 型万能外圆磨床
1—床身 2—头架 3—工作台 4—内圆磨装置 5—砂轮架 6—尾座 A—脚踏操纵板

（3）内圆磨床 内圆磨床主要用于磨削圆柱孔和圆锥孔，它的类型有普通内圆磨床、无心内圆磨床和行星式内圆磨床。下面介绍普通内圆磨床（图 7-21）。床头箱 3 固定在工作台 2 上，由工作台工带动床头箱 3 沿床身 1 的导轨作纵向往复运动，其行程长度由调节工人台前侧面的挡块来控制。工作台往复运动一次，砂轮架 4 横向进给一次。床头箱 3 可相对于工作台 2 的导轨偏转一个角度，用以磨削锥孔。

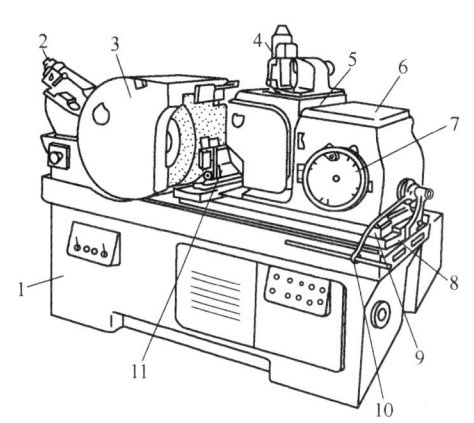

图 7-20 无心外圆磨床
1—床身 2—砂轮修整器 3—砂轮架 4—导轮修整器
5—转动体 6—座 7—微量进给手轮
8—底座 9—拖板 10—手柄 11—托架

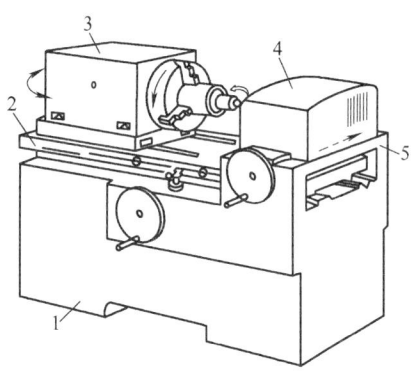

图 7-21 普通内圆磨床
1—床身 2—工作台
3—床头箱 4—砂轮架 5—横拖板

内圆磨削时，因直径受工件孔径的限制，只能采用较小直径的砂轮，目前，国内一般内圆磨头的转速在 10 000～20 000r/min 之间，所以砂轮的线速度较低。另外，因为砂轮轴细而长，刚性差，砂轮与工件内孔接触面积大，因此内圆磨削的生产效率较低，大多用于单件小批生产。

（4）平面磨床　平面磨削一般有两种形式：一种是用砂轮的周边进行磨削，简称周磨；另一种是用砂轮的端面进行磨削，简称端磨。端磨时因为砂轮与工件的接触面积大，即同时参加切削的磨粒数多，因此它的生产率较周边磨削高；但端磨时砂轮与工件的接触面积大，磨削热量高，冷却和排屑困难，磨粒磨损不均匀，而周磨不存在端磨时的不利因素，所以磨削质量较高，适用于精磨。

根据磨削方式和机床布局的不同，平面磨床主要有卧轴矩台平面磨床、卧轴圆台平面磨床、立轴圆台平面磨床和立轴矩台平面磨床四种类型。

图 7-22 是使用较为普遍的卧轴矩台平面磨床，卧轴矩台平面磨床一般由床身 10、工作台 8、砂轮架 3 及机械、液压传动机构等部分组成。在工作台 8 上装置有电磁吸盘用来装夹工作，工作台 8 可沿床身 10 的顶面导轨作纵向往复运动，砂轮架 3 沿横拖板的导轨作周期性的横向进给运动，横拖板（带着砂轮架 3）可沿立柱 6 的导轨作垂直进给运动。

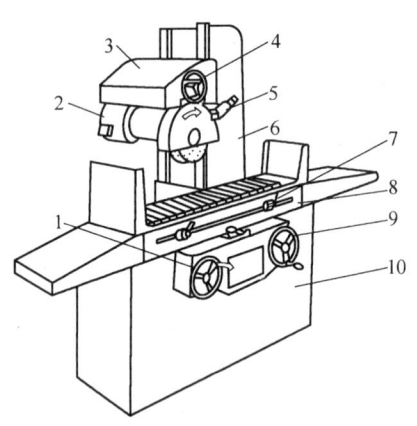

图 7-22　卧轴矩台平面磨床
1—纵向移动手轮　2—主电动机　3—砂轮架
4—横向移动手轮　5—砂轮修正器
6—立柱　7—行程挡块　8—工作台
9—垂直进给手轮　10—床身

3. 砂轮

砂轮是磨削的切削工具。磨粒、结合剂和空隙是构成砂轮的三要素。砂轮的特性主要包括磨料、粒度、硬度、结合剂、组织、形状和尺寸等。

三、磨削加工方法

1. 外圆磨削

外圆磨削可以在普通外圆磨床、万能外圆磨床或无心磨床上进行。常用的磨削方法有轴向磨削法、径向磨削法、阶段磨削法和深度磨削法四种，磨削对象主要是各种圆柱体、圆锥体、带肩台阶轴、环形工件以及旋转曲面。经外圆磨削后的工件表面粗糙度 Ra 值一般能达到 $0.2 \sim 0.8\,\mu m$，尺寸公差等级可达 IT6 ~ IT7。外圆柱面磨削如图 7-23 所示。

（1）砂轮的选择　外圆磨削砂轮的选择必须考虑工件的加工精度、磨削性能、磨削力和磨削热等因素，选择中等组织的平形砂轮，砂轮尺寸按机床规格选用。

（2）工件的装夹

1）用前、后顶尖装夹工件。装夹时，利用工件两端的顶尖孔将工件支承在磨床的头架及尾座顶尖间。这种装夹方法的特点是装夹迅速方便，加工精度高。

2）用自定心卡盘或单动卡盘装夹工件。自定心卡盘适用于装夹没有中心孔的工件，而单动卡盘特别适用于装夹表面不规则的工件。

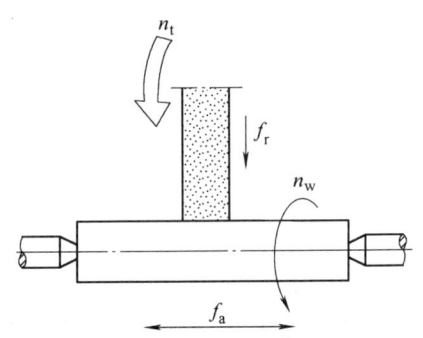

图 7-23　外圆柱面磨削

3）利用心轴装夹工件。心轴装夹适用于磨削套类零件的外圆。常用的心轴有小锥度心轴、台肩心轴和可胀心轴。

（3）外圆的一般磨削方法

1）纵向法。磨削时，工件在主轴带动下作旋转运动，并随工作台一起作纵向移动。当一次纵向行程或往复行程结束时，砂轮需按要求的磨削深度再作一次横向进给，这样就能使工件上的磨削余量不断被切除。纵向法磨削的特点是：精度高、表面粗糙度值小、生产率低，适用于单件小批量生产及零件的精磨。

2）横向法（切入磨法）。磨削时，工件只需与砂轮作同向转动（圆周进给），而砂轮除高速旋转外，还需根据工件加工余量作缓慢连续的横向切入，直到加工余量全部被切除为止。横向法磨削的特点是：磨削效率高，磨削长度较短，磨削较困难，适用于批量生产，磨削刚性好的工件上较短的外圆表面。

3）阶段磨削法。阶段磨削法又称综合磨削法，是横磨法和纵磨法的综合应用，即先用横磨法将工件分段粗磨，相邻两段间有一定量的重叠，各段留精磨余量，然后用纵磨法进行精磨。这种磨削方法既保证了精度和表面质量，又提高了磨削效率。

2. 无心外圆磨削

无心外圆磨削是在无心外圆磨床上进行的一种外圆磨削。进行无心外圆磨削时，工件不定中心自由地置于磨削轮和导轮之间，由托板和导轮支承，工件被磨削的外圆表面本身就是定位基准面，其中起磨削作用的砂轮称磨削轮，起传动作用的砂轮称导轮。导轮由橡胶结合剂制成，其轴线在垂直方向上与磨削轮成 θ 角，带动工件旋转和完成纵向进给运动。

无心磨削时，磨削轮以大于导轮 75 倍左右的圆周速度旋转，由于工件与导轮间的摩擦力大于工件与磨削轮间的摩擦力，所以工件被导轮带动并与其成相反方向旋转，而磨削轮则对工件进行磨削。经过无心磨削后工件的尺寸公差等级可达 IT6～IT7，表面粗糙度 Ra 值达 $0.2～0.8\mu m$，如图 7-24 所示。

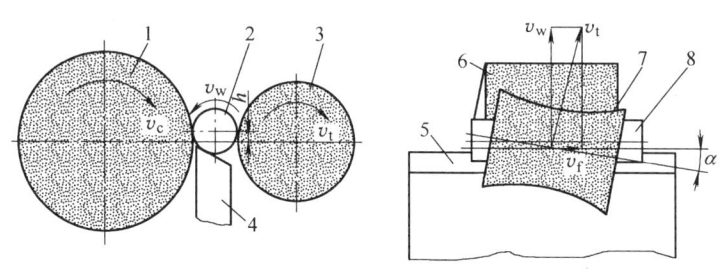

图 7-24　无心磨削
1、6—磨削砂轮　2、8—工件　3、7—导轮　4、5—托板

3. 内圆磨削

内圆磨削可以在内圆磨床或万能外圆磨床上进行。常用的磨削方法有纵向磨削法与径向磨削法。磨削对象主要是各种圆柱孔、圆锥孔、圆柱孔或圆锥孔端面以及成形内表面。内圆

磨削的尺寸公差等级可以达到 IT6 ~ IT7，表面粗糙度 Ra 值达 0.2 ~ 0.8μm。采用高精度内圆磨削工艺，尺寸精度可以控制在 0.005mm 以内，表面粗糙度 Ra 值为 0.025 ~ 0.1μm。

为了保证磨孔的质量和提高生产率，必须根据磨孔的特点合理地使用砂轮和接长轴，正确选择磨削用量，并改进工艺。内圆磨削如图 7-25 所示。

4. 平面磨削

平面磨削主要在平面磨床上进行，若零件较小或加工一些特殊平面时，也可在工具磨床上进行。平面磨削的尺寸公差等级可达 IT5 ~ IT7，表面粗糙度 Ra 值为 0.2 ~ 0.8μm。常用的平面磨削方式有 4 种，分别是卧轴矩台平面磨削、卧轴圆台平面磨削、立轴矩台平面磨削和立轴圆台平面磨削。

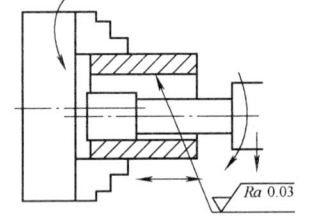

图 7-25　内圆磨削

（1）磨平行面　平面零件磨削时最常用的装夹夹具是电磁吸盘。凡是由钢、铸铁等磁性材料制成的平行面零件，都可由电磁吸盘装夹，利用磁力吸牢工件。这种方法装卸工件方便迅速，牢固可靠，能同时装夹许多工件。常用的平行面磨削方法有横向磨削法、深度磨削法和阶梯磨削法三种。

（2）磨垂直面　垂直面是指那些与主要基面垂直的平面。磨削垂直面的关键问题是采用何种装夹方法，以达到相邻面之间的垂直度要求。

（3）磨斜面　常用的斜面磨削方法有以下三种。

1）用正弦规和精密角铁装夹工件磨斜面。正弦规是一种精密量具，使用时，根据所磨工件斜面的角度，算出需要垫入的量块高度。

2）用正弦精密机用虎钳或正弦电磁吸盘装夹工件磨斜面。正弦精密平口钳的最大倾斜角为 45°，而正弦电磁吸盘是用电磁吸盘代替了正弦精密机用虎钳中的机用虎钳，其最大回转角也是 45°。一般可用于磨削厚度较薄的工件。

3）用导磁 V 形块装夹工件磨斜面。导磁 V 形块的结构和使用原理与导磁角铁相同。这种导磁 V 形块所能磨削的工件倾斜角不能调整，因而适用于批量生产。

5. 磨削加工注意事项

1）看清图样，明确要求，规范操作，严格执行成批生产的首检制度。

2）正确使用设备及工具、夹具、量具，做好维护保养工作，定期更换润滑油。

3）合理安放工具、量具和工件，有利于缩短工作的辅助时间，提高生产率。

4）正确装夹砂轮，经常检查砂轮的运转情况，及时调正砂轮的平衡。

5）工作中，发现异常情况应立即停车，如果是设备故障要及时报告，待机修人员排除故障、修复机床后方能重新操作。

6）操作时必须精力集中，不得擅自离开工作岗位。

7）做好交接班工作，通报机床运行情况和加工的有关信息，并做好记录。

8）正确穿戴劳动防护用品。

【考点分析】

【例 1】_____是一种利用砂轮进行切削加工的方法。

【解题指导】熟记利用砂轮进行加工的是磨削加工。

【答案】磨削加工

【点评】主要考核磨削加工的特征。

【例2】平面磨削的尺寸公差等级可达_____。

A. IT3 ~ IT5   B. IT4 ~ IT6   C. IT5 ~ IT7   D. IT6 ~ IT8

【解题指导】掌握磨削能达到的精度。

【答案】C

【点评】主要考核磨削精度的记忆。

【例3】内圆磨削可以在内圆磨床或万能外圆磨床上进行。常用的磨削方法有_____与_____。

【解题指导】掌握内圆磨削的磨削方法。

【答案】纵向磨削法 径向磨削法

【点评】主要考核内圆磨削的磨削方法。

【习题练习】

一、填空题

1. _____、_____和_____是构成砂轮的三要素。

2. 常用的平面磨削方式有_____、_____、_____和_____。

3. 外圆的一般磨削方法有_____、_____和_____。

4. 砂轮的特性主要包括_____、_____、_____、_____、_____、_____和_____等。

二、判断题

1. 砂轮的粒度选择取决于工件的加工表面粗糙度、磨削生产率、工件材料性能及磨削面积大小等。   （   ）

2. 砂轮的组织反映了砂轮中磨料、结合剂和空隙三者之间不同体积的比例关系。

        （   ）

3. 磨削硬材料时，砂轮与工件的接触面积越大，砂轮的硬度应越高。   （   ）

4. 磨削过程实际上是许多磨粒对工件表面进行切削、刻划和滑擦的综合作用的过程。

        （   ）

三、选择题

1. 磨削切削液通常使用的是（   ）。

A. 全损耗系统用油   B. 乳化液   C. 自来水   D. 全损耗系统用油＋水

2. 磨硬的工件材料，一般要采用（   ）。

A. 硬砂轮   B. 软砂轮   C. 两个都一样   D. 都不对

3. 磨细长工件外圆时，工件的转速及横向进给量应分别为（   ）。

A. 低、小   B. 高、小   C. 低、大   D. 高、大

四、简答题

1. 磨削加工的特点是什么？

2. 简述磨削加工用量有哪些。

3. 常见的磨削方式有哪几种？

特种加工与先进的加工技术

【知识构架】

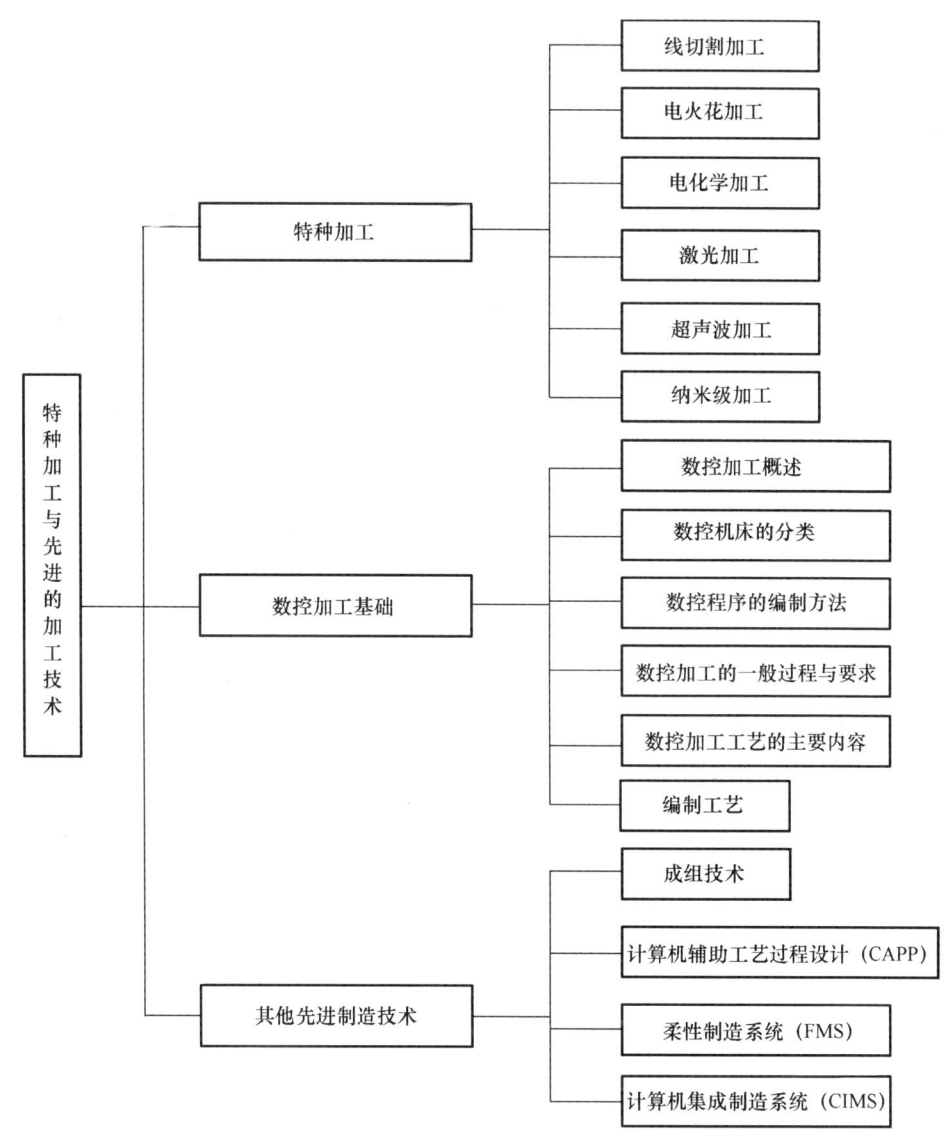

第一节 特种加工

【学习目标】

1. 了解线切割加工的方法和特点。
2. 了解电火花加工的方法和特点。
3. 了解电化学加工的原理、应用及特点。
4. 了解激光加工的方法和特点。
5. 了解超声加工的方法和特点。
6. 了解纳米级加工的应用及特点。

【学习内容】

特种加工是指那些不属于传统加工工艺范畴的加工方法。它不同于使用刀具、磨具等直接利用机械能切除多余材料的传统加工方法，而是将电、磁、声、光等物理能量、化学能量或其组合直接施加在被加工的部位上，从而使材料被去除、变形或改变其性能等。特种加工可以完成传统加工难以加工的材料（如高强度、高韧性、高硬度、高脆性、耐高温材料和工业陶瓷、磁性材料等）以及精密、微细、形状复杂零件的加工。在航空航天、电子、轻工等工业部门以及电动机、电器、仪表、透平机械、汽车和拖拉机等行业中，特种加工已成为不可缺少的加工方法。

特种加工是近几十年发展起来的新工艺，是对传统加工工艺方法的重要补充与发展，目前仍在继续研究开发和改进。特种加工的种类较多，这里仅简略地介绍电火花加工、线切割加工和电化学加工等。

一、线切割加工

1. 线切割加工的原理

在线切割加工中，用连续移动的金属丝（也称电极丝）代替电火花穿孔加工中的电极，故称其为线切割加工。在线切割加工中，工件与高频脉冲电源的正极相连接，电极丝与脉冲电源的负极相连接，利用电极丝与工件在液体介质中产生的火花切除工件上的金属，工件按预定的轨迹进行运动从而加工出形状复杂的金属零件，就像木工用钢线锯锯木板一样。线切割加工只能加工以直线为母线的曲面。如图 8-1 所示为线切割加工的工作原理，工

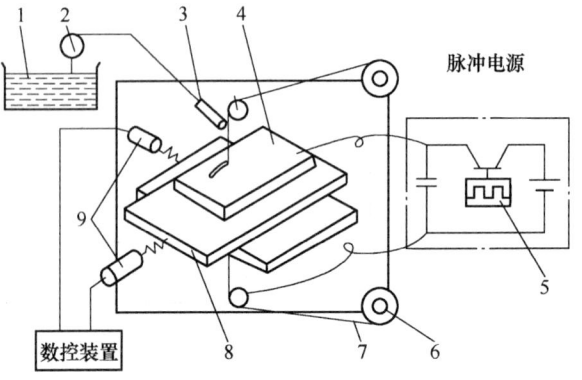

图 8-1 线切割加工的工作原理图
1—工作液 2—泵 3—喷嘴 4—工件 5—电脉冲信号
6—丝筒 7—电极丝 8—x、y 坐标工作台 9—步进电动机

作时电极丝沿其轴线运动，电极丝和工件之间注入工作液介质，工件安放在坐标工作台上，随工作台按预定的控制程序沿 x、y 两个坐标方向运动，从而合成各种曲线轨迹，将工件切割成形。

2. 线切割加工的特点及分类

（1）线切割的特点

1）不需制造成形电极，用简单的电极丝即可对工件进行加工，主要切割各种高硬度、高强度、高韧性和高脆性的导电材料，如淬火钢和硬质合金等。

2）由于电极丝比较细，可以加工微细异形孔、窄缝和复杂形状的工件。

3）加工各种冲模、凸轮和样板等外形复杂的精密零件，尺寸精度可达 $0.01 \sim 0.02\text{mm}$，表面粗糙度 Ra 值可达 $1.6\mu\text{m}$，还可切割带斜度的磨具或工件。

4）由于切缝很窄，切割时只对工件材料进行"套料"加工，故余料还可以利用。

5）自动化程度高，操作方便，劳动强度低。

6）加工周期短，成本低。

（2）线切割的分类和型号　线切割加工机床按走丝速度可分为慢走丝方式线切割机床和快走丝方式线切割机床；按加工特点可分为大、中、小型以及普通直壁切割型与锥度切割型线切割机床；按脉冲电源形式可分为RC电源、晶体管电源、分组脉冲电源及自适应控制电源线切割机床。

（3）线切割加工机床的型号示例

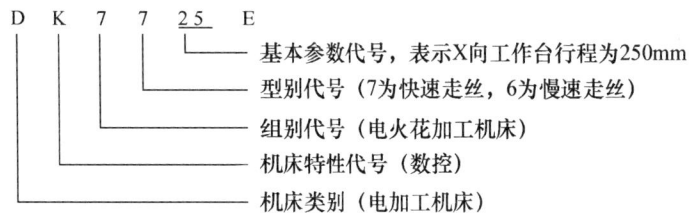

二、电火花加工

1. 电火花加工的原理

电火花加工是在一定的介质中通过工具电极和工件电极之间脉冲放电的电蚀作用对工件进行加工的方法。电火花加工的原理如图8-2所示，工件1与工具4分别与脉冲电源2的两极相连接。自动进给调节装置3（此处为液压油缸和活塞）使工具和工件间经常保持一很小的放电间隙，当脉冲电压加到两极之间时，便在当时条件下相对某一间隙最小处或绝缘强度最弱处击穿介质，在该局部进行火花放电，产生瞬时高温使工具和工件表面局部熔化，甚至汽化蒸发而电蚀掉一小部分金属，各自形成一个小凹坑，如图8-3所示。

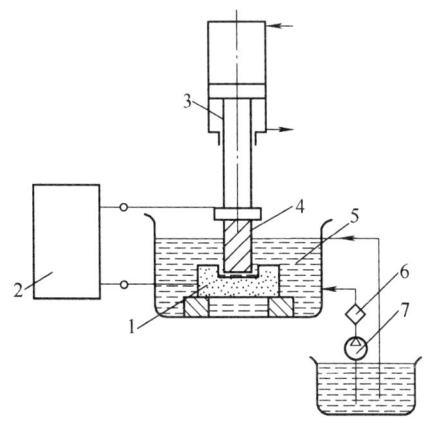

图 8-2　电火花加工的原理
1—工件　2—脉冲电源　3—自动进给调节装置
4—工具　5—工作液　6—过滤器　7—工作液泵

图 8-3a 表示单个脉冲放电后的电蚀坑，图 8-3b 表示多次脉冲放电后的电极表面。脉冲放电结束后，经过脉冲间隔时间，使工作液恢复绝缘后，第二个脉冲电压又加到两极上，会在当时极间距离相对最近或绝缘强度最弱处击穿放电，又电蚀出一个小凹坑，整个加工表面将由无数小凹坑所组成。这种放电循环每秒钟重复数千次到数万次，使工件表面形成许许多多非常小的凹坑，称为电蚀现象。随着工具电极不断进给，工具电极的轮廓尺寸被精确地"复印"在工件上，达到成形加工的目的。

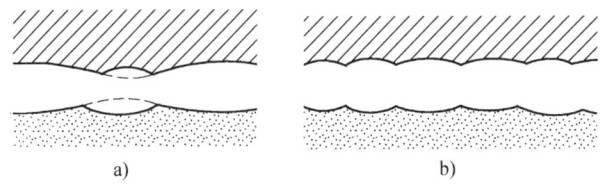

a)   b)

图 8-3 电火花加工表面局部放大

进行电火花加工时，工具电极和工件分别接脉冲电源的两极，并浸入工作液中，或将工作液充入放电间隙，通过间隙自动控制系统控制工具电极向工件进给。当两电极间的间隙达到一定距离时，两电极上施加的脉冲电压将工作液击穿，产生火花放电。在放电的微细通道中瞬时集中大量的热能，温度可高达 10 000℃ 以上，压力也有急剧变化，从而使这一点工作表面局部微量的金属材料立刻熔化、汽化，并爆炸式地飞溅到工作液中，迅速冷凝，形成固体的金属微粒，被工作液带走。这时在工件表面上便留下一个微小的凹坑痕迹，放电短暂停歇，两电极间的工作液恢复绝缘状态。紧接着，下一个脉冲电压又在两电极相对接近的另一点处击穿，产生火花放电，重复上述过程。这样，虽然每个脉冲放电蚀除的金属量极少，但因每秒有成千上万次脉冲放电作用，就能蚀除较多的金属，具有一定的生产率。在保持工具电极与工件之间恒定放电间隙的条件下，一边蚀除工件金属，一边使工具电极不断地向工件进给，最后便加工出与工具电极形状相对应的形状来。因此，只要改变工具电极的形状和工具电极与工件之间的相对运动方式，就能加工出各种复杂的型面。

工具电极常用导电性良好、熔点较高、易加工的耐电蚀材料，如铜、石墨、铜钨合金和钼等。在加工过程中，工具电极也有损耗，但小于工件金属的蚀除量，甚至接近于无损耗。工作液作为放电介质，在加工过程中还起着冷却、排屑等作用。常用的工作液是黏度较低、闪点较高、性能稳定的介质，如煤油、去离子水和乳化液等。

2. 电火花加工的特点及分类

（1）电火花加工的特点

1）电火花加工是不接触加工。工具电极和工件之间并不接触而有一个火花放电间隙（0.01 ~ 0.1mm），间隙中充满煤油工作液。

2）加工过程中没有宏观切削力。火花放电时，局部和瞬间爆炸力的平均值很小，不足以引起工件的变形和位移。

3）可以"以柔克刚"。由于电火花加工直接利用电能和热能来去除金属材料，与工件的强度和硬度等关系不大，因此可以用软的工具电极加工硬的工件，实现"以柔克刚"。

（2）电火花加工的分类　按照工具电极的形式及其与工件之间相对运动的特征，可将电火花加工方式分为以下5类。

1）利用成形工具电极，相对工件作简单进给运动的电火花成形加工。

2）利用轴向移动的金属丝作为工具电极，工件按所需形状和尺寸作轨迹运动，以切割导电材料的线切割加工。

3）利用金属丝或成形导电磨轮作为工具电极，进行小孔磨削或成形磨削的电火花磨削。

4）用于加工螺纹环规、螺纹塞规和齿轮等的电火花共轭回转加工。

5）小孔加工、刻印、表面合金化、表面强化等其他种类的加工。

电火花加工能加工普通切削加工方法难以切削的材料和复杂形状工件；加工时无切削力；不产生飞边和刀痕沟纹等缺陷；工具电极材料无须比工件材料硬；直接使用电能加工，便于实现自动化。但加工后表面产生变质层，在某些应用中须进一步去除；工作液的净化和加工中产生的烟雾污染处理也比较麻烦。

三、电化学加工

1. 电化学加工的原理

电化学加工是利用金属在电解液中发生电化学阳极溶解的原理进行的。图8-4所示为电化学加工的原理示意图，工具电极接负极，工件接正极，工件和电极之间保持一定的间隙（0.1～1mm），在间隙中通过具有一定压力（0.49～1.96MPa）和速度（75m/s）的电解液。当工具电极以一定的进给速度（0.4～1.5mm/min）向工件靠近，并在工件和工具电极之间接上直流电压（6～24V）时，工件表面和工具电极之间距离最近的地方通过的电流密度可达 $10～70A/cm^2$，产生阳极溶解，金属变成氢氧化物沉淀而被电解液冲走。随着工具的不断进给，逐渐将工具的形状复印到工件上，使工件得到所需的形状和尺寸。

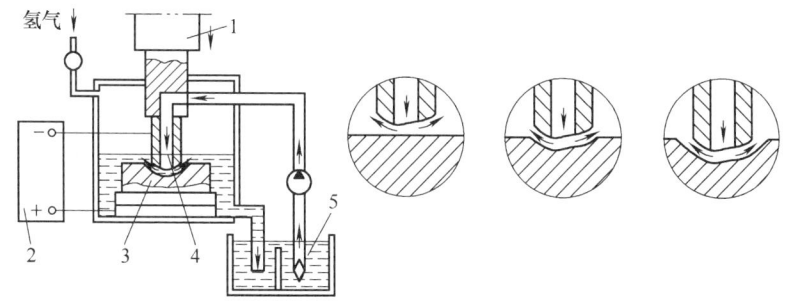

图8-4　电化学加工的原理图
1—进给机构　2—直流电流　3—工件　4—工具电极　5—电解液

2. 电化学加工的特点及应用

1）电化学加工与被加工材料的硬度、强度和韧性等无关，故可加工任何金属材料，常用于加工高温合金、钛合金、不锈钢、淬火钢和硬质合金等难切削材料。

2）能以简单的直线进给运动，一次加工出复杂的型腔和型孔（如锻模、叶片等）。

3）电化学加工的生产率较高，约为电火花加工的5～10倍，在某些情况下甚至比切削加工的生产率还高，而且加工生产率不受加工精度和表面粗糙度的直接限制。

4）加工表面质量好，无飞边和变质层，表面粗糙度 Ra 值可达 $0.2 \sim 1.25\mu m$，加工精度约为 $\pm 0.1mm$ 左右。

5）加工过程中阴极工具在理论上不会损耗，可长期使用。

电化学加工的主要弱点和局限性如下：

1）不易达到较高的加工精度和加工稳定性，也难以加工出棱角，一般圆角半径都大于 $0.2mm$。

2）电化学加工设备投资大，占地面积大，设备的锈蚀也严重，单件小批量生产时成本比较高。

3）电解产物必须进行妥善处理，否则将污染环境。

电化学加工是一种比较成熟的特种加工方法，在制造业中已得到广泛应用，可进行深孔扩孔加工、型孔的加工、型腔的加工、套料加工、叶片加工、电解倒棱去飞边、电解刻字和电解抛光等。

四、激光加工

1. 激光加工的原理

激光加工是利用光的能量经过透镜聚焦后在焦点上达到很高的能量密度，然后靠光热效应来加工各种材料。人们利用透镜将太阳光聚焦，使纸张木材燃烧，这说明光本身具有能量，经过聚焦之后，在焦点附近集中，使温度达到300℃以上。但由于太阳光的能量密度不高，再加上是多种不同波长的多色光，聚焦后不在同一平面内，不能聚焦成直径只有几十微米的小光点，这样就不可能在焦点附近获得很大的能量和极高的温度来加工工件。所谓激光是可控的单色光，具有一般光的共性，也有它本身的特性，如具有强度高、方向性好、能量密度大的特点。由于激光的发散角小，单色性好，所以可以聚焦到尺寸与光的波长相近的微米或亚微米小斑点上，加上它本身强度高，故在焦点处可以达到 $107 \sim 1\,011W/cm^2$ 的功率密度，温度可达到 $10\,000℃$ 以上。在这样的温度下，任何材料都将被熔化和汽化，并爆炸性地高速喷射出来，同时产生方向性很强的冲击波。工件材料就在高温和冲击波的同时作用下被去除，从而达到加工的目的。

激光加工由激光器、电源、光学系统及机械系统四大部分构成，电源根据加工工艺的要求，在电压控制、时间控制、储能电容组及触发器等的作用下，为激光器提供所需要的能量；激光器把电能转变成光能，并产生所需的激光束；光学系统将激光引向聚焦物镜并聚焦在工件上，通过焦点位置调节及其观察显示系统，使激光束准确地聚焦在加工位置；机械系统有床身、坐标工作台及机电控制系统等，以实现激光加工。图8-5所示为固体激光器的

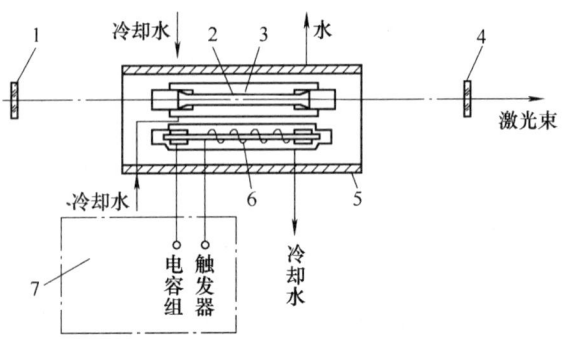

图 8-5 固体激光器的结构示意图
1—全反射镜 2—工作物质 3—玻璃套管
4—部分反射镜 5—聚光器 6—光泵（氙灯）
7—激光器电源（包括电容器及触发器等）

结构示意图，包括工作物质2、光泵6、玻璃套管3和滤光液、冷却水、聚光器5等部分。光泵是供给工作物质光能用的，一般都用氙灯作为光泵；聚光器把氙灯发出的光能聚集在工作物质上；通过滤光液和玻璃套管滤去氙灯发出的紫外线成分，最后通过部分反射镜发出激光束。

2. 激光加工的特点

1）由于激光的功率密度高，几乎可以加工任何材料，高硬度材料、耐热合金、陶瓷、石英、金刚石等硬、脆材料都能用激光加工。

2）激光光斑大小可以聚焦到微米级，输出功率可以调节，因此可用于精密微细加工。

3）加工所用工具是激光束，属于非接触加工，所以没有明显的机械力，没有工具损耗问题，且加工速度快、热影响区小，容易实现加工过程自动化，还能通过透明体进行加工，如对真空管内部进行焊接加工等。

4）激光加工是一种热加工，影响因素很多，因此精微加工时的精度，尤其是重复精度和表面质量不易保证，必须进行反复试验，寻找合理的参数，才能达到一定的加工要求。由于光的反射作用，对于表面光泽或透明材料的加工，必须预先进行色化或打毛处理。

5）加工中会产生金属气体及火星等飞溅物，要注意通风，操作者应戴防护眼镜。

3. 激光加工的应用

（1）激光打孔　利用激光几乎可以在任何材料上打微型小孔，已应用于火箭发动机和柴油机的燃油喷油器的加工，化学纤维喷丝板打孔、钟表及仪表中的宝石轴承打孔等加工，其打孔直径可小于0.01mm。

（2）激光切割　激光切割的原理和激光打孔的原理基本相同，所不同的是工件与激光束有相对移动，在实际生产中一般都是工件移动。激光可用于切割各种各样的材料。由于激光对被切割的材料几乎不产生机械冲击和压力，所以特别适合于切割玻璃、陶瓷和半导体等既硬又脆的材料，加上激光斑点小、切缝窄，且便于自动控制，所以更便于对细小部件进行精密切割。

（3）激光微调　激光微调就是利用激光照射电阻膜表面，将一部分电阻膜汽化去除，以减小导电膜的截面积来增加阻值，主要用于调整厚膜及薄膜电路中的电阻和电容，同时可进行多种功能微调。

（4）激光焊接　激光焊接与激光打孔的原理稍有不同，焊接时不需要那么高的能量密度汽化蚀除工件材料，因此可通过减小激光输出功率来实现加工，使工件材料在加工区熔融而粘合在一起。

（5）激光热处理　激光热处理的过程是用激光束扫射零件表面，其红外光能量被工件表面吸收而迅速达到极高的温度，使金属产生相变，随着激光束离开工件表面，工件表面的热量迅速向内部传递而形成极高的冷却速度，使工件表面相变硬化，因此激光热处理实际上是一种表面处理技术。

五、超声波加工

1. 超声波加工的原理

超声波加工是利用工具端面作超声频振动，通过磨料悬浮液加工脆硬材料的一种成形方法，其原理如图 8-6 所示。加工时，在工具和工件之间加入液体（水或煤油等）和磨料混合的悬浮液，并使工具以很小的力 F 轻轻压在工件上。超声换能器产生 16 000Hz 以上的超声频纵向振动，并借助于变幅杆把振幅放大到 0.05~0.1，驱动工具端面做超声振动，迫使工作液中悬浮的磨粒以很大的速度和加速度不断地撞击、抛磨被加工表面，把被加工表面的材料粉碎成很细的微粒，从工件上被打击下来。虽然每次打击下来的材料很少，但由于每秒钟打击的次数多达 16 000 次以上，所以仍有一定的加工速度。与此同时，工作液受工具端面超声振动作用而产生的高频、交变的液压正负冲击波和"空化"作用，促使工作液钻入被加工材料的微裂缝处，加剧了机械破坏作用。

所谓空化作用，是指当工具端面以很大的加速度离开工件表面时，加工间隙内形成负压和局部真空，在工作液体内形成很多微空腔，当工具端面以很大的加速度接近工件表面时，空泡闭合，引起极强的液压冲击波，可以强化加工过程。此外，正负突变的液压冲击也使悬浮工作液在加工间隙中强迫循环，使变钝了的磨粒及时得到更新。

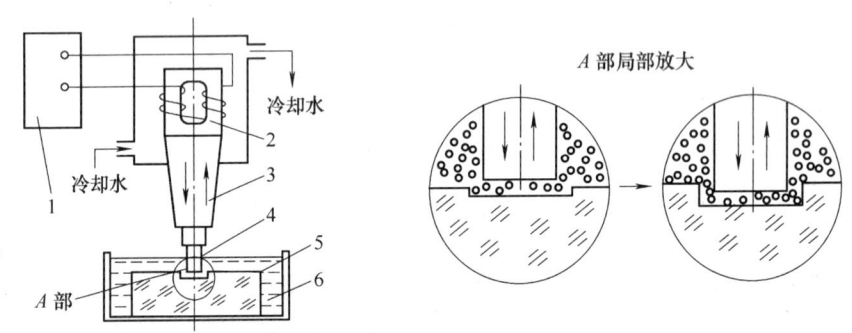

图 8-6 超声波加工原理图
1—超声波发生器 2—换能器 3—变幅杆 4—工具 5—工件 6—磨料悬浮液

由此可见，超声波加工是磨粒在超声波振动作用下的机械撞击和抛磨作用以及超声空化作用的综合结果，其中磨粒的撞击作用是主要的。既然超声波加工是基于局部的撞击作用，那么就不难理解越是脆硬的材料，受撞击作用遭受的破坏越大，越易于超声波加工。相反，对于脆性和硬度不大的韧性材料，由于其缓冲作用将难以加工。根据这个道理，可以合理选择工具材料，使之既能撞击磨粒，又不致使自身受到很大破坏，例如用 45 钢做工具即可满足上述要求。

2. 超声波加工的特点

1）适合于加工各种硬脆材料，特别是不导电的非金属材料，例如玻璃、陶瓷（氧化铝、氮化硅等）、石英、锗、硅、石墨、玛瑙、宝石和金刚石等，也能加工导电的硬质金属材料（如淬火钢和硬质合金等），但生产率较低。

2）由于超声波加工工具可用较软的材料做成较复杂的形状，故不需要使工具和工件作比较复杂的相对运动，因此超声波加工机床的结构比较简单，操作、维修方便。

3）由于去除加工余量是靠极小的磨料瞬时局部的撞击作用实现的，所以工具对工件加工表面的宏观作用力小，热影响小，不会引起变形和烧伤，工件表面粗糙度 Ra 值可达 0.1~1μm 或更低，加工精度可达 0.01~0.02mm，而且可加工薄壁、窄缝和低刚度的工件。

3. 超声波加工的应用

（1）型孔和型腔加工　超声波加工的生产率比电火花加工和电化学加工低，但加工精度和表面质量较好，可用于脆硬材料的圆孔、型孔、型腔和微细孔等的加工。

（2）切割加工　用普通机床对脆硬材料进行切割加工较困难，通常可用超声波加工的方法进行切割，如切割单晶硅片和陶瓷等脆硬材料。

（3）复合加工　为了提高生产率，降低工具的损耗，可以把超声波加工和其他加工方法结合起来进行复合加工，采用超声波加工和电化学或电火花加工相结合，加工喷油喷和喷丝板上的小孔或窄缝，可以大大提高加工速度和加工质量。其方法是在普通电火花加工时引入超声波，使工具电极端面作超声振动，还可以利用工具与工件之间的相对运动进行研磨抛光，从而改善工件的表面质量。利用导电油石或镶嵌金刚石颗粒的导电工具对工件表面进行电解超声复合光整抛光加工，表面粗糙度 Ra 值可达 $0.15 \sim 0.17\mu m$。在切削加工中引入超声振动，还可降低切削力，改善表面质量，延长刀具总寿命和提高加工速度等。

（4）超声清洗　超声振动被广泛用于喷油器、喷丝板、微型轴承、仪表齿轮、手表整体机芯、印制电路板和集成电路微电子器件等的清洗，可滤除 $\geq 5\mu m$ 的污物，获得高的净化度。

（5）焊接加工　超声焊接的原理是利用超声振动作用去除工件表面的氧化膜，显露出新的本体表面，在两个被焊接的工件表面分子的高速振动撞击下，摩擦发热并亲和粘接在一起。

六、纳米级加工

1. 纳米级加工的含义

纳米级加工的含义是达到纳米级加工精度，包含纳米级尺寸精度、纳米级几何形状精度和纳米级表面质量。

2. 纳米级加工的特点

欲得到 $1nm$ 的加工精度，加工的最小单位必然在亚纳米级，由于原子间的距离为 $0.1 \sim 0.3nm$，纳米级加工实际上已经到了加工的极限。

纳米级加工中试件表面的一个个原子或分子将成为直接加工对象，因此纳米级加工的物理实质就是要切断原子间的结合，实现原子或分子的去除。

纳米级加工的主要方法有直接利用光子、电子和离子等基本能子的加工。近年来，纳米级加工有很大的突破，例如利用电子束光刻和离子刻蚀，已实现 $0.1nm$ 线宽的加工；扫描隧道显微技术已实现单个原子的去除、搬迁、增添和原子的重组。目前主要的纳米级加工方法有纳米级机械加工、电子束和离子束加工、扫描隧道显微技术加工等。

金刚石刀具超精密机械加工非铁金属材料和非金属材料可获得表面粗糙度 Ra 值为 $0.002 \sim 0.02 \mu m$ 的镜面，刀具仔细研磨时可切下 $1nm$ 厚度的切屑，主要用于平面、圆柱面和非球曲面的镜面加工。

【考点分析】

【例1】＿＿＿＿＿＿是利用光的能量经过透镜聚焦后在焦点上达到很高的能量密度，然后靠光热效应来加工各种材料的。

【解题指导】熟记激光加工的概念。

【答案】激光加工

【点评】主要考核激光加工的定义。

【例2】DK7625E是线切割加工型号，其中的数字6代表（　　）。

A. 快走丝　　　　　　B. X轴工作台行程为60mm

C. 慢走丝　　　　　　D. X轴工作台行程为600mm

【解题指导】掌握线切割机床型号各个字母与数字的含义。

【答案】C

【点评】主要考核线切割机床型号的识读。

【例3】激光加工的应用场合主要有激光打孔、激光切割、_____、_____和激光热处理等。

【解题指导】熟记激光加工的应用场合。

【答案】激光微调　激光焊接

【点评】主要考核激光加工的应用场合。

【习题练习】

一、填空题

1. 电火花加工时，由于正负极性的接法不同而蚀除量不一样，称为_____效应。

2. 线切割按照走丝速度可分为_____和_____。

3. 线切割机床按电脉冲形式可分为_____、_____、_____和_____。

4. 超声波加工是利用工具作_____，通过工件与工具之间的磨料悬浮液而进行加工。

5. 纳米级加工精度包含_____、_____和_____。

6. 超声波加工的应用有_____、_____、_____、_____和_____。

二、选择题

1. 下列选项中属于特种加工方法的是（　　）。

A. 电火花加工　　B. 车削加工　　C. 磨削加工　　D. 铣削加工

2. 由于电火花加工具有极性效应，因此短脉宽时（　　）。

A. 选正极性加工，适合于精加工

B. 选负极性加工，适合于粗加工和半精加工

C. 都可以

D. 都不对

3. 电火花加工要求电极材料（　　）。

A. 必须是绝缘材料　　　　　　　　B. 必须是导电材料

C. 都可以　　　　　　　　　　　　D. 都不对

4. 下列选项中不属于激光加工的是（　　　）。

A. 激光打孔　　　　B. 激光焊接　　　　C. 激光修复　　　　D. 激光微调

5. 超声波加工表面粗糙度 Ra 值可达 $0.1 \sim 1\mu m$ 或更低，加工精度可达（　　　）。

A. $0.02 \sim 0.03mm$　　　B. $0.01 \sim 0.02mm$　　　C. $0.01 \sim 0.02nm$

6. 金刚石刀具超精密切削是极薄切削，故其机理与一般切削（　　　）。

A. 没有较大的差别　　B. 有较大的差别　　C. 相似　　　　D. 完全相同

三、判断题

1. 激光切割的原理和激光打孔的原理基本相同，所不同的是工件与激光束有相对移动，在实际生产中一般都是工件移动。　　　　　　　　　　　　　　　　　　　　（　　　）

2. 电子轰击和离子轰击无疑是影响极性效应的重要因素。　　　　　　　　（　　　）

3. 当脉冲能量相同时，金属的熔点、沸点、比热容、熔化热、汽化热越高，电蚀量移飞越少，越易加工。　　　　　　　　　　　　　　　　　　　　　　　　　　　（　　　）

4. 单向走丝电火花切割加工所采用的工作液大多为乳化液。　　　　　　　（　　　）

5. 电火花加工表面的润滑性和耐磨性均比机械加工的好。　　　　　　　　（　　　）

6. 电火花加工一般都采用双向脉冲电源。　　　　　　　　　　　　　　　（　　　）

7. 脉冲宽度是指脉冲放电时脉冲电流的持续时间。　　　　　　　　　　　（　　　）

四、简答题

1. 线切割的加工原理是什么？

2. 简述电化学加工的特点及应用。

3. 为什么说超声波加工更适用于不导电的硬脆材料？

4. 简述激光加工的特点。

第二节　数控加工基础

【学习目标】

1. 了解数控加工的基础知识。

2. 了解数控加工机床的分类。

3. 了解数控程序编制基础。

4. 了解数控加工的一般过程与要求。

5. 了解数控加工工艺的主要内容。

【学习内容】

一、数控加工概述

1. 数控技术诞生与发展的背景

随着科学技术和社会生产的不断进步，机械产品日趋复杂，对机械产品的质量和生产率的要求也越来越高。在航空航天、微电子、信息技术、汽车、造船、建筑、军工和计算机技术等行业中,零件形状复杂、结构改型频繁、批量小、零件精度高、加工困难、生产率低等已成为日益突出的现实问题。机械加工工艺过程的自动化和智能化是适应上述发展特点的最重要手段。

为解决上述问题,一种灵活、通用、高精度、高效率的"柔性"自动化生产设备——数控机床应运而生了。目前,数控技术已逐步普及,数控机床在工业生产中得到了广泛应用,已成为机床自动化的一个重要发展方向。

数控加工技术的应用是机械制造业的一次技术革命,使机械制造业的发展进入了一个崭新的阶段。由于数控机床综合应用了电子计算机、自动控制、伺服驱动、精密检测与新型机械结构等方面的技术成果,具有高柔性、高精度与高度自动化的特点,因此它提高了机械制造业的制造水平,解决了机械制造中常规加工技术难以解决甚至无法解决的复杂型面零件的加工问题,为社会提供了高质量、多品种及高可靠性的机械产品,已取得了巨大的经济效益。

2. 数控机床的工作原理

图 8-7 所示为数控机床的一般工作原理图。

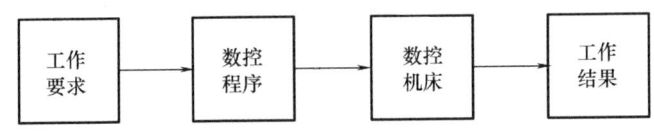

图 8-7 数控机床的一般工作原理图

3. 数控机床的组成与功能

数控机床的基本结构框图如图 8-8 所示,主要由输入输出装置、计算机数控装置、伺服系统和受控设备四部分组成。

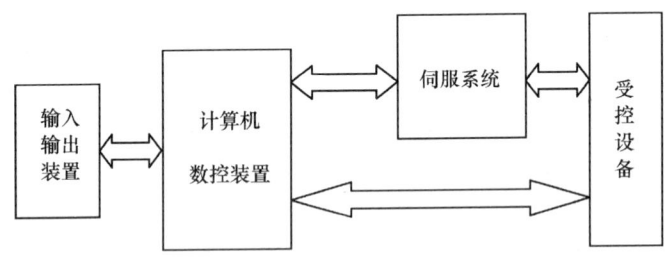

图 8-8 数控机床基本结构框图

4. 数控机床的特点

数控机床是一种高效能的自动化加工设备。与普通机床相比,数控机床具有如下特点。

1)适应性强。

2)精度高,质量稳定。

3)生产率高。

4)能完成复杂型面的加工。

5）能减轻劳动强度，改善劳动条件。

6）有利于生产管理。

虽然数控机床有上述优点，但其初期投资大，维修费用高，要求管理及操作人员的素质也较高，因此应合理地选择及使用数控机床，提高企业经济效益和竞争力。

5. 数控机床的应用范围

数控机床是一种高度自动化的机床，有一般机床所不具备的许多优点，所以数控机床的应用范围在不断扩大。但数控机床是一种高度机电一体化产品，技术含量高，成本高，使用维修都有一定的难度，若从效益最优化的技术经济角度出发，数控机床一般适用于如下零件的加工。

1）多品种、小批量零件。

2）结构较复杂、精度要求较高的零件。

3）需要频繁改型的零件。

4）价格昂贵，不允许报废的关键零件。

5）需要最小生产周期的急需零件。

二、数控机床的分类

数控机床通常从以下不同角度进行分类。

1. 按工艺用途分类

目前，数控机床的品种规格已达500多种，按其工艺用途可以划分为以下四大类。

（1）金属切削类　金属切削类数控机床又可分为数控车床和数控铣床或数控加工中心两类。图8-9所示为数控车床，图8-10所示为数控铣床。

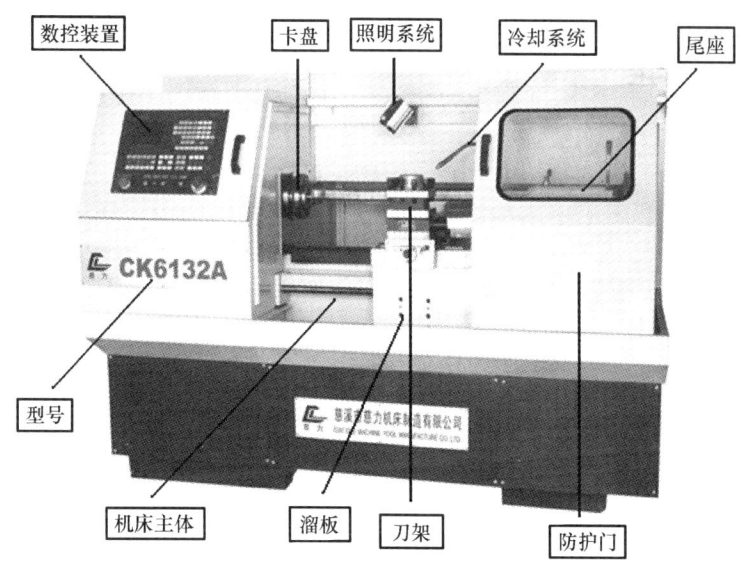

图8-9　数控车床

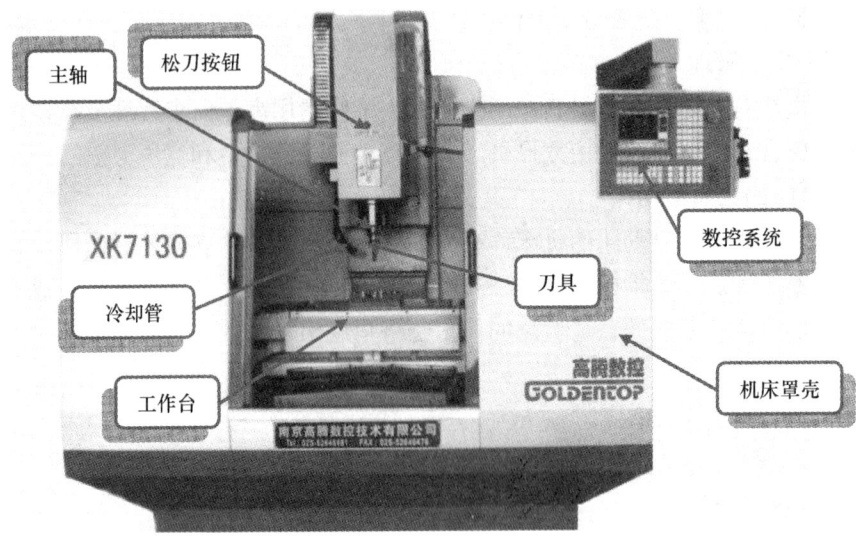

图 8-10　数控铣床

（2）金属成形类　金属成形类数控机床指采用挤、压、冲、拉等成形工艺的数控机床，常用的有数控弯管机、数控压力机、数控冲剪机、数控折弯机和数控旋压机等。

（3）特种加工类　特种加工类数控机床主要有数控电火花线切割机、数控电火花成形机、数控激光与火焰切割机等。

（4）测量、绘图类　此类数控机床主要有数控绘图机、数控坐标测量机和数控对刀仪等。

2. 按控制运动的方式分类

按控制运动的方式分类，数控机床分为点位控制数控机床、点位直线控制数控机床和轮廓控制数控机床三种。

3. 按伺服系统的控制方式分类

（1）开环数控机床　图 8-11 所示为开环控制的数控机床，一般适用于中、小型经济型数控机床。

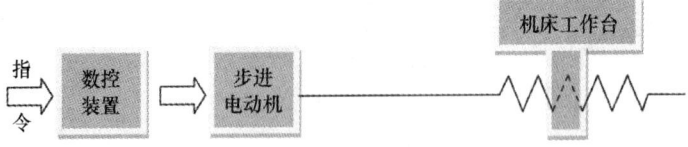

图 8-11　开环控制的数控机床

（2）半闭环控制数控机床　如图 8-12 所示，这类机床可以获得比开环系统更高的精度，调试比较方便，因而得到了广泛的应用。

（3）闭环控制数控机床　其控制框图如图 8-13 所示。

闭环控制数控机床一般适用于精度要求高的数控机床，如数控精密镗铣床。

4. 按所用数控系统的档次分类

按所用数控系统的档次不同，通常把数控机床分为低、中、高档三类。中、高档数控机

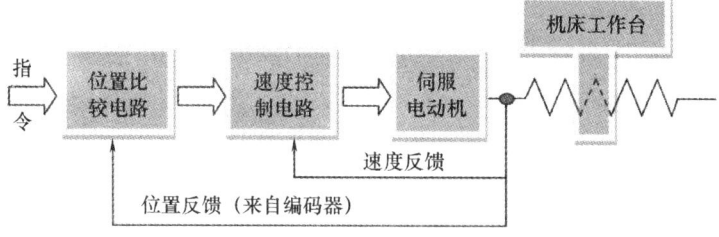

图 8-12　数控机床半闭环控制框图

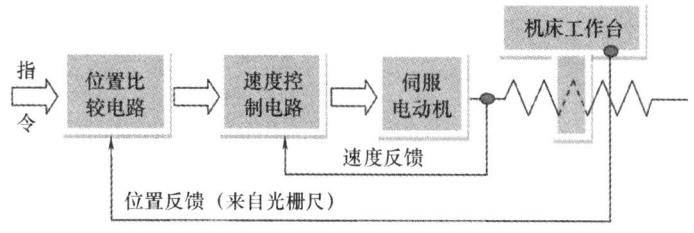

图 8-13　数控机床闭环控制框图

床一般称为全功能数控或标准型数控，如 FANUC 数控系统、西门子数控系统、华中数控系统和广控系统等。

　　如图 8-14 所示为 FANUC 数控车床系统。该数控系统接收按零件加工顺序记载机床加工所需的各种信息，并将加工零件图上的几何信息和工艺信息数字化，同时进行相应的运算和处理，然后发出控制命令，使刀具实现相对运动，完成零件的加工过程。其操作界面的按键及功能见表 8-1。

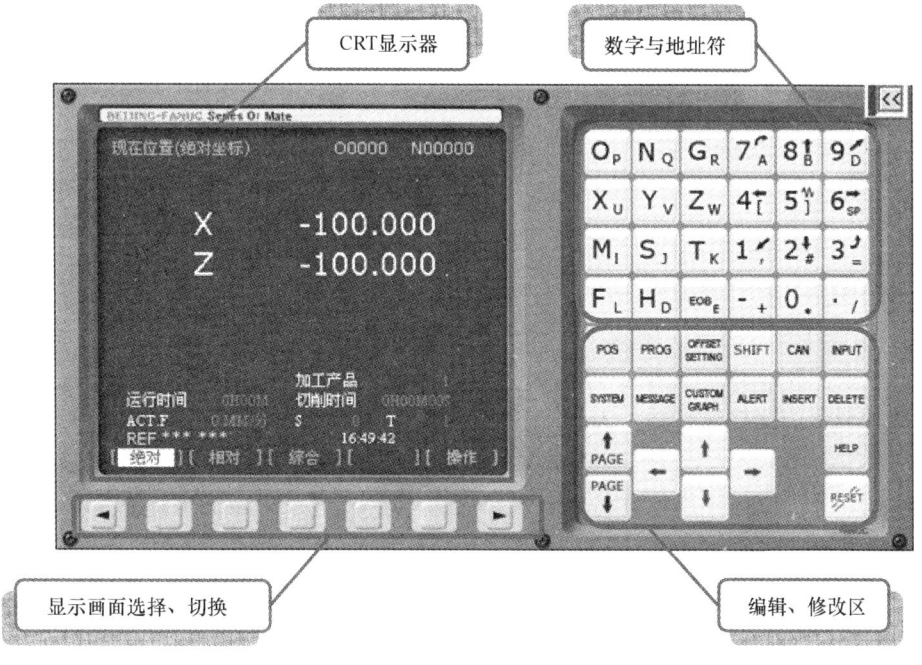

图 8-14　FANUC Serise 0i Mate

表 8-1 FANUC 数控车床系统操作界面的按键及功能

按键	功能	按键	功能
POS	位置显示，有三种方式，用 PAGE 按钮选择	SYSTEM	显示参数
PROG	数控程序显示与编辑页面	MESSAGE	报警
OFFSET SETTING	坐标系、补偿、参数设定	CUSTOM GRAPH	图形参数设置页面
SHIFT	上挡键（相当于 shift）	ALTER	替换键，用输入的数据替代光标所在位置的数据
CAN	修改键，消除输入域内的数据	INSERT	插入键，把输入域中的数据插入到当前光标之后的位置
INPUT	输入	DELETE	删除键，删除光标所在位置的数据，或者删除一个数控程序，或者删除全部数控程序
PAGE ↑	上页	HELP	帮助
PAGE ↓	下页	RESET	复位
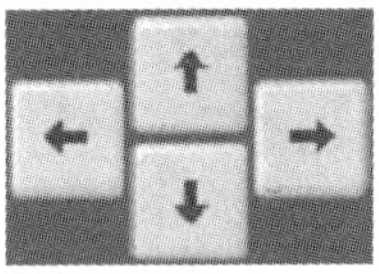 光标键	光标键	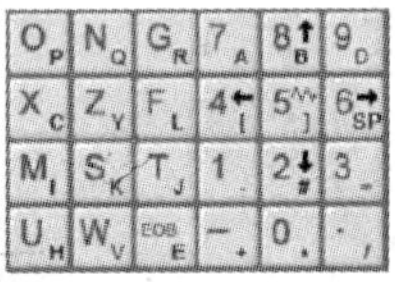 数字与地址符	数字与地址符

FANUC 数控车床操作界面如图 8-15 所示。

三、数控程序的编制方法

1. 数控机床的坐标轴和运动方向

数控机床各轴的标示根据右手定则确定。当右手拇指指向正 X 轴方向，食指指向正 Y 轴方向时，中指则指向正 Z 轴方向。图 8-16 所示为卧式数控机床的坐标系，图 8-17 所示为立式数控机床的坐标系。

2. 数控程序编制的内容与步骤

数控编程是数控加工的重要步骤。用数控机床对零件进行加工时，要按照加工工艺要求，根据所用数控机床规定的指令代码及程序格式，将刀具的运动轨迹、位移量、切削用量以及相关辅助动作（包括换刀、主轴正/反转、切削液开/关等）编写成加工程序，输入到数控装置中，从而控制机床加工零件。

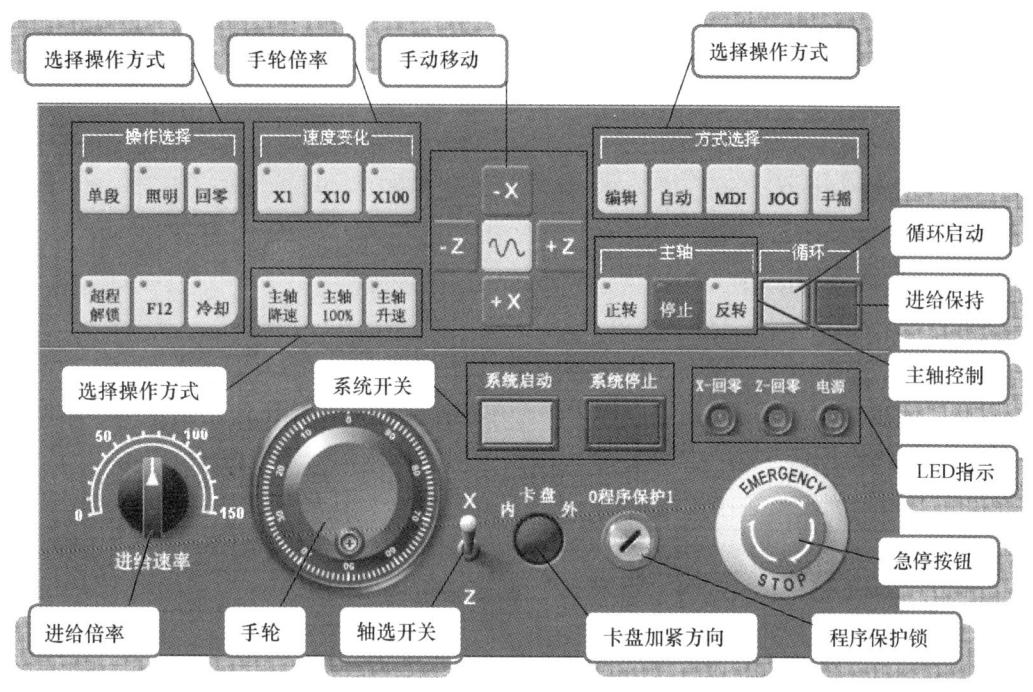

图 8-15　FANUC 数控车床操作界面

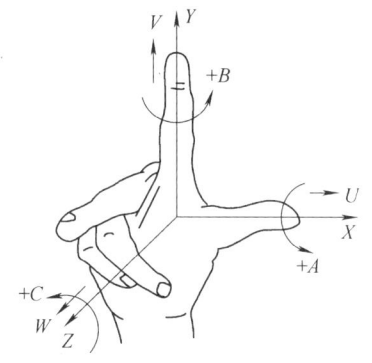

图 8-16　卧式数控机床的坐标系

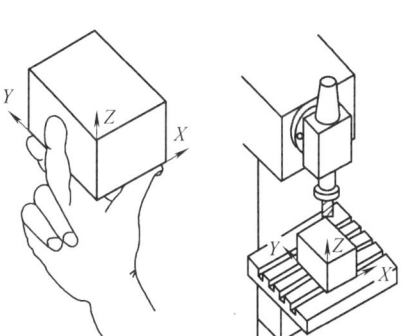

图 8-17　立式数控机床的坐标系

FANUC 系统可以采用 ISO 或 EIA 代码，编程时使用字地址程序段格式，小数点编程。采用绝对值编程用符号 X、Z 表示，采用增量值编程用符号 U、W 表示。在实际编程中，通常用绝对值编程，这样可以减少编程的错误。

（1）CNC 程序的结构　一个完整的程序一般由程序名、程序内容及程序结束组成。它由若干程序段构成，而每个程序段由序号和数个指令组成，每个指令又由一个指令码字母（A~Z）和一些数字（+、-、0~9）组成。

一个完整的程序如下：

O0000；   程序号（名）

N10 G00 X40.0 Z10.0；

N20 G00 X30.0 Z5.0；

N30 M03 S1000；

N40 G01 X10.0 F100；

N50 W－5.0；

N60 X15.0 Z－10.0；   程序内容

N70 X30.0 W－10.0；

N80 G00 X40.0 Z10.0；

N90 M05；

N100 M30；   程序结束

（2）程序段格式 程序段是可以作为一个单位来处理的连续字组，构成的一般形式见表8-2。

表8-2 程序段的一般形式

N	G	X(U)—Z(W)	F	M	S	T	；
程序段顺序号	准备功能	尺寸字	进给功能	辅助功能	主轴功能	刀具功能	程序段结束

表8-3 为 FANUC 系统的指令码及其指令功能。

表8-3 FANUC 系统的指令码及其指令功能

符号	指令功能	符号	指令功能
F	进给机能	M	辅助代码
G	功能码	N	程序段段号
T	刀具	S	主轴转速
O	程序名	R	循环切削参数
P	呼叫副程序代码，循环切削参数	Q	循环切削参数
I	圆弧中心的 X 轴向坐标	U	X 轴的直线轴增量指令
K	圆弧中心的 Z 轴向坐标	W	Z 轴的直线轴增量指令
X	X 轴坐标移动指令	Z	Z 轴坐标移动指令

（3）编程标准

1）程序名格式。程序名为程序开始部分。在数控装置中，程序的记录是靠程序名来辨别的，调用某个程序可通过程序号来调出，编辑程序也要首先调出程序号。如：O0213。

2）程序段序号格式。程序段序号是每一行程序的代表，每一行程序之前必先设定程序段序号，以利于程序搜寻，程序段序号用字母"N"表示，例如：

N10……

N20……

N30……

（4）准备程序 每个程序的格式不可能完全相同，但一个完整的程序必须具备准备程序段和结束程序段，准备程序段一般必须具备以下几个指令。

1）程序名。

2）编程零点的确定。

3）刀具数据（如 T0101 等）。

4）主轴转速（S800 等）。

5）主轴旋转方向（M03，M04）。

6）刀具快速定位的位置尺寸（如 G00 X ＿ Z ＿）。

（5）结束程序段　结束程序段包含以下内容。

1）刀具快速远离工件处（G00 X ＿ Z ＿）。

2）主轴停转（M05）。

3）取消零点偏置。

4）取消刀具数据补偿。

5）程序结束（M02）。

6）程序结束并返回至程序开始（M30）。

准备程序和结束程序段实例：

O0213；（程序名）

N10 G99 G97 G80 G40 G21；

N20 G50 X100.0 Z200.0；

N30 T0101；

N40 S800；

N50 M03；

N60 G00 X ＿ Z ＿；

N70 G00 X100.0 Z200.0；

N80 M05；

N90 M30；

四、数控加工的一般过程与要求

数控机床加工零件与普通机床加工零件的过程有相同之处也有不同之处，因此数控加工的过程和要求有其自身的特点。

1. 根据被加工零件的图样要求制订加工工艺

在数控机床上加工零件，工序可以比较集中，应尽可能在一次装夹中完成全部工序。

（1）确定加工路线　所选定的加工路线应能保证零件的加工精度与零件表面质量的要求。为提高生产率，应尽量缩短加工路线，减少刀具空行程移动的时间；为减少编程工作量，还应使数值计算简单，程序段数量少。

（2）选择机床设备　在选择数控机床时，应考虑加工零件的几何形状、加工精度和表面质量要求，注意以下几点。

1）所选择的数控机床应能满足零件的加工精度要求。

2）在满足精度要求的前提下，应尽量选用一般的数控机床，以降低生产成本。

3）所选用数控机床的数控系统能满足加工的需要。

4）所选用数控机床的加工范围应能满足零件的需要，即数控机床的主参数及尺寸参数应满足加工要求。

5）所选数控机床的回转刀架或刀库的容量应足够大，刀具数量能满足加工的需要。

（3）选择装夹方法和对刀点　当确定了在某台数控机床上加工某个零件以后，就应根据零件图样确定零件在机床上的装夹定位方法。

数控机床所用夹具应尽量采用已有的通用夹具及组合夹具，必要时设计专用夹具；装夹零件要迅速方便，多采用气动、液压夹具，以减少机床停机时间。

对刀点是指在数控机床上用刀具加工零件时，刀具相对工件运动的起始点。程序就是从这一点开始的，所以对刀点也称程序原点。

（4）选择刀具　数控机床所选择的刀具应满足装夹调整方便、刚度好、精度高、寿命长要求。与普通机床相比，数控加工对刀具的选择要严格得多，其刀具常常是专用的。编程时，须预先规定好刀具的结构尺寸和调整尺寸，尤其是自动换刀数控机床（如加工中心），在刀具装夹到机床上之前，应根据编程时确定的参数，在机床外的预调整装置中调到所需尺寸。

（5）确定切削用量　数控加工中的切削用量应根据加工技术要求、刀具寿命和切削条件等予以确定。在缺乏数控加工切削用量表格的情况下，也可参照普通加工切削用量表格确定，所确定的切削用量应是本机床具有的数值。

2. 根据所确定的工艺编制加工程序

用数控机床加工零件，要有一个控制数控机床加工的程序。因此，必须根据零件图样与工艺方案，用数控机床规定的程序格式和指令代码编制零件加工程序单，给出刀具运动的方向和坐标值，以及机床进给速度、主轴启停与正反转、切削液开闭、换刀与夹紧等加工信息，并记录在控制介质上。

数控加工程序编制的一般步骤如下：

（1）数学处理　根据零件图样的几何尺寸、走刀路径以及设定的坐标系计算粗、精加工各运动轨迹的坐标值，如运动轨迹起点、终点和圆弧的圆心等。

（2）编写加工程序单　根据计算出的运动轨迹坐标值和已确定的运动顺序、切削参数以及辅助动作，按照数控机床规定使用的功能指令代码及程序段格式，逐段编写加工程序单，并附上必要的加工示意图、刀具布置图、机床调整卡、工序卡以及必要的说明。

（3）制备控制介质　为了控制数控机床按预定程序加工零件，还必须将程序单的内容通过键盘直接键入数控装置的存储器内存储，或制成穿孔纸带、磁带和磁盘等控制介质。

（4）程序校验与试运行　程序单和所制备的控制介质必须经过校验和试运行才能正式使用。

程序检验与试运行主要应达到以下两个目的。

1）检查程序内容及控制介质的制备是否正确，以保证对零件轮廓轨迹的要求。

2）检查刀具调整及编程计算是否正确，以保证零件加工精度达到图样的要求。

当前，可以使用各种加工模拟软件在计算机上进行模拟加工，以发现问题、避免浪费，是一种很好的方法。

五、数控加工工艺的主要内容

1. 分析零件情况

1）分析工件在本工序加工之前的情况，例如毛坯（半成品）的类型、材料、形状结构特点、尺寸、加工余量、基准面或孔等的情况。

2）了解需要数控加工的部位和具体内容，包括待加工表面的类型、各项精度及技术要求、表面性质和各表面之间的关系等。

3）分析待加工零件的结构工艺性（可参考《机械制造工艺及机床夹具课程设计指导》一书有关章节的内容）。

2. 选择加工方法

（1）数控车削加工的适用范围

1）精度要求高的回转体零件，特别是形状、位置精度和表面质量要求高的回转体零件。

2）表面形状复杂的回转体零件（如具有曲线轮廓和特殊螺纹）。

3）表面构成复杂的回转体零件（如具有内、外多个加工表面）。

（2）数控铣削加工的适用范围

1）多台阶平面和曲线轮廓平面（如平面凸轮）。

2）曲线轮廓沟槽。

3）变斜角类零件。

4）曲面类零件（如曲面型腔）。

（3）加工中心的适用范围

总体来说，加工中心适宜于加工形状复杂、加工内容多、要求较高、需要使用多种类型的普通机床和众多的工艺装备，而且需要多次装夹和调整才能完成加工的零件。

根据加工中心种类的不同，其适宜的加工对象也不同。以镗铣加工中心为例，适宜加工既有平面又有孔系的箱体类、盘套类零件，结构形状复杂的凸轮类、整体叶轮类、模具类零件，形状不规则的支架和拨叉类零件等。

3. 确定加工顺序

（1）基本原则

1）先粗后精，逐步提高加工精度。粗加工将在较短的时间内将工件表面上的大部分加工余量切掉，一方面提高金属切除率，另一方面满足精加工的余量均匀性要求。若粗加工后所留余量的均匀性满足不了精加工的要求，则要安排半精加工，以为精加工做准备。精加工要保证加工精度，按图样尺寸一刀切出零件轮廓。

2）先近后远。这里所说的远与近，是按加工部位相对于对刀点的距离大小而言的。在一般情况下，离对刀点远的部位后加工，以便缩短刀具移动距离，减少空行程时间。对于车削而言，先近后远还有利于保持坯件或半成品的刚性，改善其切削条件。

（2）选择合适的成形方式　各类数控加工都有多种成形方式，例如数控车削有阶梯车削和轮廓连续车削方式，数控铣削有轮廓加工、面加工和参数加工等方式。各种加工方式各有其特点，应根据零件的结构特点和加工要求进行合理的选择。

4. 加工设备的选择

在选择设备时，应遵循既要满足使用要求又要经济合理的原则。

1）设备的规格要与加工工件相适应，避免过大。

2）设备的生产率应与工件的生产类型相适应。

3）设备的加工精度应与工件的质量要求相适应。

4）设备的选择应适当考虑生产发展的需要。

5）设备的选择尽量立足于国内市场解决，既要满足加工精度和生产率的要求，又要考虑经济性。

数控机床按性能与经济性不同可分为以下 3 种。

1）低档数控机床，也称经济型数控机床。其特点是根据实际的使用要求，合理地简化系统，以降低产品价格。目前，我国经济型数控系统的技术指标通常为：脉冲当量 0.005 ~ 0.01mm；快进速度 4 ~ 10m/min，开环步进电动机驱动，用简单 CRT 显示，主 CPU 一般为 8bit 或 16bit。

2）中档数控机床。中档数控机床的技术指标通常为：脉冲当量 0.001 ~ 0.005mm，快进速度 15 ~ 24m/min，伺服系统为半闭环直流或交流伺服系统，有较齐全的 CRT 显示，可以显示字符和图形，具有人机对话和自诊断功能等，主 CPU 一般为 16bit 或 32bit。

3）高档数控机床，也称全功能型数控机床。高档数控机床的技术指标为：脉冲当量 0.0001 ~ 0.001mm，快进速度 15 ~ 100m/min，伺服系统为闭环的直流或交流伺服系统，CRT 显示除具备中档数控机床的功能外，还具有三维图形显示等功能，主 CPU 一般为 32bit 或 64bit。

5. 工序的划分

在数控机床上加工零件，工序可以比较集中，在一次装夹中，应尽可能完成全部工序。与普通机床加工相比，数控机床加工工序的划分有其自己的特点，其常用的工序划分方法如下：

（1）按粗、精加工划分工序　考虑到零件形状、尺寸精度以及工件刚度和变形等因素，可按粗、精加工分开的原则划分工序，先粗加工，后精加工。粗加工后工件的变形需要一段时间恢复，最好不要紧接着粗加工安排精加工。

（2）按先面后孔的原则划分工序　在工件上既有面加工又有孔加工时，可先加工面，后加工孔，这样可以提高孔的加工精度。

（3）按所用刀具划分工序　为了减少换刀次数，缩短空行程时间，减少不必要的定位误差，应多采用按刀具划分工序的方法。即将工件上需要用同一把刀加工的部位全部加工完之后，再换另一把刀来加工。

6. 工件的装夹

在数控机床上应尽量采用通用夹具与组合夹具，必要时可以设计专用数控夹具。无论是哪种夹具，一定要考虑数控机床的特点。在数控机床上加工工件时，由于工序集中，往往是在一次装夹中就要完成全部工序，因此对夹紧工件时的变形要给予足够的重视。此外，还应注意协调工件与机床坐标系的关系。具体应注意以下几点。

（1）选择合适的定位方式

1）夹具在机床上的装夹位置为定位基准，应与设计基准一致，即所谓基准重合原则。

2）所选择的定位方式应具有较高的定位精度，没有过定位干涉现象，且便于工件的装夹。

3）为了便于夹具或工件的装夹找正，最好以工作台某两个面定位。对于箱体类工件，最好采用一面两销定位。

4）若工件本身无合适的定位孔和定位面，可以设置工艺基准面和工艺用孔。

（2）确定合适的夹紧方法　考虑夹紧方案时，要注意夹紧力的作用点和方向。夹紧力作用点应靠近主要支承点或在支承点所组成的三角形内，应力求靠近切削部位及刚性较好的位置。

（3）夹具结构要有足够的刚度和强度　夹具的作用是保证工件的加工精度，因此要求夹具必须具备足够的刚度和强度，以减小其变形对加工精度的影响。特别是对于切削用量较大的工序，夹具的刚度和强度更为重要。

六、编制工艺

所谓编制工艺，就是确定每道工序的加工路线。同一工件的加工工艺可能会出现各种不同的方案，应根据实际情况和具体条件，采用最完善、最经济、最合理的工艺方案。

工艺要根据工件的毛坯形状和材料的性质等因素编制。这些因素和工件的尺寸精度是选择加工余量的决定因素，可以依据工件的精度、尺寸、几何公差和技术要求编制工艺规程。制订数控加工工艺除考虑一般工艺原则外，还应考虑充分发挥所用数控机床的功能，如要求走刀路线短、走刀次数和换刀次数尽可能少、加工安全可靠等。

1. 进给路线的确定

在数控机床的加工过程中，进给路线的确定是非常重要的，它与工件的加工精度和表面质量直接相关。所谓进给路线就是加工过程中数控机床刀具中心的移动路线。确定进给路线，就是确定刀具的移动路线。

（1）数控车削进给路线的确定　确定数控车削进给路线的工作重点主要在于确定粗加工及空行程的进给路线，精加工切削过程的进给路线基本上都是沿其零件设计图确定的轮廓顺序进行的。

车削进给路线泛指刀具从对刀点（或机床固定原点）开始运动起，直至返回该点并结束加工程序所经过的路径，包括切削加工的路径及刀具切入、切出等非切削空行程。其基本原则如下：

1）力求空行程路线最短。可通过巧用起刀点、将起刀点与其对刀点重合在一起、巧设换（转）刀点等方法实现。如将第二把刀的换刀点也设置在合适点位置上，则可缩短空行程距离；合理安排"回零"路线，在手工编制较为复杂轮廓的加工程序时，为使其计算过程尽量简化，既不出错又便于校核，编制者（特别是初学者）有时将每一刀加工完后的刀具终点通过执行"回零"（即返回对刀点）指令，使其全都返回到对刀点位置，然后再执行后续程序。这样会增加进给路线的距离，从而大大降低生产率。因此，在合理安排"回零"路线时，应使其前一刀终点与后一刀起点间的距离尽量减短，或者为零，即可满足进给路线最短的要求。另外，在选择返回对刀点指令时，在不发生加工干涉现象的前提下，宜尽量采用 X、Y 坐标轴双向同时"回零"指令，此时的"回零"路线将是最短的。

2）力求切削进给路线最短。切削进给路线最短可有效地提高生产率，降低刀具的损耗等。在安排粗加工或半精加工的切削进给路线时，应同时兼顾被加工零件的刚性及加工的工艺性等要求，不要顾此失彼。

（2）数控铣削进给路线的确定　数控铣削加工中的进给路线对零件的加工精度和表面质量有直接的影响，因此确定好进给路线是保证铣削加工精度和表面质量的工艺措施之一。进给路线的确定与工件表面状况、要求的零件表面质量、机床进给机构的间隙、刀具寿命以及零件轮廓形状等有关。下面针对铣削方式和常见的几种轮廓形状来讲述进给路线的确定问题。

1）顺铣和逆铣的选择。铣削有顺铣和逆铣两种方式。当工件表面无硬皮，机床进给机构无间隙时，应选用顺铣，按照顺铣安排进给路线。因为采用顺铣加工后，零件已加工表面质量好，刀齿磨损小。精铣时，尤其是零件材料为铝镁合金、钛合金或耐热合金时，应尽量采用顺铣。当工件表面有硬皮，机床的进给机构有间隙时，应选用逆铣，按照逆铣安排进给路线。因为逆铣时，刀齿是从已加工表面切入的，不会崩刃；机床进给机构的间隙不会引起振动和爬行。

2）铣削内、外轮廓的进给路线。铣削平面零件外轮廓时，一般采用立铣刀的侧刃切削。刀具切入零件时，应避免沿零件外轮廓的法向切入，以避免在切入处产生刀具的刻痕，而应沿切削起始点延伸线或切线方向逐渐切入工件，保证零件曲线的平滑过渡。同样，在切离工件时，也应避免在切削终点处直接抬刀，要沿着切削终点延伸线或切线方向逐渐切离工件。

3）铣削内槽的进给路线。所谓内槽是指以封闭曲线为边界的平底凹槽，一般用平底立铣刀加工，刀具圆角半径应符合内槽过渡圆角的图样要求。可用行切法（不抬刀纵向或横向连续进给）、环切法以及综合法（前两种方法的复合）加工内槽。前两种方法进给路线的共同点是都能切净内腔中的全部面积，不留死角，不伤轮廓，同时尽量减少重复进给的搭接量；不同点是行切法的进给路线比环切法短，但行切法会在每两次进给的起点与终点间留下残留面积，达不到所要求的表面质量。用环切法获得的表面质量要好于行切法，但环切法要逐次向外扩展轮廓线，刀位点的计算稍微复杂一些。综合法综合了行切法和环切法的优点，采取先用行切法切去中间部分余量，最后用环切法切一刀的方法，既能使总的进给路线较短，又能获得较小的表面粗糙度值。

4）铣削曲面的进给路线。对于边界敞开的曲面加工，可采用行切法进给路线。其刀位点计算简单，程序少，加工过程符合直纹面的形成原理，可以准确保证母线的直线度。确定进给路线要考虑到干涉问题，此处不过多讨论。

（3）加工中心进给路线的确定　加工中心上刀具的进给路线可分为孔加工进给路线和

铣削加工进给路线。铣削进给路线的确定方法同上面所述，这里只说明孔加工时进给路线的确定。

孔加工时，一般是首先将刀具在 X-Y 平面内快速定位运动到孔中心线的位置上，然后刀具再沿 Z 向（轴向）运动进行加工，所以孔加工进给路线的确定包括以下两点。

1）确定 X-Y 平面内的进给路线。孔加工时，刀具在 X-Y 平面内的运动属点位运动。确定进给路线时，主要考虑定位要迅速，也就是在刀具不与工件、夹具和机床碰撞的前提下空行程时间尽可能短，且定位要准确，安排进给路线时，要避免机械进给系统的反向间隙对孔位精度的影响。

定位迅速和定位准确两者有时难以同时满足，这时应抓主要矛盾，若按最短路线进给能保证定位精度，则取最短路线；反之，应取能保证定位准确的路线。

2）确定 Z 向（轴向）的进给路线。刀具在 Z 向的进给路线分为快速移动进给路线和工作进给路线。刀具先从初始平面快速运动到距工件加工表面一定距离的某一平面上，然后按工作进给速度运动进行加工。对多孔加工，为减少刀具的空行程进给时间，加工中间孔时，刀具不必退回到初始平面，只要退到该平面上即可。

2. 加工余量的选择

加工余量的大小等于每个中间工序加工余量的总和。工序间加工余量的选择应根据下列条件进行。

1）应有足够的加工余量，特别是最后的工序，加工余量应能保证达到图样上所规定的精度和表面粗糙度值要求。

2）应考虑加工方法和设备的刚性以及工件可能发生的变形。过大的加工余量反而会由于切削抗力的增加而使工件变形加大，影响加工精度。

3）应考虑到热处理引起的变形，否则可能产生废品。

4）应考虑工件的大小。工件越大，由切削力、内应力引起的变形也会越大，加工余量也要相应地大一些。

5）在保证加工精度的前提下，应尽量采用最小的加工余量总和，以缩短加工时间，降低加工费用。

3. 数控机床用刀具的选择

数控机床具有高速、高效的特点。一般数控机床的主轴转速要比普通机床的主轴转速高 1~2 倍。因此，数控机床所用的刀具比普通机床所用的刀具要求严格得多，刀具的强度和寿命是一直是人们十分关注的问题。近几年来，一些新刀具相继出现，使机械加工工艺得到了不断更新和改善。选用刀具时，应注意以下几点。

1）在数控机床上铣削平面时，应采用镶装可转位硬质合金刀片的铣刀，一般采用两次走刀，一次粗铣、一次精铣。当连续切削时，粗铣刀直径要小一些，精铣刀直径要大一些，最好能包容待加工面的整个宽度。加工余量大且加工面又不均匀时，刀具直径要选得小些，否则，当粗加工时会因接刀刀痕过深而影响加工质量。

2）高速钢立铣刀多用于加工凸台和凹槽，最好不要用于加工毛坯面，因为毛坯面有硬化层和夹砂现象，刀具会很快被磨损。

3）加工余量较小，并且要求表面粗糙度值较小时，应采用镶立方氮化硼刀片的面铣刀或镶陶瓷刀片的面铣刀。

4）镶硬质合金的立铣刀可用于加工凹槽、窗口面、凸台面和毛坯表面。

5）镶硬质合金的玉米铣刀可以进行强力切削，铣削毛坯表面和用于孔的粗加工。

6）加工精度要求较高的凹槽时，可以采用直径比槽宽小一些的立铣刀，先铣槽的中间部分，然后利用刀具半径补偿功能铣削槽的两边，直到达到精度要求为止。

7）在数控铣床上钻孔，一般不采用钻模，钻孔深度为直径的5倍左右的深孔加工容易折断钻头，应注意冷却和排屑。钻孔前，最好先用中心钻钻一个中心孔或用一个刚性好的短钻头锪窝引正。锪窝除了可以解决毛坯表面的钻孔引正问题外，还可以代替孔口倒角。

4. 切削用量的确定

确定数控机床的切削用量时，一定要根据机床说明书中规定的要求以及刀具的寿命去选择，当然也可以结合实际经验采用类比法确定。确定切削用量时应注意以下几点。

1）要充分保证刀具能加工完一个工件或保证刀具总寿命不低于一个工作班的工作时间，最少也不低于半个班的工作时间。

2）背吃刀量主要受机床刚度的限制，在机床刚度允许的情况下，尽可能使背吃刀量等于工件的加工余量，这样可以减少走刀次数，提高加工效率。

3）对于表面粗糙度值小、精度要求高的零件，要留有足够的精加工余量。数控机床的精加工余量可比普通机床小一些。

4）主轴的转速 S 要根据切削速度 v_c 来选择。

5）进给速度 v_f 是数控机床切削用量中的重要参数，可根据工件的加工精度和表面粗糙度值要求，以及刀具和工件材料的性质选取。

5. 填写工艺文件

按加工顺序将各工序内容、使用刀具和切削用量等填入表8-4所示的数控加工工序卡片中，将选定刀具的型号、刀片型号与牌号及主要参数等填入表8-5所示的数控加工刀具卡片中，将各工步的进给路线绘成进给路线图表，见表8-6。

表8-4 数控加工工序卡片

工厂	数控加工工序卡片		产品名称	零件名称	毛坯材料	零件图号
工序号	程序编号	夹具名称	夹具编号	设备名称与编号		车间
工步号	工步内容	加工面	刀具编号	刀具规格	主轴转速/ r·min⁻¹	进给转速/ mm·min⁻¹	背吃刀量/ mm	备注
1								
2								
3								
编制		审核		批准		共 页第 页		

表 8-5　数控加工刀具卡片

产品名称			零件名称		零件图号		程序号	
工序号	刀具号	刀具名称		刀柄型号	刀具参数		补偿量/mm	备注
					直径/mm	刀长/mm		
编制			审核		批准		共　页第　页	

表 8-6　某零件周边轮廓铣削加工进给路线图

数控机床进给路线图		零件图号		工序号		工步号	1	程序编号	
机床型号		程序段号		加工内容	铣型面轮廓周边 R 5mm			共 3 页	第 1 页

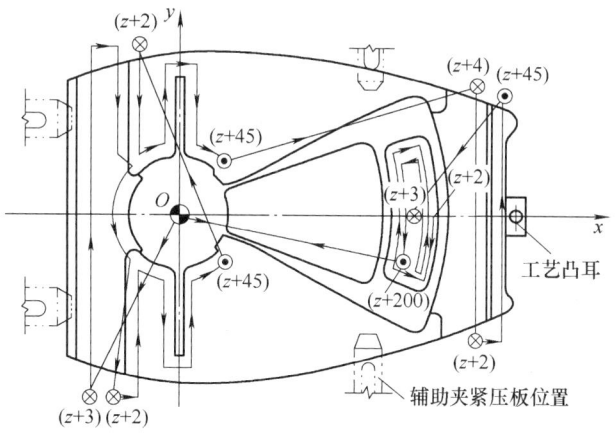

						编程		校对		审批	
符号	⊙	⊗	◉	●—	↤	⊣	•-•	〜	⇄	→	回
含义	抬刀	下刀	程编原点	起始	进给方向	进给线相交	爬斜坡	钻孔	行切	轨迹重迭	回切

　　上述"两卡一图"构成一份完整的数控加工工艺文件，可作为编制数控加工程序的主要依据。

【考点分析】

　　【例1】数控机床主要由 ＿＿＿＿＿＿＿、＿＿＿＿＿＿＿、＿＿＿＿＿＿＿和 ＿＿＿＿＿＿＿四部分组成。

　　【解题指导】参考图 8-8。

　　【答案】输入输出装置　计算机数控装置　伺服系统　受控设备

　　【点评】主要考核数控机床的结构。

【例2】数控编程中，M 代码控制机床各种（　　　）。

A. 运动状态　　　　　B. 刀具更换　　　　　C. 辅助动作状态　　　　　D. 固定循环

【解题指导】辅助功能字 M 代码主要用于数控机床的开关量控制，如主轴的正、反转，切削液开、关，工件的夹紧、松开，程序结束等。M 代码从 M00 ~ M99 共 100 种。如：M00 程序停止；M01　选择停止；M02　程序结束；M30　纸带结束。

【答案】C

【点评】主要考数控编程 M 代码的功能。

【例3】数控机床程序中，F100 表示（　　　）。

A. 切削速度　　　　　B. 进给速度　　　　　C. 主轴转速　　　　　D. 步进电动机转速

【解题指导】进给功能用来指定刀具相对工件运动的速度，其单位一般为 mm/min。当进给速度与主轴转速有关时，如车螺纹和攻螺纹等，使用的单位为 mm/r。进给功能字以地址符"F"为首，其后跟一串数字代码。

【答案】B

【点评】主要考核数控编程 F 功能。

【习题练习】

一、填空题

1. 数控车削进给路线确定的基本原则是_____和_____。

2. 数控机床各轴的标示根据_____定则确定。其坐标体系为_____，如：当右手拇指指向正 X 轴方向，食指指向正 Y 轴方向时，中指则指向正 Z 轴方向。

3. 数控系统接收按零件加工顺序记载机床加工所需的各种信息，并将加工零件图上的几何信息和工艺信息数字化，同时进行相应的_____和_____处理，然后发出控制命令，使刀具实现相对运动，完成零件的加工过程。

4. 数控铣削加工的适用范围有_____、_____、_____和_____。

二、选择题

1. 数控机床适于生产（　　　）。

A. 大型零件　　　　　B. 大批量零件　　　　　C. 小批复杂零件　　　　　D. 高精度零件

2. 加工中心与普通数控机床的区别在于（　　　）。

A. 有刀库与自动换刀装置　　　　　　　　　B. 转速

C. 机床的刚性好　　　　　　　　　　　　　D. 进给速度高

3. CNC 系统常用的软件插补方法中，有一种是数据采样法，即计算机执行插补程序输出的是数据而不是脉冲，这种方法适用于（　　　）。

A. 开环控制系统　　　B. 闭环控制系统　　　C. 点位控制系统　　　D. 连续控制系统

4. 闭环控制系统的反馈装置（　　　）。

A. 装在电动机轴上　　　　　　　　　　　　B. 装在位移传感器上

C. 装在传动丝杠上　　　　　　　　　　　　D. 装在机床移动部件上

5. 圆弧加工指令 G02 / G03 中，I、K 值用于指令（　　　）。

A. 圆弧终点坐标　　　　　　　　　B. 圆弧起点坐标

C. 圆心的位置　　　　　　　　　　D. 起点相对于圆心的位置

6. 数控系统中 G96 指令用于指令（　　　）。

A. F 值为 mm/min　　B. F 值为 mm/r　　C. S 值为恒线速度　　D. S 值为主轴转速

7. T 功能是（　　　）。

A. 准备功能　　　　B. 辅助功能　　　　C. 换刀功能　　　　D. 主轴转速功能

8. 下列 M 指令中，（　　　）指令表示暂停。

A. M12　　　　　　B. M2　　　　　　C. M20　　　　　　D. M27

9. （　　　）用于加工圆柱体、圆锥体等各种回转表面的物体、螺纹以及各种盘类工件，并进行钻孔和车孔等加工。

A. 数控铣床　　　　B. 数控磨床　　　　C. 数控车床　　　　D. 立式加工中心

10. 数控机床的控制核心是（　　　）。

A. 主机　　　　　　B. 控制部分　　　　C. 驱动装置　　　　D. 辅助装置

11. 程序编制中首件试切的作用是（　　　）。

A. 检验零件图设计的正确性

B. 检验零件工艺方案的正确性

C. 检验程序单的正确性，综合检验所加工零件是否符合图样要求

D. 仅检验程序单的正确性

三、判断题

1. 加工中心和数控车床因能自动换刀，在其加工程序中可以编入几把刀具，而数控铣床因不能自动换刀，其加工程序只能编入一把刀具。　　　　　　　　　　　　（　　　）

2. 数控加工中，程序调试的目的：一是检查所编程序是否正确，二是把编程零点、加工零点和机床零点相统一。　　　　　　　　　　　　　　　　　　　　　　　（　　　）

3. 为保证所加工零件尺寸在公差范围内，应按零件的名义尺寸进行编程。　　（　　　）

4. 数控机床加工的轮廓与所采用的程序有关，而与所选用的刀具无关。　　（　　　）

5. 数控机床既可以自动加工，也可以手动加工。　　　　　　　　　　　　（　　　）

6. 数控机床上可用米制螺纹指令加工寸制螺纹，也可用寸制螺纹指令加工米制螺纹。

（　　　）

7. 数控机床加工的加工精度比普通机床高，是因为数控机床的传动链较普通机床的传动链长。　　　　　　　　　　　　　　　　　　　　　　　　　　　　　　　（　　　）

8. 数控机床的插补过程，实际上是用微小的直线段来逼近曲线的过程。　　（　　　）

9. 在同一个程序里，既可以用绝对值编程又可以用增量值编程。　　　　　（　　　）

10. 参考点是机床上的一个固定点，与加工程序无关。　　　　　　　　　（　　　）

11. 对于任何曲线，既可以按实际轮廓编程，应用刀具补偿加工出所需的廓形，也可以按刀具中心轨迹编程，加工出所需的廓形。　　　　　　　　　　　　　　　（　　　）

12. 按 ⌈↑速率⌋ 键，若 ⌈快速⌋ 指示灯亮，则使用系统 2 号参数值乘以当前快进倍率作为速度 F 值。　　　　　　　　　　　　　　　　　　　　　　　　　　　　　　（　　　）

四、简答题

1. 试简述数控机床的主要特点。

2. 数控加工对刀具有何要求？与普通机床加工比较有哪些主要区别？

3. 什么是对刀？对刀与数控加工有何关系？

4. 闭环伺服系统的主要特征是什么？

第三节　其他先进制造技术

【学习目标】

1. 了解成组技术。

2. 了解计算机辅助工艺过程设计（CAPP）。

3. 了解柔性制造系统（FMS）。

4. 了解计算机集成制造系统（CIMS）。

【学习内容】

随着电子、信息等高新技术的不断发展，市场需求不断个性化与多样化，未来先进制造技术发展的总趋势是向精密化、柔性化、网络化、虚拟化、智能化、清洁化、集成化和全球化的方向发展，随之而来的是各种先进制造技术。下面主要介绍三种先进制造技术。

一、成组技术

市场竞争日趋激烈，产品更新换代越来越快，产品品种增多，而每种产品的生产数量却并不很多。世界上75%～80%的机械产品是以中、小批量的生产方式制造的。

与大批量生产的企业相比，中、小批生产企业的设备工装多，劳动生产率低，生产周期长，产品成本高，生产管理复杂，市场竞争能力差。与大批量生产相比，小批量生产方式无论在技术水平还是经济效益方面都不能适应生产发展和低成本的需要。

能否把大批量生产的先进工艺和高效设备以及生产方式用于组织中、小批量产品的生产，一直是国际生产工程界广为关注的重大研究课题。成组技术（Group Technology，简称GT）便是为了解决这一矛盾应运而生的一门新的生产技术，也是针对生产中的这种需求发展起来的一种生产和管理相结合的科学。成组技术已渗透到企业生产活动的各个环节，如产品设计、生产准备和计划管理等，并成为现代数控技术、柔性制造系统和高度自动化的集成制造系统的技术基础。

1. 成组技术的基本原理

充分利用事物之间的相似性，将许多具有相似信息的研究对象归类成组，并用大致相同的方法来解决这一组研究对象的生产技术问题，这样就可以发挥规模生产的优势，达到提高生产率、降低生产成本的目的，这种技术统称为成组技术。

加工零件虽然千变万化，但客观上存在着大量的相似性。有许多零件在形状、尺寸、精度、表面质量和材料等方面具有相似性，从而在加工工序、装夹定位、机床设备以及工艺路线等各个方面都呈现出一定的相似性。成组技术就是对零件的相似性进行标示、归类和应用的技术。其基本原理是根据多种产品各种零件的结构形状特征和加工工艺特征，按规定的法则标示其相似性，按一定的相似程度将零件分类编组，再对成组的零件制订统一的加工方案，实现生产过程的合理化，通过主样件解决全组（族）零件的加工工艺问题，设计全组零件共同能采用的工艺装备，并对现有设备进行必要的改装等。成组技术首先是从成组加工发展起来的，划分为同一组的零件可以按相同的工艺路线在同一设备、生产单元或生产线上完成全部机械加工。一般加工工件的改变就只需进行少量的调整工作。

实践证明，在中、小批量生产中采用成组技术可以取得最佳的综合经济效益。归纳起来，实施成组技术可以带来以下好处。

1）将中、小批量的生产纲领变为大批量或近似于大批量的生产，提高了生产率，稳定了产品质量和一致性。

2）减少加工设备和专用工装夹具的数目，降低固定投入和生产成本。

3）促进产品设计的标准化和规格化，减少零件的规格品种，减轻产品设计和工艺规程编制的工作量。

4）有利于采用先进的生产组织形式和先进制造技术，实现科学的生产管理。

2. 成组加工的工艺准备工作

在机械加工方面实施成组技术时，其工艺准备工作包括下述五个方面的内容。

（1）零件分类编码、划分零件组　各类产品的生产纲领和图样是工艺设计的原始资料，应按照拟定的分类编码法则对零件编码。在实行成组加工的初始阶段，也可以对近期的产品在小范围内进行编码，再逐步扩大到各种产品的零件。零件组的划分主要依据工艺相似性，因此确定相似程度很重要。例如代码完全相同的零件划为一组，则同组零件相似性很高而批量很少，不能体现成组效果。相似程度应依据零件特点、生产批量和设备条件等因素来确定。

零件分类成组是实施成组技术的一项基础工作。为了减少现有零件工艺过程的多样性，扩大零件的工艺批量，提高工艺设计的质量，加工零件需根据其结构特征和工艺特征的相似性进行分类成组。在施行成组技术时，首先必须按照零件的相似特征将零件分类编组，然后才能以零件组为对象进行工艺设计和组织生产。零件分类成组的方法有三种：编码分类法、人工视检法和生产流程分析法。

（2）拟定成组工艺路线　选择或设计主样件，按主样件编制工艺路线，它将适合于该零件组内所有零件的加工。但对结构复杂的零件，要将组内全部形状结构要素综合而形成一个主样件，通常是困难的。此时可采用流程分析法，即分析组内各零件的工艺路线，综合成为一个工序完整、安排合理、适合全组零件的工艺路线，编制出成组工艺卡片。

（3）选择设备并确定生产组织形式　成组加工的设备可以有两种选择，一是采用原有通用机床或适当改装，配备成组夹具和刀具；二是设计专用机床或高效自动化机床及工装。这两种选择对应的加工工艺方案差别很大，所以拟定零件工艺过程时应考虑到设备选择方案。各设备的台数根据工序总工时计算，应保证各台设备首先是关键设备，达到了较高的负荷率，一般可以留 10% ~ 15% 的负荷量供扩大相似零件加工之用。此外，设备的利用率不仅是指时间负荷率，还包括设备能力的利用程度，如空间、精度和功率负荷率。

（4）设计成组夹具、刀具的结构和调整方案 这是实现成组加工的重要条件，将直接影响到成组加工的经济效果。因为改变加工对象时，要求只需对工艺系统作最少的调整。如果调整费事，相当于生产过程中断，准备、终结时间延长，就体现不出"成组批量"了。因此对成组夹具、刀具的设计要求是改换工件时调整简便、迅速，定位夹紧可靠，能达到生产的连续性，且调整工作对工人的技术水平要求不高。

（5）进行技术经济分析 成组加工应做到在稳定地保证产品质量的基础上，达到较高的生产率和较高的设备负荷率（60% ~ 70%）。因此，根据以上制订的各类零件的加工过程计算单件时间定额及各台设备或工装的负荷率，若负荷率不足或过高，则可调整零件组或设备选择方案。

3. 成组生产的组织形式

随着成组加工的推广和发展，其生产组织形式已由初级形式的成组单机加工发展到成组生产单元、成组生产线和自动线，以至现代最先进的柔性制造系统和全盘无人化工厂。

（1）成组单机 在转塔车床、自动车床或其他数控机床上成组加工小型零件，这些零件的全部或大部分加工工序都在这一台设备上完成，这种形式称为单机成组加工。单机成组加工时，机床的布置虽然与机群式生产工段类似，但在生产方式上却有着本质上的差异。它是按成组工艺来组织和安排生产的。

（2）成组生产单元 在一组机床上完成一个或几个工艺相似零件组的全部工艺过程，该组机床即构成车间的一个封闭生产单元系统。这种生产单元与传统的小批量生产下所常用的"机群式"排列的生产工段是不一样的。一个机群式生产工段只能完成零件的某一个工序，而成组生产单元却能完成一定零件组的全部工艺过程。成组生产单元的布置要考虑每台机床的合理负荷。如条件许可，应采用数控机床和加工中心代替普通机床。

成组生产单元的机床按照成组工艺过程排列，零件在单元内按各自的工艺路线流动，缩短了工序间的运输距离，减少了在制品的积压，缩短了零件的生产周期；同时零件的加工和输送不需要保持一定的节拍，使得生产的计划管理具有一定的灵活性；单元内的工人工作趋向专业化，加工质量稳定，效率比较高。所以，成组生产单元是一种较好的生产组织形式。

（3）成组生产线 成组生产线是严格地按零件组的工艺过程组织起来的。在线上，各工序节拍是相互一致的，所以其工作过程是连续而有节奏地进行的，这就可缩短零件的生产时间和减少在制品数量。一般在成组生产线上配备了许多高效的机床设备，使工艺过程的生产率大为提高。

成组生产线又有两种形式：成组流水线和成组自动线。成组流水线的工件在工序间的运输是采用滚道和小车进行的，能加工工件的种类较多，在流水线上每次投产批量的变化也可以较大。成组自动线则采用各种自动输送机构来运送工件，所以效率就更高，但它所能加工的工件种类较少，工件投产批量也不能作很大变化，工艺适应性较差。

4. 成组工艺过程的制订

零件分类成组后，便形成了加工组，下一步就是针对不同的加工组制订适合于组内各件的成组工艺过程。编制成组工艺的方法有两种：复合零件法和复合路线法。

二、计算机辅助工艺过程设计（CAPP）

工艺过程设计是机械制造生产过程中一项重要的技术准备工作，是产品设计和制造之间的连接纽带。零件加工工艺过程涉及的问题很多，所以编制工艺规程比较复杂。由于编制人员的生产经验和所用参考资料的不同，同一零件可以编出不同的工艺过程，因此传统的工艺设计方法需要大量的时间和丰富的生产实践经验，工艺设计的质量在很大程度上取决于工艺人员的水平和主观性，这就使工艺设计很难做到最优化和标准化。根据大量实际经验可以看出，类似零件的工艺过程有许多共同之处，因此就产生了工艺过程典型化的思想。

数控机床的发展为应用计算机辅助设计零件加工工艺过程创造了条件。计算机辅助设计机械加工工艺过程（Computer Aided Process Planning，CAPP）是一项新技术，研究如何将图样信息和工艺人员的经验理论化、系统化、信息化，按成组技术的原理，利用计算机实现工艺过程的自动化设计。

CAPP 能迅速编制出完整而详尽的工艺文件，使工艺人员避免冗长的数学计算、查阅各种标准和规范以及填写表格等繁琐和重复的事务性工作，从而大幅度地提高工艺人员的工作效率，并使工艺人员有可能集中精力去考虑如何提高工艺水平和产品质量。CAPP 能缩短生产准备时间，加快新产品投产，并为制订先进合理的时间定额和材料消耗定额以及推广成组技术和改善企业管理提供了科学依据。此外，CAPP 还是连接计算机辅助设计和计算机辅助制造的纽带，是开发集成生产系统和柔性制造系统（FMS）的基础。因此，CAPP 对全面提高机械工业经济效益及其现代化起着重要的作用。

CAPP 的基本原理主要有派生法（又称样件法或变异型）和创成法，还有在此基础上纵深发展衍生出的综合型、交互型和智能型等高级类别。

1. 派生法

派生法是在成组技术的基础上，将同一零件族中的零件形面要素合成为假想的主样件，按照主样件制订出反映本厂最优加工方案的工艺规程，并以文件形式存储在计算机中。当为某一零件编制工艺规程时，首先分析该零件的成组编码，识别它属于哪一零件族，然后调用该零件族的典型工艺文件，按照输入的该零件的成组编码、形面特征和尺寸参数，选出典型工艺文件中的有关工序并进行加工参数的计算。调用典型工艺文件以及确定加工顺序和计算加工参数均是自动进行的，派生出所需的工艺规程。如有需要还可对所编制的工艺规程通过人机对话进行修改（插入、更换或删除），最后编辑成所需要的工艺规程。其特点是系统较为简单，但要求工艺人员干预并进行决策。其系统工作流程分为系统准备阶段和工艺编制应用阶段，如图 8-18 所示。

2. 创成法

创成法利用各种工艺决策制订的逻辑算法语言自动地生成工艺规程，其特点是自动化程度较高。创成法通常与 CAD 和绘图系统相连接，对各种几何要素规定相应的加工要素。对一个复杂的零件来说，组成该零件的几何要素的数量相当多，每一种几何要素可由不同的加工方法来实现，它们之间的顺序又可以有多种组合方案，所以创成法需要计算机具有较大的

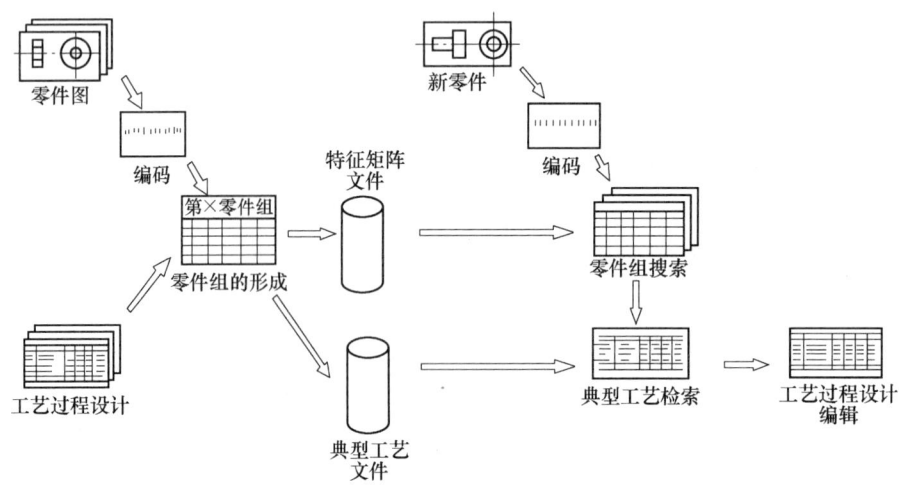

图 8-18　派生法

存储容量和计算能力。由于工艺过程设计涉及的因素较多，完全自动创成工艺过程的通用系统目前尚处于研究阶段。

派生法和创成法的主要特征见表 8-7。

表 8-7　派生法和创成法的特征比较

类型	工艺规程管理	工艺过程修改设计	工艺过程综合设计	新工艺过程的设计		自适应的工艺过程设计
				加工顺序描述	工件描述	
输入	加工任务数据，工序过程编号，工序内容，加工范围	加工任务数据，基本数据的编码，相类似工件的数据	加工任务数据，工件特征数据，相似工艺过程的修改	加工任务数据，加工顺序的描述	加工任务数据，机械加工和非机械加工零件的几何形状和工艺要求	加工任务数据，描述工件图形的数据
人机交互	没有	可能	需要	可能	可能	需要
数据处理的主要内容	工艺过程的存储、管理和读取，具体工作任务的插入	选择基本的工艺过程，计算输入的参数	选择相似的工艺过程，工步的插入或删除，简单的计算	生成工艺数据，选择设备，设计工艺过程	根据工件的几何形状生成加工顺序和工艺数据，选择设备及设计工艺过程	生成工件的几何和工艺数据，存储和读取工艺过程设计的逻辑规则
基本原理	派生法			创成法		
输出	工艺规程					
	低	——自动化程度——			高	

3. 综合型

综合型又称半创成型。它将变异型与创成法结合起来（如工序设计用变异型，工步设计用创成法），具有两种类型系统的优点，克服了它们的部分缺点，效果较好，所以应用十分广泛。我国自行开发的 CAPP 系统大多为这种类型。

4. 交互型

它以人机对话的方式完成工艺过程的设计，实际上是按"变异型 + 创成法 + 人工干预"

方式开发的一种系统。它将一些经验性强、模糊难确定的问题留给用户，这就简化了系统的开发难度，使其更灵活、方便，但系统的运行效率低，对人的依赖性较大。

5. 智能型

它是将人工智能技术应用在 CAPP 系统中形成的 CAPP 专家系统。它与创成法系统的不同之处在于：创成法 CAPP 是以逻辑算术进行决策，而智能型则是以推理加知识的专家系统技术来解决工艺设计中经验性强、模糊和不确定的若干问题，更加完善和方便，是 CAPP 的发展方向，也是当今国内外研究的热点之一。

三、柔性制造系统（FMS）

1. 概述

成组技术能解决外形结构和加工工艺相差不大的工件的加工问题，但不能很好地解决多品种、中小批量生产的自动化问题。随着科技、生产的不断进步，市场竞争的日趋激烈，以及人们生活需求的多样化，产品品种规格将不断增加，产品更新换代的周期将越来越短，无论在国际上还是国内，多品种、中小批量生产的零件仍占大多数。为了解决机械制造业多品种、中小批量生产的自动化问题，除了用计算机控制单个机床及加工中心外，还可借助于计算机把多台数控机床连接起来组成一个柔性制造系统。

柔性制造系统（Flexible Manufacturing System，FMS）是由计算机控制的、以数控机床设备为基础和以物料储运系统连成的、能形成没有固定加工顺序和节拍的自动加工制造系统。它的主要特点如下：

（1）高柔性　即具有较高的灵活性和多变性，能在不停机调整的情况下，实现多种不同工艺要求的零件加工和不同型号产品的装配，满足多品种、小批量产品的个性化加工需求。

（2）高效率　能采用合理的切削用量实现高效加工，同时使辅助时间和准备、终结时间减小到最低程度。

（3）高度自动化　包括加工、装配、检验、搬运和仓库存取等工序，使多品种成组生产达到高度自动化，能自动更换工件、刀具和夹具，实现自动装夹和输送，自动监测加工过程，有很强的系统软件功能。

（4）经济效益好　柔性化生产可以大大减少操作人员和机床数目，提高机床利用率，缩短生产周期，降低产品成本，削减零件成品仓库的库存，减少流动资金，缩短资金的流动周期，因此可取得较高的综合经济效益。

2. FMS 系统的组成

一个柔性制造系统可概括为由以下三部分组成，即多工位数控加工系统、自动化的物流系统和计算机控制的信息系统。

（1）加工系统　加工系统的功能是以任意顺序自动加工各种工件，并能自动地更换工件和刀具，通常由若干台加工零件的 CNC 机床和 CNC 板材加工设备以及操纵这种机床要使用的工具所构成。在加工较复杂零件的 FMS 加工系统中，由于机床上的机载刀库能提供的刀具数目有限，除尽可能使产品设计标准化，以方便使用通用刀具和减少专用刀具的数量外，必要时还需要在加工系统中设置机外自动刀库，以补充机载刀库容量的不足。

（2）物流系统　FMS 中的物流系统与传统的自动线或流水线有很大的差别，整个工件输送系统的工作状态是可以进行随机调度的，而且都设置有储料库以调节各工位上加工时间的差异。物流系统包含工件的输送和储存两个方面。

（3）信息系统　信息系统包括过程控制及过程监视两个子系统，其功能主要是进行加工系统及物流系统的自动控制以及在线状态数据自动采集和处理。FMS 中的信息由多级计算机进行处理和控制。

3. FMS 的类型及其适应范围

柔性制造系统一般可以分为柔性制造单元、柔性制造系统、柔性制造生产线和无人化自动工厂几种类型。

（1）柔性制造单元（flexible manufacturing cell—FMC）　由一两台数控机床或加工中心，并配备有某种形式的托盘交换装置、机械手或工业机器人等夹具和工件的搬运装置组成，由计算机进行适时控制和管理，是一种带工件库和夹具库的加工中心设备。FMC 能够加工多品种的零件，同一种零件数量可多可少，特别适合于多品种、小批量零件的加工。

（2）柔性制造系统（flexible manufacturing system—FMS）　柔性制造系统由两个以上柔性制造单元或多台加工中心组成（4 台以上），并用物料储运系统和刀具系统将机床连接起来，工件被装夹在随行夹具和托盘上，自动地按加工顺序在机床间逐个输送，适合于多品种、小批量或中批量复杂零件的加工。柔性制造系统主要应用的产品领域是汽油机、柴油机、机床、汽车、齿轮传动箱及武器等。加工材料中铸铁占的比例较大，因为其切屑较容易处理。

（3）柔性制造生产线（flexible manufacturing line—FML）　零件生产批量较大而品种较少的情况下，柔性制造系统的机床可以完全按照工件加工顺序而排列成生产线的形式。这种生产线与传统的刚性自动生产线的不同之处在于能同时或依次加工少量不同的零件。当零件更换时，其生产节拍可作相应的调整，各机床的主轴箱也可自行进行更换。较大的柔性制造系统由两个以上柔性制造单元或多台数控机床和加工中心组成，并用一个物料储运系统将机床连接起来，工件被装夹在夹具和托盘上，自动地按加工顺序在机床间逐个输送，并根据加工需要自动调度和更换刀具，直至加工完毕。

（4）无人化自动工厂（automation factory—AF）　在一定数量的柔性制造系统的基础上，用高一级计算机把它们连接起来，对全部生产过程进行调度管理，加上立体仓库和运用工业机器人进行装配，就组成了生产的无人化自动工厂。

日本近年来出现了采用柔性制造系统的无人化工厂。无人搬运车从原材料自动仓库将毛坯运至加工站，然后由机械手完成机床工作地的装卸工作。在机床加工过程中有监视装置进行监视。加工完毕后转入零件和部件自动仓库，并能自动完成产品的装配工作。对这种工厂来说，由于生产的高度自动化，白天在车间中只有几十名工人，夜班时在车间中没有工人，只有一个人在控制室内，而所有机床能在夜间无人照管下加工零件。这样在一天 24h 中机床的可用时间就接近 100%，而机床的实际利用率平均达到 65% ~ 70%。结果在这一面积仅 20 000m^2 的工厂中，每月可生产 100 台机器人、75 台加工中心和 75 台线切割机床. 可见它显著地提高了投资效益。

应当指出，柔性制造系统的投资是很大的。柔性制造系统带来的经济效益如减少机床数，减少操作人员，提高机床利用率，缩短生产周期，降低产品成本等都是巨大的。但上述经济效益能否使投资在短期内回收，将是进行采用柔性制造系统决策的一个重要依据。因而国外从 20 世纪 70 年代起就一直在研究和开发柔性制造系统的模拟技术，使其在新系统建立（或老系统的改造）之前，借助于计算机上的系统模拟，以便找到最优的系统构成。

4. FMS 中的机床设备和夹具

（1）加工设备　FMS 的机床设备一般选择卧式、立式或立卧两用的数控加工中心（MC）。数控加工中心机床是一种带有刀库和自动换刀装置（ATC）的多工序数控机床，工件经一次装夹后，能自动完成铣、镗、钻、铰等多种工序的加工，并且有多种换刀和选刀功能，从而可使生产率和自动化程度大大提高。

在 FMS 的加工系统中还有一类加工中心，它们除了机床本身之外，还配有一个储存工件的托盘站和自动上下料的工件交换台。当在这类加工中心机床上加工完一个工件后，托盘交换装置便将加工完的工件连同托盘一起拖回环形工作台的空闲位置，然后按指令将下一个待加工的工件或托盘转到交换装置，由托盘交换装置将它送到机床上进行定位夹紧以待加工。这类具有储存较多工件或托盘的加工中心是一种基础形式的柔性制造单元（FMC）。

FMS 对机床的基本要求是工序集中、易控制、高柔性度和高效率、具有通信接口。

（2）机床夹具　目前，用于 FMS 机床的夹具有两个重要的发展趋势：一是大量使用组合夹具，使夹具零部件标准化，可针对不同的服务对象快速拼装出所需的夹具，使夹具的重复利用率提高；二是开发柔性夹具，使一套夹具能为多个加工对象服务。

5. 自动化仓库

FMS 的自动化仓库与一般仓库不同。它不仅是储存和检索物料的场所，同时也是 FMS 物料系统的一个组成部分。它由 FMS 的计算机控制系统所控制，从功能性质上看，它是一个工艺仓库。正因为如此，它的布置和物料存放方法也以方便工艺处理为原则。目前，自动化仓库一般采用多层立体布局的结构形式，所占用的场地面积较小。

6. 物料运载装置

物料运载装置直接担负着工件、刀具以及其他物料的运输工作，包括物料在加工机床之间，自动仓库与托盘存储站之间，以及托盘存储站与机床之间的输送与搬运工作。FMS 中常见的物料运载装置有传送带、自动运输小车和搬运机器人等。

7. 刀具管理系统

刀具管理系统在 FMS 中占有重要的地位，其主要职能是负责刀具的运输、存储和管理，适时地向加工单元提供所需的刀具，监控管理刀具的使用，及时取走已报废或寿命已耗尽的刀具，在保证正常生产的同时，最大程度降低刀具的成本。刀具管理系统的功能和柔性程度直接影响到整个 FMS 的柔性和生产率。典型 FMS 的刀具管理系统通常由刀库系统、刀具预调站、刀具装卸站、刀具交换装置以及管理控制刀具流的计算机组成。

8. 控制系统

控制系统是 FMS 的核心。它管理和协调 FMS 内的各项活动，以保证生产计划的完成，实现最大的生产率。FMS 除了少数操作由人工控制外（如装卸、调整和维修），可以说正常的工作完全是由计算机自动控制的。FMS 的控制系统通常采用两级或三级递阶控制结构形式。在控制结构中，每层的信息流都是双向流动的。然而，在控制的实时性和处理信息量方面，各层控制计算机又是有所区别的。这种递阶的控制结构，各层的控制处理相对独立，易于实现模块化，使局部增、删、修改操作简单易行，从而增加了整个系统的柔性和开放性。

四、计算机集成制造系统（CIMS）

1. CIMS 的概念

计算机辅助设计（CAD）和计算机辅助制造（CAM）的软件系统是分别研制、开发的。生产技术的高度发展要求设计与制造在产品生产中有机结合，实现一体化，从而发展形成集成制造系统。用计算机网络将产品生产全过程的各个子系统有机地集合成一个整体，以实现生产的高度柔性化、自动化和集成化，达到高效率、高质量和低成本的生产目的，这种系统就是计算机集成制造系统（computer integrated manufacturing system，CIMS）。

CIMS 是一种组织、管理与运行企业的思想，它将传统的制造技术与现代信息技术、管理技术、自动化技术和系统工程技术等有机结合，借助计算机（硬、软件）使企业产品的生命周期（市场需求分析→产品意义→研究开发→设计→制造→支持，包括质量、销售、采购、发送、服务以及产品最后报废和环境处理等）各阶段活动中有关的人、组织、经费管理和技术等要素及信息流、物流和价值流有机集成并优化运行，实现企业制造活动中的计算机化、信息化、智能化和集成优化，以达到产品上市快、高质、低耗、服务好、环境清洁的目的，提高企业的柔性、健壮性和敏捷性，使企业在市场竞争中立于不败之地。

2. CIMS 系统的组成

CIMS 是一项发展中的技术，其组成还没有统一的模式。但是根据前面所述的概念，可以认为 CIMS 由以下 6 大系统组成，其相互关系如图 8-15 所示。

1）集成化工程设计与制造系统（CAD/CAE/CAPP/CAM）。

2）集成化生产管理信息系统（CAPM 或 MIS）。

3）柔性制造系统（FMS/FMC）。

4）数据库与网络（DB 与 NW）。

5）质量保证系统（QCS）。

6）物料储运和保障系统。

3. CIMS 的关键技术

（1）信息集成　针对设计、管理和加工制造中大量存在的自动化独立制造岛（指由多台机床组成的系统，由于其具有一定的自主性和封闭性，故称之为"独立岛"），实现信息正确、高效的共享和交换，是改善企业技术和管理水平必须首先解决的问题。信息集成的主要内容有企业建模、系统设计方法、软件工具和规范（是企业信息集成的基础）、异构环境下的信息集成。

（2）过程集成　企业除了信息集成这一技术手段之外，还可以对过程进行重构。将产品开发设计中的各个串行过程尽可能多地转变为并行过程，在设计时考虑到下游工作中的可制造性和可装配性，设计时考虑质量（质量功能分配），则可以减少反复设计更改，缩短开发时间。

（3）企业集成　为了充分利用全球制造资源，把企业调整成适应全球经济和全球制造的新模式，CIMS 必须解决资源共享、信息服务、虚拟制造、并行工程、资源优化和网络平台等关键技术，以更快、更好、更好地响应市场。

实施 CIMS 要花费巨大的投资，而且需要雄厚的技术基础，包括企业应用 CIMS 单项技术的水平以及一支强大的技术队伍。它涉及许多工作和新技术，除了硬件之外，还需要功能齐全的数据库软件和系统管理软件。

CIMS 的发展水平和完善程度代表着机械制造业的发展水平。近年来，我国在汽车、民用飞机以及机床生产等行业已经开始建立 CIMS 系统，有些系统即将启用，这标志着我国的机械制造水平已发展到了一个新的阶段。

【考点分析】

【例1】成组技术是一种_____和_____相结合的科学。成组技术已渗透到企业生产活动的各个环节，如产品设计、生产准备和计划管理等，并成为现代数控技术、_____和_____的技术基础。

【解题指导】成组技术是为了解决这一矛盾应运而生的一门新的生产技术，也是针对生产中的这种需求发展起来的一种生产和管理相结合的科学。成组技术已渗透到企业生产活动的各个环节，如产品设计、生产准备和计划管理等，并成为现代数控技术、柔性制造系统和高度自动化的集成制造系统的技术基础。

【答案】生产 管理 柔性制造系统 高度自动化的集成制造系统

【点评】主要考核成组技术的相关概念。

【例2】FMS 是指（   ）。

A. 直接数控系统　　　　　　　　　　B. 自动化工厂

C. 柔性制造系统　　　　　　　　　　D. 计算机集成制造系统

【解题指导】柔性制造系统（FMS——Flexible Manufacturing System）就是由计算机控制的、以数控机床设备为基础，以物料储运系统连成的、能形成没有固定加工顺序和节拍的自动加工制造系统。

【答案】C

【点评】主要考核柔性制造系统的功能。

【例3】不属于 CIMS 关键技术的选项是（   ）。

A. 信息集成　　　　B. 过程集成　　　　C. 企业集成　　　　D. 加工集成

【解题指导】CIMS 必须解决资源共享、信息服务、虚拟制造、并行工程、资源优化和网络平台等关键技术。

【答案】D

【点评】主要考核对 CIMS 内涵的理解。

【习题练习】

一、填空题

1. CIMS 是一种基于 CIM 思想构成_____、_____、_____、_____的制造系统。

2. CIMS 由以下 6 大系统组成，分别是集成化工程设计与制造系统（CAD/CAE/CAPP/CAM）、集成化生产管理信息系统（CAPM 或 MIS）、_____、_____、质量保证系统（QCS）、物料储运和保障系统。

3. 计算机辅助设计简称_____，计算机辅助制造简称_____。

4. 典型的 FMS 刀具管理系统通常由_____、_____、刀具装卸站、刀具交换装置以及管理控制刀具流的计算机组成。

5. 目前，自动化仓库一般采用_____的结构形式，所占用的场地面积较小。

6. 工件输送系统按所用运输工具可分成_____、_____、带式传送系统和机器人传送系统四类。

7. CAPP 的基本原理主要有_____和_____两大类。

二、选择题

1. CNC 系统主要由（　　　）。

A. 计算机和接口电路组成　　　　　　B. 计算机和控制系统软件组成

C. 接口电路和伺服系统组成　　　　　D. 控制系统硬件和软件组成

2. STD 总线属于（　　　）。

A. 内总线　　　　　B. 外总线　　　　　C. 片总线　　　　　D. 控制总线

3. 计算机集成生产系统 CIMS 最基础的部分是（　　　）的集成。

A. CAD/CAPP　　　　　　　　　　　B. CAD/CAM

C. CAPP/CAM　　　　　　　　　　　D. CAPP/CNC

4. 下列不属于 CIMS 系统组成的选项是（　　　）。

A. 集成化工程设计与制造系统（CAD/CAE/CAPP/CAM）

B. 集成化生产管理信息系统（CAPM 或 MIS）

C. 柔性制造系统（FMS/FMC）

D. FANUC 数控系统

5. 不符合 FMS 对机床的基本要求是（　　　）。

A. 工序集中和易控制　　　　　　　　B. 高柔性度和高效率

C. 要求加工精度极高　　　　　　　　D. 具有通信接口

6. 无人化自动工厂简称（　　　）。

A. FMC　　　　　　B. FMS　　　　　　C. FML　　　　　　D. AF

三、简答题

1. 简述成组技术的基本思想和原理，设计主样件时应注意哪些因素。

2. CAPP 技术的开发有何意义？两种最基本的 CAPP 系统是什么？试比较它们的技术原理、特点和应用。

3. CAPP 与 CAD、CAM 之间的关系如何？

4. 柔性制造系统是怎样发展起来的？其技术基础是什么？

5. FMS 由哪些子系统组成？简述 FMS 的特点、类型及其应用场合。

6. 试分析 FMC、FMS、CAPP、CAD、CAM、MIS 和 CMIS 之间的相互关系。

第九单元

零件生产过程的基础知识

【知识构架】

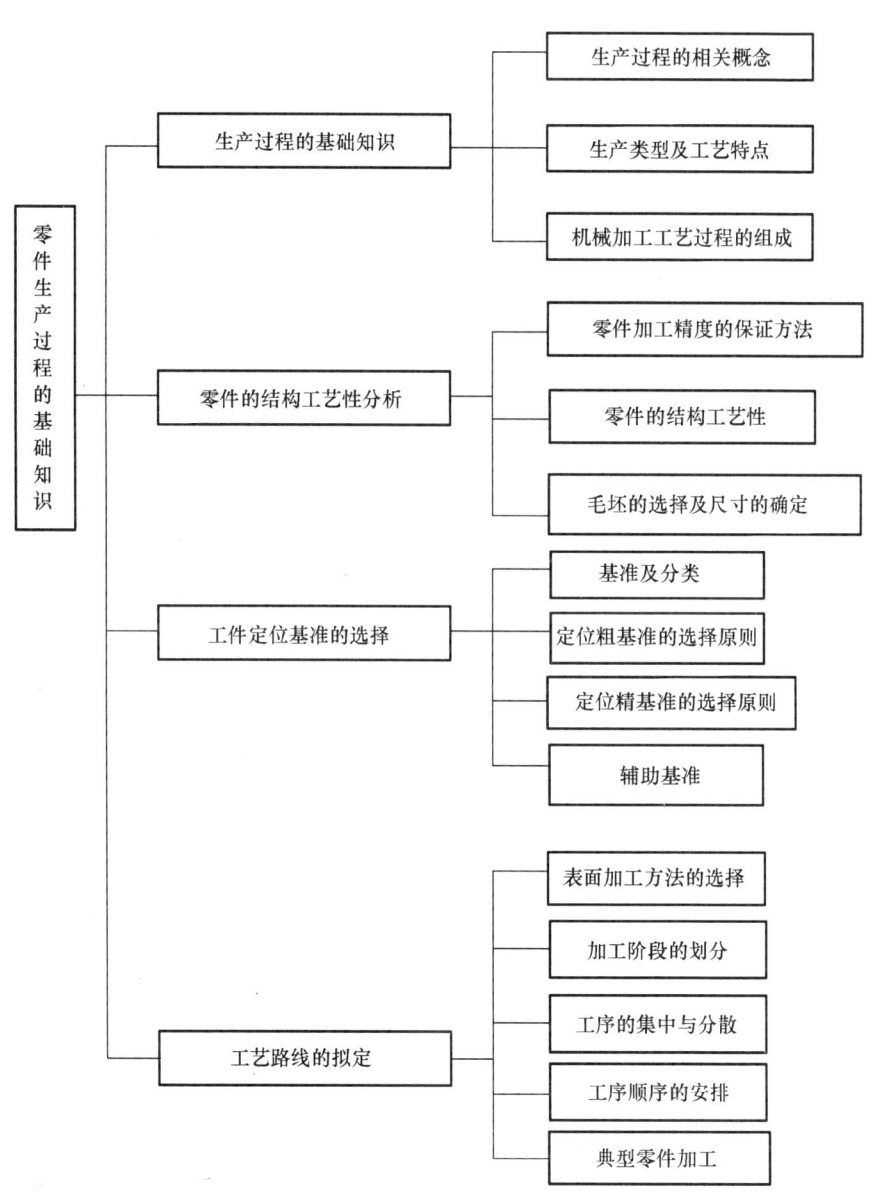

第一节 生产过程的基础知识

【学习目标】

1. 了解生产过程的相关概念。
2. 了解生产类型及其工艺特点。

【学习内容】

一、生产过程的相关概念

生产过程是指将原材料转变为成品的过程。例如制造一台机器，其生产过程应该包括生产准备、毛坯制造、对毛坯进行切削加工、热处理、装配、试车和装箱等。显然，有一台机器的生产过程，就有一个零件的生产过程、一个工厂的生产过程、一个车间的生产过程。

工艺过程是指改变生产对象的形状、尺寸、相对位置和性质等，使其成为成品或半成品的过程。工艺过程是生产过程中的主要过程，其余的劳动过程则是生产过程中的辅助过程。

工艺装备是指产品制造过程所用各种工具的总称，如刀具、磨具和量具等。工艺装备简称工装。

生产类型指企业（或车间、工段、班组、工作地）生产专业化程度的分类，一般分为大量生产、成批生产和单件生产三个类型。

二、生产类型及工艺特点

成批地制造相同的零件，一般是周期性地重复进行的生产，称为成批生产。在成批生产中，一次投入或产出的同一产品（或零件）的数量，称为生产批量。根据生产批量的大小和产品的特征，成批生产又可分为小批量生产、中批量生产和大批量生产。机床制造厂的生产多属于成批生产。

产品的制造数量很大，多数工作地点经常重复地进行一种零件的某一工序的生产，称为大量生产。汽车制造厂、拖拉机制造厂、自行车制造厂和轴承制造厂等的生产均属于大量生产。

各种生产类型的典型规范见表9-1，各种生产类型的工艺特征见表9-2。

表9-1 各种生产类型的典型规范

生产类型		同类零件的年产量/件		
		重型（30kg以上）	中型（4～30kg）	轻型（4kg以下）
单件生产		5 以下	10 以下	100 以下
成批生产	小批量生产	5～100	10～200	100～500
	中批量生产	100～300	200～500	500～5 000
	大批量生产	300～1 000	500～5 000	5 000～50 000
大量生产		1 000 以上	5 000 以上	50 000 以上

表 9-2　各种生产类型的工艺特征

项目	单件生产	成批生产	大量生产
加工对象	经常变更	周期性变更	固定不变
毛坯	木模铸造或自由锻	部分采用金属型或模锻	广泛采用金属型、机器造型、模锻及其他高生产率方法
设备	通用机床	通用机床或部分专用机床	广泛使用高效率专用机床和自动机床
工艺装备	一般刀具、通用量具和万能夹具	广泛使用专用夹具，部分采用专用刀具和量具	广泛使用高效率夹具、专用刀具和量具
对工人的技术要求	需要技术熟练的工人，边试切、边度量	需要比较熟练的工人，调整和在机床上工作	操作工人技术要求低，使用调整好的自动化机床或自动线
工艺文件	编写简单工艺过程卡	详细编写工艺卡	详细编写工艺卡和工序卡

三、机械加工工艺过程的组成

采用机械加工方法，直接改变加工对象的形状、尺寸和表面性能，使之成为成品的过程，称为机械加工工艺过程。机械加工工艺过程由若干个按一定顺序排列的工序组成。

（1）工序　工序是指一个或一组工人，在一个工作地对同一个或同时对几个工件所连续完成的那一部分工艺过程。

划分工序的主要依据是工作地点是否改变和加工是否连续。这里的连续，是指工序内的工作需连续完成，不能插入其他工作内容或者阶段性加工。

工序是组成工艺过程的基本单元，也是制订生产计划、进行经济核算的基本单元。工序又可细分为装夹、工位、工步和走刀等组成部分。

（2）装夹　装夹是指工件（或装配单元）通过一次装夹后所完成的那一部分工序。

（3）工位　工位是指在一次装夹中，工件在机床上所占的每个位置上所完成的那一部分工序。

（4）工步　工步是指在加工表面（或装配时的连续表面）不变、加工工具不变和切削用量不变的条件下，所连续完成的那部分工序。工步是构成工序的基本单元。

（5）走刀　走刀是指刀具相对工件加工表面进行一次切削所完成的那部分工作。每个工步可包括一次走刀或几次走刀。

【考点分析】

【例1】_____是指改变生产对象的形状、尺寸、相对位置和性质等，使其成为成品或半成品的过程。

【解题指导】熟记工艺过程的概念。

【答案】工艺过程

【点评】主要考核工艺过程的定义。

【例2】在大批量生产中，用于具体指导工人生产的工艺文件是（　　）。

A. 工序卡　　　　B. 工艺过程卡　　　　C. 工序图　　　　D. 工艺基准

【解题指导】细分工艺文件的概念。

【答案】A

【点评】主要考核工艺卡的定义。

【习题练习】

一、填空题

1. _____是指产品制造过程所用各种工具的总称。

2. _____是指企业（或车间、工段、班组、工作地）生产专业化程度的分类。

3. 生产类型一般分为_____、_____和_____。

4. 零件的基本表面由_____、_____、_____和_____等组成。

5. 采用机械加工方法，直接改变加工对象的形状、尺寸和表面性能，使之成为成品的过程，称为_____。

6. 机械加工工艺过程由一个或者若干个按一定顺序排列的工序组成，而工序又可细分为_____、_____、_____和_____等组成部分。

7. _____是构成工序的基本单元。

二、判断题

1. 生产过程是指将原材料转变为半成品的过程。　　　　　　　　　　　　（　　）

2. 成形面只采用铣削、刨削或车削加工方法加工。　　　　　　　　　　　（　　）

3. 平面是所有零件的主要组成表面。　　　　　　　　　　　　　　　　　（　　）

4. 生产过程包括基本生产过程、辅助生产过程和生产服务过程三部分。　　（　　）

5. 单件或小批量生产时，辅助时间往往消耗单件工时的一半以上。　　　　（　　）

6. 机械加工时，机床、夹具、刀具和工件构成一个完整的系统，该系统称为工艺系统。

（　　）

三、选择题

1. 用机械加工的方法直接改变生产对象的形状、尺寸、相对位置和性质等，使之成为成品或半成品的过程，称为（　　　）。

A. 工艺过程　　　B. 机械加工工艺过程　　　C. 生产过程　　　D. 工艺规程

2. 机械加工工艺过程的安排顺序是（　　　）。

A. 工序→工位→工步　　　　　　　　B. 工位→工序→工步

C. 工序→工步→工位　　　　　　　　D. 工步→工位→工序

3. 在单件或小批量生产中，中小型工件上较大的孔（$D < 50\mathrm{mm}$）常用（　　　）加工。

A. 台式钻床　　　B. 立式钻床　　　　C. 摇臂钻床　　　D. 镗床

4. 工件经一次装夹后，所完成的那一部分工序称为（　　　）。

A. 工序　　　B. 装夹　　　　C. 工位　　　D. 工步

5. 在一台车床上，对一批工件连续进行粗车后，再连续进行精车，则其加工过程可视为（　　　）道工序。

A. 1　　　　B. 2　　　　C. 3　　　　D. 4

6.（　　　）是组成工艺过程的基本单元，也是制订生产计划、进行经济核算的基本单元。

A. 工步　　　　　　B. 装夹　　　　　　C. 工位　　　　　　D. 工序

四、简答题

1. 简述机械加工工艺系统的构成。

2. 简述大量生产的特征。

第二节　零件的结构工艺性分析

【学习目标】

1. 了解零件加工精度的保证方法。

2. 了解零件的结构工艺性。

3. 了解毛坯的形状及尺寸的确定方法。

【学习内容】

一、零件加工精度的保证方法

零件的机械加工有许多方法，加工的目的是要使零件获得一定的加工精度和表面质量。零件加工精度包括尺寸精度、形状精度和表面相互位置精度。

1. 获得尺寸精度的方法

（1）试切法　通过试切出一小段→测量→调刀→再试切的方法，并反复进行，直到达到规定尺寸再进行加工的一种加工方法，称为试切法。试切法的生产率低，加工精度取决于工人的技术水平，故常用于单件小批生产。

（2）调整法　先调整好刀具的位置，然后以不变的位置加工一批零件的方法称为调整法。调整法加工生产率较高，精度较稳定，常用于成批、大量生产。

（3）定尺寸刀具法　通过刀具的尺寸来保证加工表面的尺寸精度，这种方法称为定尺寸刀具法。如用钻头、铰刀和拉刀来加工孔，均属于定尺寸刀具法。这种方法操作简便，生产率较高，加工精度也较稳定。

（4）自动控制法　自动控制法是通过自动测量和数字控制装置，全程跟踪加工过程中零件尺寸的变化，并自动调整刀具相对于工件的位置，在达到尺寸精度时自动停止加工的一种尺寸控制方法。这种方法加工质量稳定，生产率高，是机械制造业的发展方向。

2. 获得形状精度的方法

（1）刀尖轨迹法　通过刀尖的运动轨迹来获得形状精度的方法称为刀尖轨迹法。所获得的形状精度取决于刀具和工件间相对成形运动的精度。如普通车削、铣削和刨削等均属于刀尖轨迹法。

（2）仿形法　刀具按照仿形装置进给对工件进行加工的方法称为仿形法。仿形法所得到的形状精度取决于仿形装置的精度以及其他成形运动的精度。仿形铣和仿形车均属于仿形法加工。

（3）成形法　利用成形刀具对工件进行加工，获得形状精度的方法称为成形法。成形刀具替代一个成形运动，所获得的形状精度取决于成形刀具切削刃的形状精度和其他成形运动的精度。

（4）展成法　利用刀具和工件作展成切削运动形成包络面，从而获得形状精度的方法称为展成法（或包络法）。展成法所获得的形状精度取决于切削刃的形状和展成运动的精度。如滚齿和插齿就属于展成法。

3. 获得位置精度的方法（工件的装夹方法）

当零件较复杂、加工面较多时，需要经过多道工序的加工，其位置尺寸、位置精度取决于工件的装夹方式及其精度。其常用的工件装夹方法如下：

（1）直接找正装夹　用划针和指示表等工具直接找正工件位置并加以夹紧的方法称为直接找正装夹法。如图9-1所示为用单动卡盘装夹工件，要求待加工表面 B 与表面 A 同轴。若同轴度要求不高，可按外表面 A 用划针找正（定位精度可达 0.5mm 左右）；若同轴度要求较高，则可用指示表找正（定位精度可达 0.02mm 左右）。此法生产率低，精度取决于工人的技术水平和测量工具的精度，一般常在单件小批生产的加工车间，修理、试制和工具车间中得到应用。

（2）按划线找正装夹　先用划针按照零件图在毛坯上划出要加工表面的位置，然后按照划好的线找正工件在机床上的位置并加以夹紧的方法称为按划线找正装夹。如图9-2所示的车床导轨毛坯，为保证床身各加工面和非加工面的尺寸及各加工面的余量，可先在钳工台上划好线，然后在龙门刨床工作台上用千斤顶支起床身毛坯，按线找正并夹紧，再对床身底平面进行粗刨。由于划线费时，又需要技术水平高的划线工，所以其生产率不高，适用于单件或小批量生产形状复杂而笨重或毛坯尺寸公差大的情况。

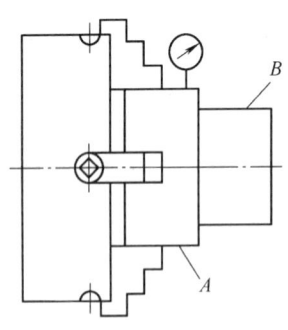

图9-1　直接找正装夹

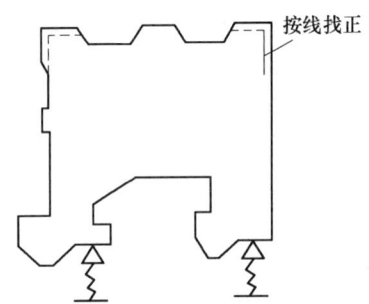

图9-2　按划线找正装夹

（3）用专用夹具装夹　将工件直接装夹在夹具的定位元件上的方法称为用专用夹具装夹。夹具的定位夹紧元件能使工件迅速获得正确位置，并使其固定在夹具和机床上。这种方法定位方便，可以节省大量的辅助时间，生产率高，定位精度较高而且稳定，但由于制造专用夹具费用高，周期长，因此适合于大批量生产。

二、零件的结构工艺性

1. 加工技术要求的可行性和经济性分析

（1）分析部件装配图，审查零件图

1）通过分析产品的装配图，可熟悉产品的用途、性能和工况，明确被加工零件在产品中的作用，进而审查设计图样是否完整和正确。

2）了解被加工零件的功用，就加深了对各项技术要求的理解，这样在制订工艺规程时，就能抓住了为保证零件使用要求应解决的主要矛盾，为合理地制订工艺规程奠定了基础。

3）在了解了零件形状和结构之后，应检查零件视图是否正确、足够，表达是否直观、清楚，绘制是否符合国家标准，尺寸、公差以及技术的标注是否齐全、合理等。

（2）零件的技术分析包括以下几个方面内容。

1）加工表面本身的要求（尺寸精度、形状和表面粗糙度）。

2）表面之间的相对位置精度（包括位置尺寸和位置精度）。

3）其他要求，如等重、动平衡和探伤等。

此外，还应审查材料选用是否恰当、技术要求是否合理。过高的精度要求，过低的表面粗糙度值以及其他要求，会使工艺过程复杂化，加工困难，从而使成本增加。

2. 零件的结构工艺性分析

结构工艺性是指在不同生产类型的具体生产下，毛坯的制造、零件加工、产品的装配和维修的可行性与经济性。零件结构工艺性好还是差对其工艺过程的影响非常大，不同结构的两个零件尽管都能满足使用性能要求，但它们的加工方法和制造成本却可能有很大的差别。良好的结构工艺性就是指在满足使用性能的前提下，能以较高的生产率和最低的成本而方便地加工出来。制订工艺规程时主要对零件的切削加工工艺性进行分析，表9-3列出了一些零件机械加工结构工艺性对比的示例。

表9-3　零件的机械加工结构工艺性对比的示例

序号	零件结构			
	工艺性不好		工艺性好	
1	车螺纹时，螺纹根部易打刀，工人操作紧张，且不能清根			留有退刀槽，可使螺纹清根，操作相对容易，可避免打刀
2	插键槽的底部无退刀空间，易打刀			留有退刀空间，避免打刀
3	键槽底与左孔母线齐平，插键槽时易划伤左孔表面			左孔尺寸稍大，可避免划伤左孔表面，操作方便

（续）

序号	零件结构			
	工艺性不好		工艺性好	
4	小齿轮无法加工，无插齿退刀槽	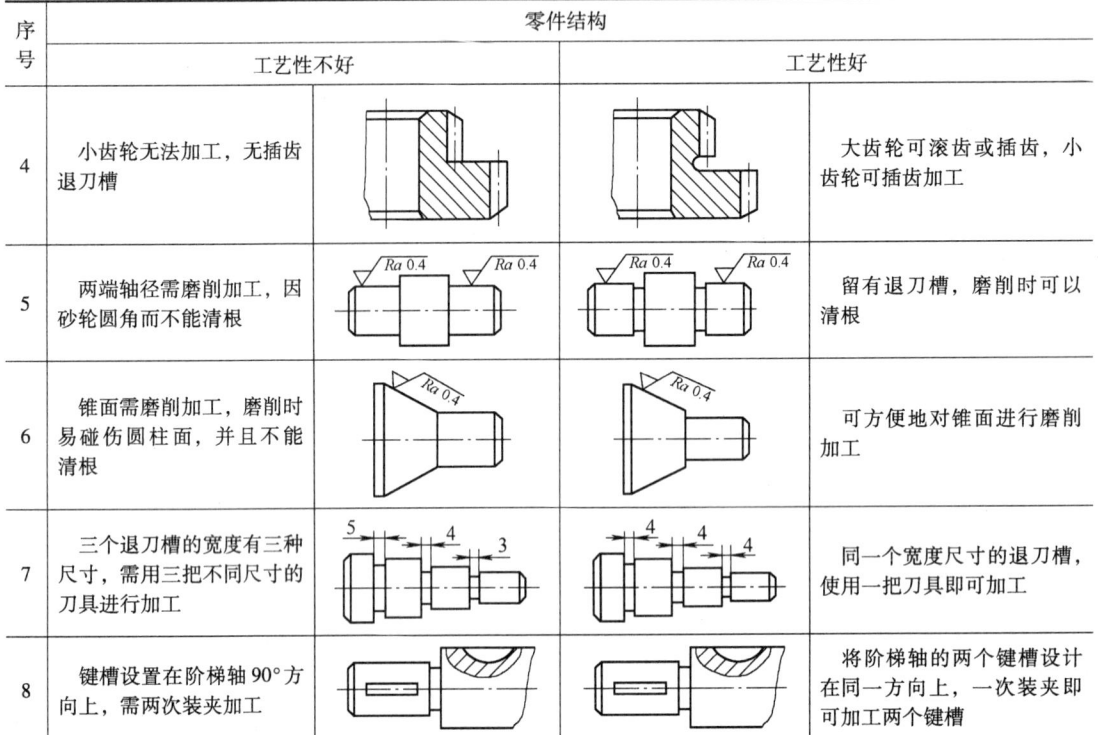		大齿轮可滚齿或插齿，小齿轮可插齿加工
5	两端轴径需磨削加工，因砂轮圆角而不能清根			留有退刀槽，磨削时可以清根
6	锥面需磨削加工，磨削时易碰伤圆柱面，并且不能清根			可方便地对锥面进行磨削加工
7	三个退刀槽的宽度有三种尺寸，需用三把不同尺寸的刀具进行加工			同一个宽度尺寸的退刀槽，使用一把刀具即可加工
8	键槽设置在阶梯轴90°方向上，需两次装夹加工			将阶梯轴的两个键槽设计在同一方向上，一次装夹即可加工两个键槽

三、毛坯的选择及尺寸的确定

1. 常见的毛坯种类

机械零件的常用毛坯包括铸件、锻件、轧制型材、挤压件、冲压件、焊接件、粉末冶金件和注射成型件。

2. 选择毛坯时应考虑的问题

（1）零件材料及力学性能要求　例如材料为铸铁的零件，应选择铸造毛坯；对于重要的钢制零件，为获得良好的力学性能，应选用锻件毛坯；形状较简单及力学性能不太高时，可用型材毛坯；非铁金属零件常用型材或铸造毛坯。

（2）零件的结构形状与大小　轴类零件毛坯，如直径和台阶相差不大，可用棒料；如各台阶尺寸相差较大，则宜选用锻件。大型零件毛坯多用砂型铸造或自由锻；中小型零件可用模锻件或特种铸造件。

（3）生产类型　大批量生产时，应选用毛坯精度和生产率均较高的毛坯制造方法，如模锻、金属型机器造型铸造和精密铸造；单件小批生产时，可采用木模手工造型铸造或自由锻造。

（4）现有生产条件　选择毛坯时，必须考虑现有生产条件，如现有毛坯制造的水平和设备情况，外协的可能性及经济性等。

（5）充分利用新工艺、新材料　为节约材料和能源，提高机械加工生产率，应充分考虑应用新工艺、新技术和新材料。如精铸、精密锻造、冷轧、冷挤压和粉末冶金等在机械中的应用日益广泛，这些方法可以大大减少机械加工量，节约材料，提高经济效益。

3. 确定毛坯的形状和尺寸

毛坯的形状和尺寸主要由零件表面的形状、结构、尺寸及加工余量等因素确定的，并尽量与零件相接近，以达到减少机械加工的劳动量，力求达到少或无切屑加工。

实现少切屑和无切屑加工是现代机械制造技术的发展趋势之一。但是，由于受到毛坯制造技术的限制，加之对零件精度和表面质量的要求越来越高，所以毛坯上的某些表面仍需要有加工余量，以便通过机械加工手段来达到质量要求。这样毛坯尺寸与零件尺寸就不同，其差值称为毛坯加工余量，毛坯制造尺寸的公差称为毛坯公差，它们的值可参照有关工艺手册来确定。下面仅从机械加工工艺的角度分析在确定毛坯形状和尺寸时应注意的问题。

1) 为了加工时装夹工件方便，有些铸件毛坯需铸出工艺凸台，如图9-3所示。在零件加工完毕后一般应切除工艺凸台，如对使用和外观没有影响也可保留。

2) 装配后需要形成同一工作表面的两个相关零件，为保证加工质量并使加工方便，常将这些分离零件先做成一个整体毛坯，加工到一定阶段再切割分离。图9-4所示为车床走刀系统开合螺母外壳，其毛坯是两件合制的。

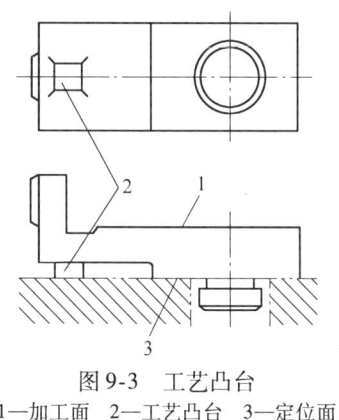

图9-3 工艺凸台
1—加工面 2—工艺凸台 3—定位面

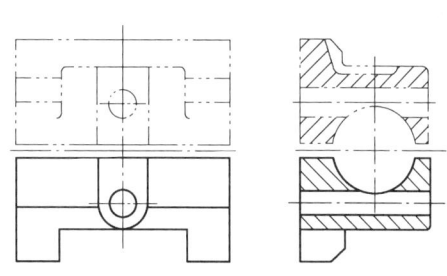

图9-4 车床开合螺母外壳简图

3) 对于形状比较规则的小型零件，为了提高机械加工的生产率和便于装夹，应将多件合成一个毛坯。当加工到一定阶段后，再分离成单件，如图9-5所示的滑键。对毛坯的各平面加工好后切离为单件，再对单件进行加工。

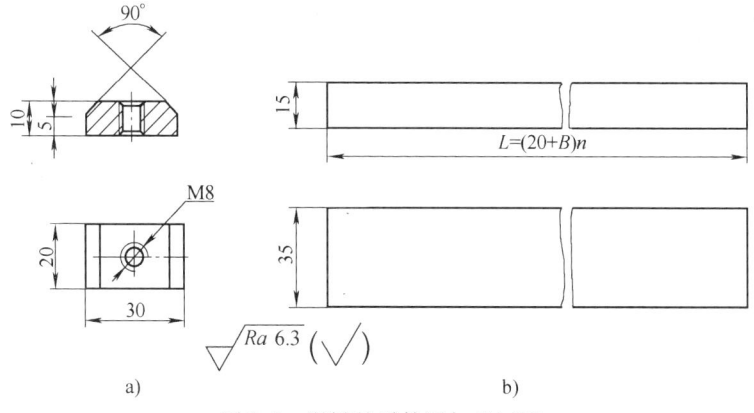

图9-5 滑键的零件图与毛坯图
a) 滑键零件图 b) 毛坯图

【考点分析】

【例1】通过滚齿加工齿数为 45 的齿轮，所采用的加工方法称为_____。

【解题指导】利用刀具和工件作展成切削运动形成包络面，从而获得形状精度的方法称为展成法（或包络法）。

【答案】展成法（或包络法）

【点评】熟记展成法的概念及相关应用。

【例2】下面关于零件结构工艺性论述不正确的是（　　）。

A. 零件结构工艺性具有合理性　　　　B. 零件结构工艺性具有综合性

C. 零件结构工艺性具有相对性　　　　D. 零件结构工艺性具有正确性

【解题指导】零件结构工艺性是指在不同生产类型的具体生产下，毛坯制造、零件加工、产品装配和维修的可行性与经济性。良好的结构工艺性是指在满足使用性能的前提下，能以较高的生产率和最低的成本而方便地加工出来。

【答案】D

【点评】零件结构工艺性的内涵。

【例3】选择毛坯时，只考虑零件材料和结构，不需要考虑生产类型和现有的生产条件。

（　　）

【解题指导】毛坯选择时要考虑生产类型，如大批大量生产时，应选用毛坯精度和生产率均较高的毛坯制造方法，如模锻、金属型机器造型铸造和精密铸造；单件或小批生产时，可采用木模手工造型铸造或自由锻造。

【答案】×

【点评】主要考核毛坯选择的原则。

【习题练习】

一、填空题

1. 零件的加工精度包括_____、_____和位置精度三个方面。

2. 机械零件的常用毛坯包括_____、_____、_____、_____、_____、_____和_____。

3. 材料为铸铁的零件，应选择_____；对于重要的钢制零件，为获得良好的力学性能，应选用_____。

4. 毛坯的形状和尺寸主要由零件表面的_____、_____、_____及_____等因素确定。

5. _____即为毛坯制造尺寸与零件相应尺寸的差值，也称_____。

二、判断题

1. 直接找正装夹可以获得较高的找正精度。　　　　　　　　　　　　（　　）

2. 划线找正装夹多用于铸件的精加工工序。　　　　　　　　　　　　（　　）

3. 夹具装夹广泛应用于各种生产类型。　　　　　　　　　　　　　　（　　）

4. 组合夹具特别适用于新产品试制。　　　　　　　　　　　　（　　）

5. 正交平面是垂直于主切削刃的平面。　　　　　　　　　　　（　　）

6. 精加工时通常采用负的刃倾角。　　　　　　　　　　　　　（　　）

7. 轴类零件毛坯，如直径和台阶相差不大，可用棒料；如各台阶尺寸相差较大，则宜选用铸造件。　　　　　　　　　　　　　　　　　　　　（　　）

8. 零件的切削加工工艺性反映的是零件切削加工的难易程度。　（　　）

9. 零件的结构工艺性是衡量零件结构设计优劣的指标之一。　　（　　）

三、选择题

1. 零件的加工精度包括（　　　）。

A. 尺寸精度、几何形状精度和相互位置精度　B. 尺寸精度

C. 尺寸精度、几何精度和表面粗糙度　　　　D. 几何形状精度和相互位置精度

2. 形状较简单及力学性能不太高时，可用（　　　）毛坯。

A. 铸件　　　　　B. 锻件　　　　　C. 轧制型材　　　　D. 注塑件

3. （　　　）即为毛坯制造尺寸的公差。

A. 毛坯公差　　　B. 形状公差　　　C. 位置公差　　　　D. 基准公差

四、简答题

1. 简述选择毛坯时应考虑的问题。

2. 试分析如图 9-6 所示零件在结构工艺性上有哪些缺陷？如何改进？

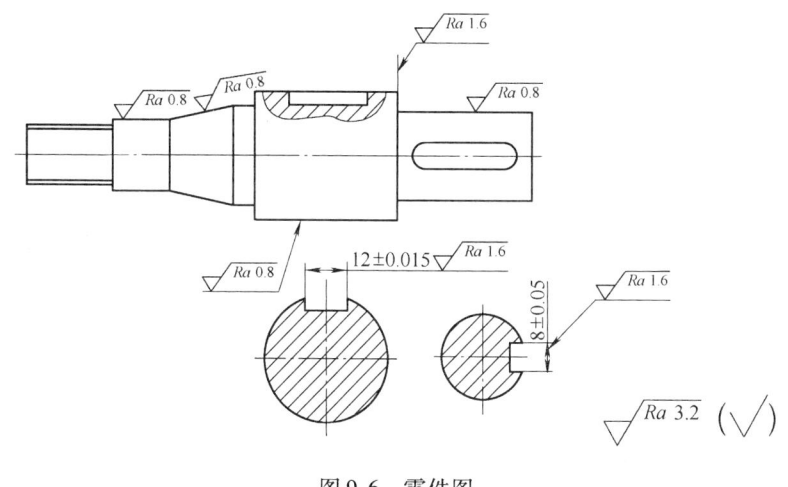

图 9-6　零件图

第三节　工件定位基准的选择

【学习目标】

1. 了解零件加工精度的保证方法。

2. 了解零件的结构工艺性。

3. 了解毛坯的形状及尺寸的确定方法。

【学习内容】

一、基准及分类

基准就是依据，是用来确定生产对象上几何要素间的几何关系所依据的那些点、线、面。在设计、加工、检验、装配机器零件和部件时，必须选择一些点、线、面，根据它们来确定其他点、线、面的尺寸和位置，那些作为依据的点、线、面就称为基准。

根据功用不同，基准分为两大类。

（1）设计基准　设计基准是在设计图样上所采用的基准，是根据零件工作条件和性能要求而确定的，零件的尺寸及相互位置要求均以设计基准为依据进行标注。如图 9-7a 所示，A 面为 B 面的设计基准，也可以说 B 面为 A 面的设计基准，所以二者互为设计基准；图 9-7b 中，由同轴度要求可知，$\phi50\text{mm}$ 圆柱面轴线是 $\phi30\text{mm}$ 圆柱面轴线的位置精度设计基准，而 $\phi30\text{mm}$ 和 $\phi50\text{mm}$ 两段圆柱面本身大小的设计基准是其各自的轴线；图 9-7c 中，键槽底面的设计基准是圆柱面的下素线。

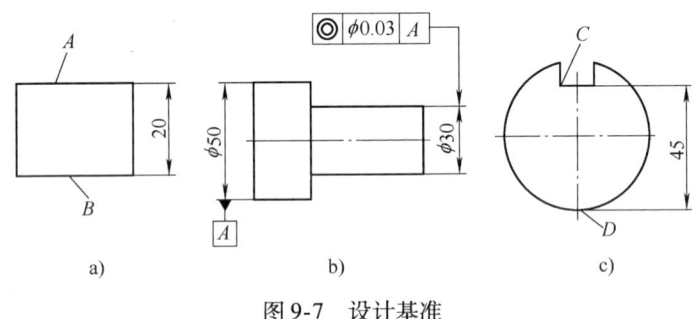

图 9-7　设计基准

（2）工艺基准　在加工或装配过程中所采用的基准，可分为工序基准、定位基准、测量基准和装配基准。

1）工序基准：在工序图上用来确定本工序加工后的尺寸、形状和位置的基准称为工序基准。用来确定被加工表面位置的尺寸称为工序尺寸。如图 9-8 所示，在轴套上钻孔时，（20 ±0.1）mm 和（15 ±0.1）mm 分别是以轴肩左侧面和右侧面为工序基准时的工序尺寸。

2）定位基准：在加工时用作定位的基准称为定位基准，它用来确定工件在机床夹具中的正确位置。在使用夹具时，定位基准就是工件与夹具定位元件相接触的表面。如图 9-9 所示，加工平面 3 和 6 是通过平面 1 和 4 放在夹具上定位的，所以平面 1 和 4 是加工平面 3 和 6 的定位基准。

定位基准按使用情况可分为定位粗基准和定位精基准。精基准是指已经过机械加工的定位基准，而没有经过机械加工的定位基准则为粗基准。

3）测量基准：在测量零件时采用的基准称为测量基准，如图 9-10 所示。

4）装配基准：装配时用以确定零件在机器中位置的基准称为装配基准，如图 9-11 所示，齿轮的内孔是齿轮在传动轴上的装配基准。

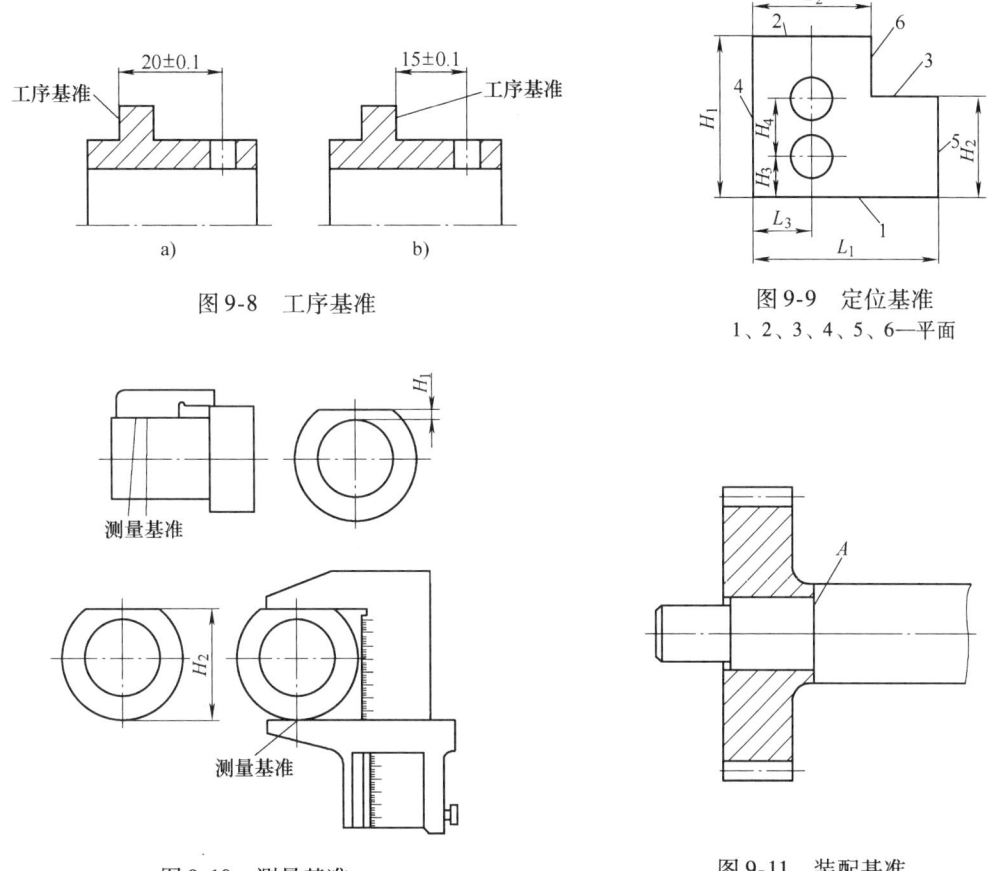

图 9-8 工序基准

图 9-9 定位基准
1、2、3、4、5、6—平面

图 9-10 测量基准

图 9-11 装配基准

二、定位粗基准的选择原则

在第一道工序中，只能使用毛坯的表面来定位，这种定位基准就是粗基准。定位粗基准的选择应该保证所有加工表面都有足够的加工余量，而且各加工表面对不加工表面具有一定的位置精度，其选择的具体原则如下。

（1）重要表面原则 为了保证工件某些重要表面的余量均匀，先选择该表面作为粗基准。例如车床床身零件的加工中，导轨面是最重要的表面，它不仅精度要求高，而且要求具有均匀的金相组织和较高的耐磨性。由于在铸造床身时，导轨面是倒扣在砂箱的最底部浇注成型的，导轨面材料质地致密，砂眼、气孔相对较少，因此要求在加工床身时，导轨面的实际切除量要尽可能地小而均匀。按照上述原则，故第一道工序应该选择导轨面作为粗基准加工床身底面，如图 9-12a 所示，然后再以加工过的床身底面作为精基准加工导轨面，如图 9-12b所示，此时从导轨面上去除的加工余量均匀。

（2）非加工表面原则 如果主要要求保证加工面与非加工表面间的位置要求，则应选择非加工面为粗基准。如图 9-13 所示零件，表面 A 为不加工表面，为保证孔加工后壁厚均匀，应选择 A 作为粗基准车孔 B。当零件上有若干个非加工表面时，那就选与加工表面间相互位置精度要求较高的那一个非加工表面作为粗基准。

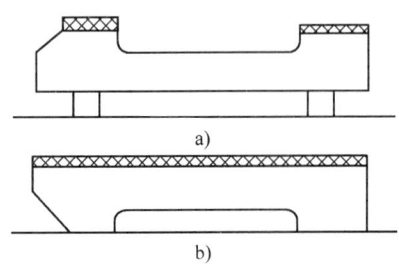

图 9-12　床身导轨的加工

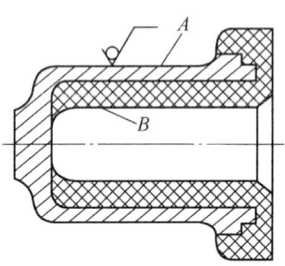

图 9-13　圆筒零件的加工

（3）最小加工余量原则　若零件上有多个表面要加工，则应选择其中余量最小的表面作为粗基准，以保证各加工表面都有足够的加工余量。如图 9-14 所示阶梯轴毛坯，$\phi50mm$ 外圆的余量最少，故以此为粗基准。若以余量较大的 $\phi100mm$ 的外圆为粗基准，就有可能产生 $\phi50mm$ 外圆处余量不足的问题。

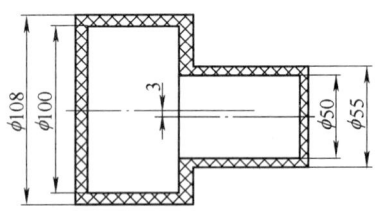

图 9-14　阶梯轴毛坯的加工

（4）不重复使用原则　粗基准在同一尺寸方向上只能使用一次。因为毛坯面粗糙且精度低，重复使用将产生较大的误差。

（5）尽可能选大而平整的表面作为粗基准　为使加工后各加工表面对各不加工表面的尺寸精度和位置精度更容易符合图样要求，不应选择有飞边、浇口、冒口或其他缺陷的表面作为粗基准。

三、定位精基准的选择原则

第一道工序以后，就应以加工过的表面作为定位基准，这种定位基准就称为精基准。选择精基准的主要原则如下：

（1）基准重合原则　尽可能选用设计基准作为定位基准，这样可以避免定位基准与设计基准不重合而引起的定位误差。

（2）基准统一原则　在加工位置精度要求较高的某些表面时，尽可能选用统一的定位基准，这样有利于保证各加工表面的位置精度。如加工较精密的阶梯轴时，往往以中心孔作为定位基准车削各表面；在精加工之前还要修研中心孔，然后以中心孔定位，磨削各表面。采用统一的基准还可使各道工序的夹具结构单一化，便于设计制造。

（3）互为基准原则　对工件上两个相互位置精度要求比较高的表面进行加工时，可以利用两个表面互相作为基准，反复进行加工，以保证位置精度要求。如加工精密齿轮时，先以内孔定位加工齿面，齿面淬火后，再以齿面作为基准磨内孔，再以内孔作为基准磨齿面，从而保证孔与齿面的位置精度；再如，铣床主轴套筒外圆与内孔同轴度要求较高，在加工时，先以外圆定位磨内孔，再以内孔定位磨外圆，从而保证外圆与内孔的同轴度要求。

（4）自为基准原则　某些加工表面加工精度很高，加工余量小而均匀时，可选加工表面本身作为定位基准。

（5）对精基准的要求　所选基准应保证装夹稳定、可靠，夹具结构简单，操作安全方便。

上述有些原则之间是相互矛盾的，具体使用中要抓住主要矛盾和矛盾的主要方面，在确保加工质量的前提下，力求所选基准能实现低成本、低消耗，并使夹具结构简单。

四、辅助基准

在工件上专门设置或加工出定位基准，这种定位基准在零件的工作中并无用处，完全是为了加工需要而设置的，这种基准称为辅助基准。如加工轴用的中心孔和加工箱体工件的两工艺孔。

工件上往往有多个表面需要加工，会有多个设计基准。要遵循基准重合原则，就会有较多定位基准，因而夹具种类也较多。为了减少夹具的种类，简化夹具的结构，可设计在工件上找到一组基准，或者在工件上专门设计一组辅助定位基面，用它们来定位加工工件上的多个表面，遵循基准统一原则。

【考点分析】

【例1】定位基准又可分为_____和_____。

【解题指导】定位基准按使用情况可分为定位粗基准和定位精基准，精基准是指已经过机械加工的定位基准，而没有经过机械加工的定位基准则为粗基准。

【答案】定位粗基准　定位精基准

【点评】主要考核定位基准的概念及应用。

【例2】选择粗基准时应选择（　　　）的表面。

A. 大而平整　　　　B. 比较粗糙　　　　C. 加工余量小或不加工　　　　D. 小而平整

【解题指导】选择粗基准时的原则有：重要表面原则、非加工表面原则、最小加工余量原则和不重复使用原则。应尽可能选大而平整的表面作为粗基准，以使加工后各加工表面对各不加工表面的尺寸精度和位置精度更容易符合图样要求，不应选择有飞边、浇口、冒口或其他缺陷的表面作为粗基准。

【答案】A

【点评】主要考核粗基准的选择原则。

【例3】工序基准也可以看做工序图中的设计基准。　　　　　　　　　　　　（　　　）

【解题指导】工序基准是在工序图上用来确定本工序加工后的尺寸、形状和位置的基准。用来确定被加工表面位置的尺寸称为工序尺寸。

【答案】√

【点评】主要考核工序基准的定义。

【习题练习】

一、填空题

1. 零件上用以确定其他点、线、面的位置所依据的那些点、线、面称为_____。根据其功用的不同，可分为_____、_____两大类。

2. 工艺基准又可分为_____基准、_____基准和_____基准等几种。

3. 在工序图中用以确定被加工表面位置所依据的基准称为_____。

4. 如果零件上所有表面都需要机械加工，则应选择_____的毛坯表面作粗基准。

5. 如果只要求从加工表面上均匀地去掉一层很薄的余量时，可采用以_____本身作定位基准。

6. 粗基准应尽量选择_____的大表面。

二、判断题

1. 在加工工序中用作工件定位的基准称为工序基准。 （　　）

2. 精基准是指在精加工工序中使用的定位基准。 （　　）

3. 附加基准是起辅助定位作用的基准。 （　　）

4. 直接找正装夹可以获得较高的找正精度。 （　　）

5. 欠定位是不允许的。 （　　）

6. 过定位指工件实际被限制的自由度数多于工件加工所必须限制的自由度数。 （　　）

7. 定位误差是由于夹具定位元件制造不准确所造成的加工误差。 （　　）

8. 常见的工件定位方法有平面定位、圆柱孔定位、两孔一面定位和圆柱面定位等。
 （　　）

9. 采用基准统一原则，可减少定位误差，提高加工精度。 （　　）

10. 粗基准应选择最粗糙的表面。 （　　）

11. 既是设计基准，又是定位基准、测量基准和装配基准，就是基准统一。 （　　）

12. 加工中，精基准应避免重复使用。 （　　）

13. 粗基准是粗加工所使用的基准，精基准是精加工所使用的基准。 （　　）

三、选择题

1. 工件上各表面不需要全部加工时，应以（　　）作为粗基准。

A. 加工表面　　　　B. 不加工表面　　　　C. 主轴中心线　　　　D. 任何表面

2. 采用设计基准、测量基准和装配基准作为定位基准时，称为基准（　　）。

A. 重合　　　　　　B. 统一　　　　　　C. 自为　　　　　　D. 互为

3. 除了第一道工序以外，其余加工表面尽量采用同一个（　　）基准。

A. 定位　　　　　　B. 设计　　　　　　C. 粗　　　　　　　D. 精

4. 合理选择定位基准，对保证工件的（　　）和相对位置精度起决定性作用。

A. 表面粗糙度　　　B. 尺寸精度　　　　C. 形状精度　　　　D. 装夹方便

5. 当用夹具装夹工件时，（　　）的选择还会影响到夹具结构的复杂程度。

A. 定位基准　　　　B. 测量基准　　　　C. 装配基准　　　　D. 工序基准

6. 体现定位基准的表面称为（　　）。

A. 定位面　　　　　B. 定位基面　　　　C. 基准面　　　　　D. 夹具体

7. 用三个支承点对工件的平面进行定位，能消除其（　　）自由度。

A. 三个平动　　　　　　　　　　　　　　B. 三个转动

C. 一个平动两个转动　　　　　　　　　　D. 一个转动两个平动

四、简答题

1. 简述粗基准的选择原则。

2. 简述精基准的选择原则。

3. 图 9-15 所示为箱体的零件图及工序图，试在图中标出：

1）平面 2 的设计基准、定位基准及测量基准。

2）车孔 4 的设计基准、定位基准及测量基准。

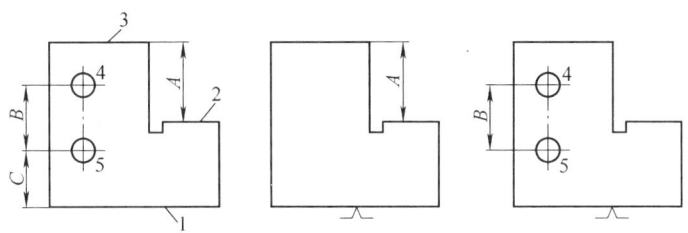

图 9-15　箱体零件图及工序图

4. 某工厂在齿轮加工中，安排了一道以小锥度心轴装夹齿轮坯精车齿轮坯两大端面的工序，试从定位角度分析其原因。

第四节　工艺路线的拟定

【学习目标】

1. 了解零件加工精度的保证方法。

2. 了解零件的结构工艺性。

3. 了解毛坯的形状及尺寸的确定方法。

【学习内容】

一、表面加工方法的选择

表面加工方法的选择就是为零件上每一个有质量要求的表面选择一组合理的加工方法。选择加工方法时，必须考虑该种方法能达到的加工经济精度和表面粗糙度。所谓加工经济精度就是在正常的加工条件下所能保证的加工精度。若装备条件要求过高或多费工时、细心操作，也能提高一些加工精度，但这样会增加成本，降低生产率，因而是不经济的。

（1）外圆加工　一般来说，车削、磨削和光整加工是外圆的主要加工方法，但对韧性大的非铁金属零件，磨屑极易堵塞砂轮，常用精细车代替磨削，以获得较小的表面粗糙度值。

（2）孔加工　对于相同精度的孔和外圆，孔加工比较困难些，而且孔系零件的结构也比较复杂，所以孔加工方案较外圆复杂。孔可以通过车、钻、扩、铰、镗、拉、磨等方法进行加工，在实体材料上加工多由钻孔开始，已经铸出或锻出的孔，多由扩或粗镗开始。至于孔的精加工，铰孔和拉孔适用于直径较小的孔，直径较大的孔可用精镗或精磨；淬硬的孔只能用磨削进行精加工；珩磨多用于直径较大的孔，研磨则对大孔和小孔均适用。

（3）平面加工　平面一般采用铣削或刨削加工，旋转体零件端面则采用车削加工，间隙配合表面和要求较高的固定装配面，还必须在铣削或刨削之后进行精加工。精加工的方法有刮研、磨削和精刨（或精铣）。平面拉削主要用于大量生产。小型零件的精密平面可采用研磨作为最后工序。

（4）成形面的加工　一般的成形面可以用车削、铣削、刨削及拉削等方法加工，但无论用什么方法，基本上可归纳为两种形式：用成形刀具加工，用工件和刀具作特定的相对运动的方法进行加工。用成形刀具加工成形面，方法简单，生产率高，但刀具制造复杂；在普通车床或铣床上用附加的靠模装置加工，则没有上述缺点，但机床的结构要复杂些，才能使刀具或工件作符合成形面轮廓的相对运动。在大批量生产中常采用专用机床（如凸轮轴加工车床、磨床等）来满足精度和生产率两方面的要求。

零件的加工表面都有一定的加工要求，一般都不可能通过一次加工就达到要求，而是要通过多次加工（即多道工序）才能逐步达到要求。

二、加工阶段的划分

当零件精度要求较高或较为复杂时，为保证零件的加工质量和合理地使用设备、人力，往往不可能在一道工序内完成全部加工，而必须将工件的机械加工划分阶段。一般将表面的加工划分为最多 5 个加工阶段：去毛皮加工阶段、粗加工阶段、半精加工阶段、精加工阶段和光整加工阶段。一般零件的加工常分为 3 个加工阶段：粗加工阶段、半精加工阶段和精加工阶段，毛坯误差大的可安排去毛皮加工阶段，精度要求较高的可安排光整加工阶段。

1）粗加工阶段的任务是高效地切除各加工表面的大部分余量，提高生产率，使毛坯在形状和尺寸上接近成品，留有均匀而恰当的余量，为半精加工和精加工做准备。

2）半精加工阶段的任务是消除粗加工留下的误差，使工件达到一定精度，为主要表面的精加工做准备，并完成一些次要表面的加工（如钻孔、攻螺纹和铣键槽等）。

3）精加工阶段的任务是完成各主要表面的最终加工，使零件的位置精度、尺寸精度及表面粗糙度值达到图样规定的质量要求。

划分工艺过程加工阶段的主要原因如下：

1）易于保证加工质量。粗加工的任务是尽快切除多余的金属层，工件粗加工时产生较大的切削力和切削热，此时所需的夹紧力也较大，工件会产生较大的受力变形和热变形，从而造成较大的加工误差和较高的表面粗糙度值。半精加工阶段是为精加工作准备，而精加工阶段的目的是最终保证加工质量，因为精加工余量小，受力小，受力变形小，振动小，切削热小，受热变形小，这样就能保证加工质量。

2）粗加工切除较多余量，可及时发现毛坯缺陷，并采取措施，减少或降低精加工工序的制造费用，避免浪费工时；精加工安排在最后，有利于保护精加工过的表面不受损伤。

3）可以合理使用机床、设备。不同的设备具有不同的能力和寿命，加工过程分阶段，可以在粗加工阶段使用低精度设备或旧设备，精加工阶段使用高精度设备。

4）便于安排热处理工序。热处理工序将机械加工工艺过程自然地划分为几个加工阶段。

将工艺过程加工阶段作划分不是绝对的，对于那些刚性好、余量小、加工要求不高或内应力影响不大的工件，如有些重型零件的加工，可以不划分加工阶段。

三、工序的集中与分散

零件上需加工表面的加工方案确定并划分加工阶段以后，需将各加工表面按不同加工阶段组合成若干道工序，拟定出整个加工路线。组合工序时有工序集中和工序分散两种方式。

（1）工序集中　工序集中就是将工件的加工集中在少数工序内完成，而每道工序的内容较多，其主要特点如下：

1）可减少装夹的次数。

2）便于采用高生产率的机床。

3）有利于生产组织和计划工作。

4）占用生产面积小。

5）机床结构复杂、刀具多，降低了机床的可靠性，可能影响生产率。

6）设备过于复杂，调整维护不方便。

7）生产准备工作量大。

（2）工序分散　工序分散就是将零件的加工内容分散到很多工序内完成，其特点如下：

1）采用比较简单的机床和工艺装备，容易调整。

2）生产准备工作量小。

3）容易转产。

4）设备多、工人多，生产面积大。

工序集中与工序分散各有优缺点，在制订工艺路线时应根据生产类型、零件的结构特点及工厂现有条件等灵活处理。一般情况下，单件或小批生产能简化生产作业计划组织工作，易于工序集中；成批和大批量生产中，多采用工序分散，也可采用工序集中。机械加工的发展方向是工序集中，加工中心机床的加工是典型的工序集中的例子。

四、工序顺序的安排

1. 机械加工顺序的安排

机械加工工序是工艺的主要内容，应遵循以下原则。

（1）先基面后其他　零件加工一开始，总是先加工精基准，然后再用精基准定位加工其他表面。

（2）先粗后精　一个零件由多个表面组成，各表面的加工一般都需要分阶段进行。在安排加工顺序时，应先集中安排各表面的粗加工，中间根据需要依次安排半精加工，最后安排精加工和光整加工。对于精度要求较高的工件，为了减小因粗加工引起的变形对精加工的影响，通常粗、精加工不应连续进行，而应分阶段、间隔适当时间进行。

（3）先主后次　零件的主要表面一般都是加工精度或表面质量要求比较高的表面，其加工质量的好坏对整个零件的质量影响很大，其加工工序往往也比较多，因此应先安排主要表面的加工，再将其他表面的加工适当安排在它们中间穿插进行。通常将装配基面、工作表面等视为主要表面，而将键槽、紧固用的光孔和螺孔等视为次要表面。

（4）先面后孔　对于箱体、支架和连杆等工件，应先加工平面后加工孔。因为平面的轮廓平整，面积大，先加工平面再以平面定位加工孔，既能保证加工时孔有稳定可靠的定位基准，又有利于保证孔与平面间的位置精度要求。

如在箱体加工中，先以毛坯轴承孔定位，加工出平面（精基准），一般来说该平面以及其上的工艺孔是箱体加工的统一基准，再以该平面定位，加工出轴承孔。

2. 热处理工序的安排

（1）预备热处理　预备热处理的目的是消除毛坯制造过程中所产生的内应力，改善金属材料的可加工性，为最终热处理做准备。属于预备热处理的工序有调质、退火和正火等，一般安排在粗加工前后。若安排在粗加工前，可改善材料的可加工性；若安排在粗加工后，有利于消除残余内应力。

（2）最终热处理　最终热处理的目的是提高金属材料的力学性能，如提高零件的硬度和耐磨性等。属于最终热处理的工序有淬火加回火、渗碳淬火加回火和渗氮等。对于仅仅要求改善力学性能的工件，有时正火和调质等也作为最终热处理工序。最终热处理一般应安排在粗加工、半精加工之后，精加工的前后。变形较大的热处理工序，如渗碳淬火和调质等，应安排在精加工前进行，以便精加工时纠正热处理的变形；变形较小的热处理工序，如渗氮等，则可安排在精加工之后进行。

（3）时效处理　时效处理的目的是消除内应力，减少工件变形。时效处理分自然时效、人工时效和冰冷处理三大类。自然时效是指将铸件在露天放置几个月或几年；人工时效是指将工件以 $50 \sim 100℃/h$ 的速度加热到 $500 \sim 550℃$，保温数小时或更久，然后以 $20 \sim 50℃/h$ 的速度随炉冷却；冰冷处理是指将零件置于 $0 \sim 80℃$ 的某种气体中停留 $1 \sim 2h$。时效处理一般安排在粗加工之后、精加工之前；对于精度要求较高的零件，可在半精加工之后再安排一次时效处理；冰冷处理一般安排在回火处理之后，或精加工之后或工艺过程的最后。

（4）表面处理　为了表面防腐或表面装饰，有时需要对表面进行涂镀或发蓝等处理。这种表面处理通常安排在工艺过程的最后。

3. 辅助工序的安排

辅助工序包括工件的检验、去飞边、清洗、去磁和防锈等。辅助工序也是机械加工的必要工序，安排不当或遗漏，会给后续工序和装配带来困难，影响产品质量甚至机器的使用性能。

五、典型零件加工

机械零件按其结构形状特征和功能可分为轴杆类、饼块盘套类和机架箱体类等。饼块盘套类零件装夹在轴杆类零件上常作为机械产品的核心，而机架箱体类零件支承轴杆类零件成为机械产品的基础。

1. 轴杆类零件的加工工艺要点

（1）功能与结构 制订零件的加工工艺基础是零件的功能与结构。轴杆类零件主要用于传递运动和转矩，其主要组成为外圆面、轴肩、螺纹和沟槽等。

（2）毛坯与选材 轴杆类零件多承受交变载荷，工作时受复杂应力作用，其材料的综合力学性能要求较高，因此常采用45钢和40Cr钢制造。

（3）主要技术要求与工艺问题 例如轴杆类零件的尺寸精度、几何精度和表面粗糙度。

（4）工艺过程特点 一般来说，加工轴杆类零件以车削、磨削为主要加工方法；使用中心孔定位，在加工过程中定位基准与设计基准重合，各主要工序的定位基准统一；采用通用设备和通用工装。

2. 盘套类零件的加工工艺要点

（1）功能与结构 盘套类零件主要用于配合轴杆类零件传递运动和转矩，其主要组成表面有内圆面、外圆面、端面和沟槽等。

（2）毛坯与选材 如齿轮承受交变载荷，工作时受复杂应力作用，其材料的综合力学性能要求较高，因此常采用45钢和40Cr钢锻件毛胚，并进行调制处理。

（3）主要技术要求与工艺问题 例如齿轮内孔、端面的尺寸精度、几何精度、表面粗糙度及齿轮齿形精度。

（4）工艺过程特点 一般来说，齿轮加工分为齿坯加工和齿形加工两个阶段，通常以内孔、端面定位，插入心轴装夹工件，符合基准重合和基准统一原则。齿坯加工过程代表了一般盘套类零件的加工基本工艺过程，采用通用设备和通用工装；齿形加工多采用专用设备和专用工装。

3. 机架箱体类零件的加工工艺要点

（1）功能与结构 箱体类零件是机器（或部件）的基础零件。它将各零件、部件连接成为一个整体，并使零件之间保持正确的位置关系。箱体类零件通常尺寸较大、形状复杂、壁薄而且不均匀，内部呈空腔型，箱体上常有较多轴线平行或垂直的轴承孔，其底面、侧面和顶面通常是装夹的基准面。

（2）毛坯与选材 箱体类零件起支承和封闭作用，承受载荷一般不大，通常选用球墨铸铁件或铸钢件为毛坯。在单件或小批量生产中，也可以采用钢板焊接结构毛坯。

（3）主要技术要求与工艺问题 例如轴承孔和基准面的形状精度、平行孔之间的平行度、同轴孔之间的同轴度和主要加工表面的表面精度等。

（4）工艺过程特点 箱体类零件的加工过程中要安排划线工序，在加工过程中的精基准定位方法有两种，一是一面两孔定位，二是以装配基准定位。单件或小批量生产中，箱体类零件常采用螺钉和压板等直接装夹在机床工作台上；在大批量生产中则采用专用夹具装夹。

【考点分析】

【例1】 时效处理的目的是＿＿＿＿＿，减少工件变形，时效处理分＿＿＿＿＿、＿＿＿＿＿和冰冷处理三大类。

【解题指导】时效处理的目的是消除内应力，减少工件变形，时效处理分自然时效、人工时效和冰冷处理三大类。

【答案】消除内应力　自然时效　人工时效

【点评】主要考核时效处理的定义，熟记时效处理概念。

【例2】机械加工工序是工艺主要内容，遵循的原则不正确的是（　　）。

A. 先粗后精原则　　　　　　　　B. 先主后次原则

C. 先孔后面原则　　　　　　　　D. 先基面后其他原则

【解题指导】先面后孔，对于箱体、支架和连杆等工件，应先加工平面后加工孔。因为平面的轮廓平整、面积大，先加工平面，再以平面定位加工孔，既能保证加工时孔有稳定可靠的定位基准，又有利于保证孔与平面间的位置精度要求。

【答案】C

【点评】主要考核机械加工工序是工艺主要内容的内涵。

【习题练习】

一、填空题

1. _____是指从毛坯制造开始经机械加工、热处理和表面处理生产出产品零件所经过的工艺流程。

2. 拟订工艺路线主要涉及_____、_____、_____和_____。

3. 在选择零件各表面的加工方法时，主要应从_____、_____、_____、_____和_____几个方面来考虑。

4. 工序分散指的是_____；

5. 工序集中指的是_____。

6. 切削加工顺序的安排原则有_____、_____、_____、_____。

7. 预备热处理主要有_____、_____和_____。

8. 常见的辅助工序除检验外，还有（至少列出三种）_____。

二、判断题

1. 经济精度是指在正常工艺条件下，某种加工方法所能够达到的精度。　　　　（　　）

2. 加工顺序的安排仅指安排切削加工的顺序。　　　　（　　）

3. 单件小批生产中倾向于采用工序集中的原则。　　　　（　　）

4. 回转体零件上较大直径的孔可采用车削或磨削加工。　　　　（　　）

5. 变速箱体上的 $\phi 50H7Ra0.8\mu m$ 轴承孔，采用下列方案：钻→扩→粗磨→精磨。　　　　（　　）

6. 在多品种小批量生产中，一般倾向于使用工序分散的原则。　　　　（　　）

7. 非铁金属材料的精加工适合车削和铣削，而不适合磨削。　　　　（　　）

三、选择题

1. 淬火一般安排在（　　）。

A. 毛坯制造之后　　B. 磨削加工之前　　C. 粗加工之后　　D. 磨削加工之后

2. 下面关于检验工序安排不合理的是 （　　）。

A. 每道工序前后 　　　　　　　　B. 粗加工阶段结束时

C. 重要工序前后 　　　　　　　　D. 加工完成时

3. 下面 （　　） 情况需按工序分散来安排生产。

A. 重型零件加工时

B. 工件的形状复杂、刚性差而技术要求高

C. 加工质量要求不高时

D. 工件刚性大，毛坯质量好，加工余量小

4. 退火处理一般安排在 （　　）。

A. 毛坯制造之后 　　　　　　　　B. 粗加工之后

C. 半精加工之后 　　　　　　　　D. 精加工之后

5. 不属于最终热处理的是 （　　）。

A. 淬火 　　　　B. 正火 　　　　C. 渗氮 　　　　D. 表面处理

6. 以下不属于辅助工序的是 （　　）。

A. 清洗 　　　　B. 检验 　　　　C. 渗氮 　　　　D. 去飞边

四、简答题

1. 简述划分零件加工阶段的目的主要有哪些。

2. 试述一般零件加工的工艺路线安排。

3. 工件的渗碳、调质和淬火工序的位置在加工过程中该如何安排？

参 考 文 献

［1］王英杰，董晓宾. 金属工艺学［M］. 北京：中国铁道出版社，2006.

［2］李世维. 机械基础［M］. 北京：高等教育出版社，2006.

［3］王公安. 车工工艺学［M］. 北京：中国劳动社会保障出版社，2005.

［4］孙燕华. 先进制造技术［M］. 北京：电子工业出版社，2009.

［5］蒋增福. 车工工艺与技能训练［M］. 北京：高等教育出版社，1997.

［6］王明耀，张兆隆. 机械制造技术［M］. 北京：高等教育出版社，2002.

［7］陈明. 机械制造工艺学［M］. 北京：机械工业出版社，2005.

［8］陈海魁. 铣工工艺学［M］. 北京：中国劳动社会保障出版社，2005.

［9］王文清，李魁盛. 铸造工艺学［M］. 北京：机械工业出版社，2011.

［10］中国机械工程学会塑性工程学会. 锻压手册：锻造［M］. 3 版. 北京：机械工业出版社，2008.

［11］原北京第一通用机械厂. 机械工人切削手册［M］. 北京：机械工业出版社，2009.